生物化学实验

张燕红　刘华鼐　主编

华南理工大学出版社
SOUTH CHINA UNIVERSITY OF TECHNOLOGY PRESS

·广州·

图书在版编目（CIP）数据

生物化学实验/张燕红，刘华鼐主编. —广州：华南理工大学出版社，2013. 9
ISBN 978 – 7 – 5623 – 4026 – 3

Ⅰ. ①生…　Ⅱ. ①张…　②刘…　Ⅲ. ①生物化学—实验—高等学校—教材
Ⅳ. ①Q5 – 33

中国版本图书馆 CIP 数据核字（2013）第 202771 号

生物化学实验

张燕红　刘华鼐　主编

出　版　人：韩中伟
出版发行：华南理工大学出版社
　　　　　（广州五山华南理工大学 17 号楼，邮编 510640）
　　　　　http：//www. scutpress. com. cn　E – mail：scutc13@ scut. edu. cn
　　　　　营销部电话：020-87113487　87111048（传真）
责任编辑：张　媛　潘宜玲
印　刷　者：佛山市浩文印刷有限公司
开　　　本：787mm×1092mm　1/16　印张：14.75　字数：350 千
版　　　次：2013 年 9 月第 1 版　2013 年 9 月第 1 次印刷
印　　　数：1~1 000 册
定　　　价：22.00 元

前　言

　　生物化学是生命科学领域中最活跃的分支学科之一，其实验方法和技术是生物化学发展的重要组成部分。生物化学实验作为连接生物化学理论知识与实践的桥梁，既能加深学生对生物化学理论的理解和掌握，又能培养学生运用生物化学理论知识去分析问题、解决问题的素质和技能，所以编写一本适用的实验教材显得尤为重要。

　　本教材分为生物化学实验基本知识、现代生物化学实验技术、生物化学实验、生物化学综合实验和附录五部分。为了培养学生规范的科学实验习惯，树立严谨的科研作风，第一章介绍了实验室的基本常识、溶液的配制、实验误差与数据处理、正确记录实验过程及书写实验报告的一般规则以及实验室常用仪器的使用。第二章着重介绍了离心技术、层析技术、电泳技术、光谱技术和聚合酶链式反应（PCR）技术的基本原理和应用。第三章和第四章分别选编了 35 个生物化学基础性实验和 8 个综合性实验，主要涉及与糖类、脂类、蛋白质、核酸、酶和维生素等生物化学基本概念有关现象的观察、验证，旨在加强学生掌握生物化学基本实验的方法和技能，使学生有一个完整的实验锻炼过程。附录部分包括各种常用数据表和有关参考资料，可供教师和学生查阅。

　　由于编者水平有限，书中难免有错误和不足之处，我们诚挚地欢迎读者批评指正，以便重印时修订和完善。

编　者

2012 年 12 月

目　录

第一章　生物化学实验基本知识

一、实验须知

1. 开设生物化学实验课的必要性及目的

生物化学实验是生物化学及其他生物学科的重要研究手段，在对疾病的诊断、观察及发病机制的探讨方面起着越来越重要的作用。因此，生物化学实验课是化学、生物学、医学、药学等专业的学生必修的一门实用基础课程。

（1）通过生物化学实验课使学生掌握基本的生物化学实验操作及技能。

（2）通过生物化学实验课使学生加深对生物化学理论知识的认识和理解。

（3）通过生物化学实验课使学生增强分析问题、解决问题的能力，并培养学生实事求是的工作作风。

2. 生物化学实验室守则

（1）实验前必须先预习，预习的内容包括以下几点。

①实验目的及实验要求；

②实验原理；

③基本实验的操作步骤及注意事项；

④与实验内容有关的理论。

（2）严格遵守实验课纪律，不迟到、不早退，不在实验室内做与实验无关的事情，不妨碍他人的实验。

（3）实验时要听从指导老师的指导，记下重点，严格认真地按照操作规程进行实验，并注意与同组同学的配合。

（4）自觉加强基本技能训练，严格遵守操作规程，注意实验安全。

（5）认真做好实验记录，不许弄虚作假，实验报告应如实反映自己的实验结果。实验结束时，实验记录必须送交指导老师审阅后方可离开实验室。实验报告应该在下次实验开始前交给指导老师。

（6）爱护公物，节约水、电、试剂。遵守"损坏仪器的登记、报告、赔偿制度"。如发生故障应立即停止使用仪器并报告指导老师。

（7）公用仪器、药品用后放回原处。不得用个人的吸管量取公用药品，多取的药品不得重新倒入原试剂瓶内。公用试剂瓶的瓶塞要随开随盖，不得混淆。

（8）实验过程中要保持桌面整洁。实验课本放在工作区附近，但不要放在工作区以内。清洁的器具和使用过的器具要分开放。

（9）保持实验室清洁，台面、地面、水槽内及室内整洁，含强酸、强碱及有毒的废液应倒入废液缸。书包及实验不需要的物品放在规定处。坚持值日生每天清洁实验室的制度。

（10）赤脚、穿拖鞋者不得进入实验室。实验时必须穿白大衣。

（11）交指导老师保存的样品、药品及实验产品都应加盖，并标注自己的姓名、班级、日期及内容物。

（12）离开实验室时应该检查水、电、煤气是否关严，严防发生安全事故。

二、实验室安全

在生物化学实验中，经常要与有腐蚀性的，易燃、易爆和毒性很强的化学药品及有潜在危害的生物材料直接接触，经常要用到煤气、水、电，因此，安全操作是一个至关重要的问题。

（1）熟悉实验室煤气总阀、水阀门及电阀门所在处。离开实验室时，一定要将室内检查一遍，应将水、电、煤气开关关好。

（2）熟悉如何处理着火事故。在可燃液体燃着时，应立即转移着火区的一切可燃物质。酒精及其他可溶于水的液体着火时，可用水灭火；乙醚、甲苯等有机溶剂着火时，应用石棉布或砂土扑灭。

（3）了解化学药品的警告标志。

（4）实验操作过程中凡遇到能产生烟雾、有毒性或腐蚀性气体时，应在通风橱中进行。

（5）使用毒性物质和致癌物质必须根据试剂瓶上标签的说明严格操作，安全称量、转移和保管。操作时应戴手套，必要时戴口罩或防毒面罩，并在通风橱中进行。沾过毒性、致癌物的容器应单独清洗、处理。

（6）废液，特别是强酸和强碱不能直接倒在水槽中，应先稀释，然后倒入水槽中，再用大量自来水冲洗水槽及下水道。

（7）生物材料如微生物、动物组织和血液都可能存在细菌和病毒感染的潜伏性危险，因此处理各种生物材料时必须谨慎、小心，做完实验后必须用肥皂、洗涤剂或消毒液洗净双手。

（8）进行遗传重组的实验时，应根据有关规定加强生物安全的防范措施。

三、实验室应急处理

在生物化学实验中，如发生受伤事故，应立即适当地采取以下几种急救措施。

（1）如不慎被玻璃割伤或被其他机械损伤，应先检查伤口内有无玻璃或金属等碎片，然后用硼酸洗净，再涂擦碘酒或红汞水，必要时用纱布包扎。若伤口较大或过深，应迅速在伤口上部和下部扎紧血管止血，送医院诊治。

（2）轻度烫伤时一般可涂苦味酸软膏。如果伤处红痛（一级灼伤），可擦医用橄榄油；若皮肤起泡（二级灼伤），不要弄破水泡，防止感染；若烫伤皮肤呈棕色或黑色（三级灼伤），应用干燥无菌的消毒纱布轻轻包扎好，急送医院治疗。

（3）皮肤不慎被强酸、溴、氯气等物质灼伤时，应用大量自来水冲洗，然后再用5%碳酸氢钠溶液洗涤。

（4）如酚触及皮肤引起灼伤，可用酒精洗涤。

（5）酸、碱等化学试剂溅入眼内，先用自来水或蒸馏水冲洗眼部，如溅入酸类物质则可再用 5% 碳酸氢钠溶液仔细冲洗；如溅入碱类物质，可用 2% 硼酸溶液冲洗，然后滴入 1～2 滴油性护眼液起滋润保护作用。

（6）若水银温度计不慎破损，必须立即采取措施，尽快回收，防止汞蒸发。若不慎汞蒸气中毒时，应立即送医院救治。

（7）煤气中毒时，应到室外呼吸新鲜空气，严重者应立即送医院救治。

（8）生物化学实验室内电气设备较多，如有人不慎触电，应立即切断电源。在没有断电的情况下，千万不可徒手去拉触电者，应用木棍等绝缘物质使导电物和触电者分开，然后对触电者施行抢救。

四、配制溶液

溶液常以浓度（如 mol/L 或 mmol/L）或质量浓度（g/L 或 mg/L）配制。

1. 配制溶液的一般步骤

（1）确定配制药品需要的浓度和要求的纯度。

（2）确定配制溶液的体积。

（3）查出所用药品的相对分子质量（M_r），即各组成元素的原子量之和，可在瓶子的标签上查到。如果所用药品含有结晶水，在计算所需药品时，也应把结晶水计算在内。

（4）算出要配制的溶液中所需要的药品质量。

（5）准确称取所需的药品。如果所称的量太少而不够精确，可采用加大溶液的体积，配制母液后稀释等方法。

（6）把药品放在烧瓶中或容量瓶中，加水到所需刻度线以下，准确定容。

（7）必要时可加热、搅拌，使药品彻底溶解。

（8）必要时在冷却后测量并调节 pH。

（9）定容至所需体积。如果浓度要求精确，用容量瓶定容，否则用量筒定容。加水定容时，使凹液面达到刻度线。为了精确起见，定容时用水冲洗原烧杯，并将洗液加在容量瓶中。

（10）将溶液转移到试剂瓶或锥形瓶中，贴好标签。

2. 配制溶液的注意事项

（1）配制试剂所用的玻璃仪器，都要求清洁干净。挪动干净的玻璃仪器时，勿使手指接触仪器内部。

（2）用蒸馏水或去离子水配制水溶液，然后搅拌以确保化学药品充分溶解。对难溶的药品可加热促溶，但只有在知道所用温度不会破坏药品理化性质时才能这样做。在加热时可用搅拌加热器使溶质溶解，待溶液冷却后才能测量体积或 pH。

（3）配制溶液时，应根据实验要求选择不同规格的试剂。

（4）不要用滤纸称量药品。

（5）试剂瓶上应贴标签。写明试剂名称、浓度、配制日期及配制人。

（6）试剂使用后要用原瓶塞盖紧，瓶塞不要随便乱放，以防沾染其他污物和沾染桌面。

(7) 有些化学试剂极易变质，需要特殊保存。变质后的试剂不能继续使用。

3. 搅拌和振荡

配制溶液时，必须充分搅拌或振荡均匀。常用的溶液混匀方法有以下 3 种。

(1) 搅拌式。适用于烧杯内溶液的混匀。

①搅拌使用的玻璃棒必须是两头都烧圆的。

②搅拌棒的粗细长短，必须与容器的大小和所配制的溶液的多少呈适当比例关系。

③搅拌时，尽量使搅拌棒沿着器壁运动，不搅入空气，不使溶液飞溅。

④倾入液体时，必须沿器壁慢慢倾入，以免有大量空气混入。倾倒表面张力低的液体（如蛋白质溶液）时，更需缓慢仔细。

⑤研磨配制胶体溶液时，要使杵棒沿着研钵的一个方向进行，不要来回研磨。

(2) 旋转式。适用于锥形瓶、大试管内溶液的混匀。振荡溶液时，用手握住容器后以手腕、肘或肩做轴旋转容器，不应上下振荡。

(3) 弹打式。适用于离心管、小试管内溶液的混匀。

在容量瓶中混合液体时，应倒持容量瓶摇动，用食指或手心顶住瓶塞，并不时翻转容量瓶。在分液漏斗中振荡液体时，应用一手在适当斜度下倒持漏斗，用食指或手心顶住瓶塞，并用另一手控制漏斗的活塞，一边振荡，一边开动活塞，使气体可以随时由漏斗排出。

4. 母液

当要配制不同浓度系列的溶液或同一溶液长期使用时，配制母液是非常有用的。母液通常比最终所需溶液的浓度大好几倍，经过适当稀释可配成最终溶液。

5. 配制一定浓度的稀释溶液

在生物化学实验中，经常要把母液稀释到一定的质量浓度或浓度。可按下列步骤进行：

(1) 精确量取一定体积的母液到容量瓶中；

(2) 用适当的溶剂定容至标准刻度；

(3) 双手握容量瓶反复颠倒 3～5 次，充分混匀。

6. 配制系列浓度的稀释液

在生物化学实验中绘制标准曲线时，系列浓度的稀释应用非常广泛。常用的方法有以下几种。

(1) 线性稀释。这样的系列浓度可在分光光度法测定蛋白质或酶的浓度时用来绘制标准曲线。此时稀释液的浓度梯度是相同的，如蛋白质质量浓度为 0，0.2，0.4，0.6，0.8，1.0μg/mL 的系列稀释液，可用 $c_1 V_1 = c_2 V_2$ 来计算配制该系列中每一质量浓度稀释液所需母液的量。

(2) 对数稀释。这种稀释法用于需要配制浓度范围较大的系列溶液的情形。常见的有 2 倍稀释和 10 倍稀释。以 2 倍稀释为例（即每一稀释液的浓度是它前一溶液浓度的一半）：首先配制 2 倍于所需体积的最大浓度的溶液，然后取一半到另外一个装有同样体积稀释液的容器中，充分混匀，如此重复下去，便得到 2 倍稀释的一系列溶液，它们的浓度分别为原浓度的 1/2，1/4，1/8，1/16 等。

（3）调和浓度稀释。系列溶液的浓度为连续排列整数的倒数，如 1，1/2，1/3，1/4，1/5 等。如在依次排列的一组试管中分别加 0，1，2，3，4，5 倍体积的稀释剂，然后分别在每一管中加入 1 体积的母液，就得到每一浓度的稀释液。这种方法配制的溶液不会因为稀释转移而带来误差，但最大的缺点是这样的系列溶液的浓度梯度是非线性的，随着溶液系列增多，浓度梯度会越来越小。

7. 储藏

所有贮藏的溶液都要标明以下信息：试剂名称、浓度、配制日期、配制人和有关危险的警告信息。

五、实验误差与数据处理

1. 实验误差

在进行定量分析实验的测量过程中，由于受到分析方法、测量仪器、所用试剂和其他人为因素的影响，不可能使测出的数据与客观存在的真实值完全相同。真实值与测试值之间的差别就叫作误差。通常用准确度和精密度来评价测量误差的大小。

准确度是实验分析结果与真实值相接近的程度，通常以绝对误差 ΔN 的大小来表示，ΔN 值越小，准确度越高。误差还可以用相对误差来表示，其表达式为：

$$绝对误差\ \Delta N = N - N'$$

$$相对误差（\%）= \frac{\Delta N}{N} \times 100\%$$

式中　N——测定值；

　　　N'——真实值。

从以上两式可以看出，用相对误差来表示分析结果的准确度是比较合理的，因为它反映了误差值在整个结果的真实值中所占的比例。

然而在实际工作中，真实值是不可能知道的，因此分析的准确度就无法求出，而只能用精确度来评价分析结果。精确度是指在相同条件下，进行多次测定后所得数据相近的程度。精确度一般用偏差来表示，偏差也分绝对偏差和相对偏差。

$$绝对偏差 = 个别测定值 - 算术平均值（不计正负）$$

$$相对偏差 = \frac{绝对偏差}{算术平均数} \times 100\%$$

当然，和误差的表示方法一样，用相对偏差来表示实验的精确度比用绝对偏差更有意义。

在实验中，对某样品常进行多次平行测定，求得其算术平均值作为该样品的分析结果。而该样品的精确度则用平均绝对偏差和平均相对偏差来表示。

$$平均绝对偏差 = \frac{个别测定值的绝对偏差之和}{测定次数}$$

$$平均相对偏差 = \frac{平均绝对偏差}{算术平均值}$$

在分析实验中，有时只做两次平行测定，此时结果的精确度表示方法如下：

$$相对偏差 = \frac{二次分析结果的差值}{二次分析结果的平均值} \times 100\%$$

应该指出，误差和偏差具有不同的含义。前者以真实值为标准，后者以平均值为标准。由于物质的真实值不能知道，我们在实际工作中得到的结果只能是多次分析后得到的相对正确的平均值，而其精确度则只能以偏差来表示。分析结果表示为：算术平均值 ± 平均绝对偏差。

还应指出，用精确度来评价分析的结果是有一定局限性的。分析结果的精确度很高（即平均相对偏差很小），并不一定说明实验的准确度也很高。如果分析过程中存在系统误差，可能并不影响每次测得数值之间的重合程度，即不影响精确度；但此分析结果却必然偏离真实值，也就是分析的准确度不高。

2. 产生误差的原因及其校正

产生误差的原因很多。一般根据误差的性质和来源，可将误差分为系统误差与偶然误差两类。

系统误差与分析结果的准确度有关，由分析过程中某些经常发生的原因所造成，对分析的结果影响比较稳定，在重复测定时常常重复出现。这种误差的大小与正负往往可以估计出来，可以设法减少或校正。系统误差的来源主要有：

（1）方法误差。由于分析方法本身所造成，如重量分析中沉淀物少量溶解或吸附杂质；滴定分析中，等摩尔反应终点与滴定终点不完全符合等。

（2）仪器误差。因仪器本身不够精密所造成，如天平、量器、比色杯不符合要求。

（3）试剂误差。来源于试剂或蒸馏水的纯度不够。

（4）操作误差。由于每个人掌握的操作规程与控制条件常有出入而造成，如不同的操作者对滴定终点颜色变化的判断常会有差别等。

为了减少系统误差常采取下列措施：

（1）空白实验。为了消除由试剂等原因引起的误差，可在不加样品的情况下，按与样品测定完全相同的操作步骤，在完全相同的条件下进行分析，所得的结果为空白值。将样品分析的结果扣除空白值，可以得到比较准确的结果。

（2）回收率测定。取一标准物质（其中组分含量都已精确知道）与待测的未知样品同时作平行测定。测得的标准物质量与所取量之比的百分率就为回收率，可以用来表达某些分析过程中的系统误差（系统误差越大，回收率就越低）。通过下式则可对样品测量值进行校正：

$$被测样品的实际含量 = \frac{样品的分析结果}{回收率}$$

（3）仪器校正。对测量仪器进行校正以减少误差。

偶然误差与分析结果的精确度有关，来源于难以预料的因素，或是由于取样不均匀，或是由于测定过程中某些不易控制的外界因素的影响。

为了减少偶然误差，一般采取的措施是：

（1）平均取样。动植物新鲜组织制成匀浆；细菌制成悬液并打散摇匀后量取一定体积菌液；对极不均匀的固体样品，则在取样以前先粉碎、混匀。

（2）多次测定。根据偶然误差的规律，多次取样平行测定，然后取其算术平均值，就可以减少偶然误差。

除以上两大类误差外，还有因操作事故引起的"过失误差"，如读错刻度，溶液溅出，加错试剂等。这时可能出现一个很大的"误差值"，在计算算术平均值时，此数值应予以弃取。

3. 有效数字

在生物化学实验的定量分析中应在记录数据和进行计算时注意有效数字的取舍。

有效数字应是实际可能测量到的数字；应该取几位有效数字，取决于实验方法与所用仪器的精确度。所谓有效数字，即在一个数值中，除最后一位是可疑数外，其他各数都是确定的。

数字 1～9 都可作为有效数字，而 0 特殊，它在数值中间或后面是一般有效数字，但在数字前面时，它只是定位数字，用以表示小数点的位置。例如，1.26014——六位有效数字；12.001——五位有效数字；21.00——四位有效数字；0.0212——三位有效数字；0.0010——二位有效数字；200——有效数字不明确。

最后一个例子 200，后面的 0 可能是有效数字，也可能是定位数字。遇到这种情况，为了避免混乱，一般写成标准式。如 65 000±1 000 可写成 $(6.5±0.1)×10^4$（二位有效数字）或者 $(6.5±0.10)×10^4$（三位有效数字）及 $(6.5±0.100)×10^4$（四位有效数字）。

在加减乘除运算中，要特别注意有效数字的取舍，否则会使计算结果不准确。运算规则大致可归结如下：

（1）减法。几个数值相加之和或相减之差，只保留一位可疑数。在弃去过多的可疑数时，按四舍五入的规则取舍。因此，几个数相加或相减时，有效数字的保留应以小数量少的数字为准。

（2）乘除法。几个数值相乘除时，其积或商保留的有效数位数与各运算数字中有效位数最少的相同。还应指出，有效数字最后一位是可疑数，若一个数值没有可疑数，则可视为无限有效。例如，将 7.12g 样品二等分，则有 $\frac{7.12}{2}g=3.56g$。这里的除数不是测量所得，故可视为无限多位有效数字。切不可把它当作一位有效数字，得出 3g 的结果。另外，一些常数如 π，e，$\sqrt{2}$ 等都是无限多位有效数字。

4. 数据处理

对实验中所取得的一系列数值，采取适当的处理方法进行整理、分析，才能准确地反映出被研究对象的数量关系。在生物化学实验中通常采用列表法或者作图法表示实验结果，可使结果表达得清晰、明了，而且还可以减少和弥补某些测定的误差。根据对标准样品的一系列测定，可以列出表格或绘制标准曲线，然后由测定数值直接查出结果。

（1）列表法。将实验所得的各数据用适当的表格列出，并表示出它们之间的关系。通常数据的名称与单位写在标题栏中，表内只填写数字。数据应正确反映测定的有效数字，必要时应计算出误差值。

（2）作图法。实验所得的一系列数据之间的关系及其变化情况，可用图线直观地表现出来。作图时通常先在坐标纸上确定坐标轴，标明轴的名称或单位，然后将各数值点用"＋"或"×"等标记标注在图纸上，再用直线或曲线把各点连接起来。图形必须平滑，可不通过所有的点，但要求线两旁偏离的点分布较均匀。画线时，个别偏离较大的点应当舍去，或重复实验校正。采用作图法时至少要有 5 个以上的点，否则就没有实际意义。

六、实验记录及实验报告的书写

生物化学实验是在生物化学理论及有关指导下的实践。实验目的在于经过实践掌握科学观察的基本方法和技能，培养科学思维、分析判断及解决实际问题的能力，培养尊重科学事实和真理的学风和科学态度。当然，通过实验还可以加深和扩大学生对生物化学理论的认识。

为了达到实验的目的，要求学生在实验前进行预习，通过预习对实验的内容、目的要求、基本原理、基本操作及注意事项有初步的了解；要求学生在实验中合理组织安排时间，严肃认真地进行操作，细致观察各种变化并如实做好实验结果的记录；还要求学生在操作结束后认真进行计算或分析，写好实验报告。

1. 实验记录

实验前应认真预习，将实验目的和要求、原理、实验内容、操作方法与步骤等简单扼要地写在记录本上。

实验记录本要标上页数，不要撕去任何一页。实验记录不能用铅笔书写，必须用钢笔或圆珠笔书写。记录不要擦抹及涂改，写错时可以划去重写。

实验中观察到的现象、结果和数据，应及时直接记录在记录本上，绝对不可用单片纸做记录或草稿。原始记录必须及时、准确、如实、详尽和清楚。

"及时"是指在实验中将观察到的现象、结果、数据及时记录在记录本上。回顾性的记录容易造成无意或有意的失真。

实验结果的记录不可掺杂任何主观因素，不能受现成资料及他人实验结果的影响。若出现"不正常"的现象，更应如实详尽记录。

表格式的记录方式简练而清晰，值得提倡。记录时字迹必须清晰，不提倡使用易于涂改及消退的笔做原始记录。在定量实验中观测的数据，都应设计一定的表格（简易形式）准确记录，并根据仪器的精确度记录有效数字。每一结果至少重复观察两次，当符合实验要求并确定仪器正常工作后再写在记录本上。实验记录上的每个数字都必须能反映每一次的测量结果。所以，重复观测时即使数据完全与前一次相同也应如实记录下来。数据的计算也应记录在记录本上，一般写在正式记录的左边一栏。总之，实验的每个结果都应正确无遗漏地做好记录。

完整的实验记录应包括日期、题目（内容）、目的、操作、现象及结果（包括计算结果及各种图表）。实验中使用仪器的类型、编号以及试剂的规格、化学式、相对分子量、准确的浓度等，都应该记录清楚，以便总结实验时进行核对和作为查找成败原因的参考依据。使用精密仪器进行实验时还应记录仪器的型号及编号。

如发现实验记录的结果有怀疑、遗漏、丢失等，都必须重做实验。因为将不可靠的结果当作正确的记录，在实际工作中可能会造成难以估计的损失。

2. 实验报告

实验结束后应及时整理和总结实验结果，写出实验报告。按照实验内容可将实验分为定性实验和定量实验两大类，下面分别列举这两大类实验报告的参考格式。

（1）定性实验报告。

实验（编号）　　　　（实验名称）

目的要求。

内容。

原理。

试剂和器材。

操作方法。

结果和讨论。

参考文献。

一般一次实验课做数个有关的定性实验，报告中的实验名称及目的要求应是针对整个实验课的全部内容。原理、操作方法与步骤，结果与讨论则按实验各自的内容而不同。原理部分应简述基本原理；操作方法与步骤可采用工艺流程图的方式或自行设计的表格来表示。某些实验的操作部分可以与结果和讨论部分合并成自行设计的综合表格。结果与讨论包括实验结果及观察现象的小结，对实验课遇到的问题和思考题进行探讨以及对实验的改进意见，等等。

（2）定量实验报告。

实验（编号）　　　　（实验名称）

目的要求。

内容。

原理。

试剂和器材。

操作方法。

结果和讨论。

参考文献。

通常定量实验每次只能做一个。在实验报告中，目的和要求，原理及操作方法部分应简单扼要地叙述，但是对于实验条件即试剂配制及仪器部分或操作的关键环节必须表达清楚。实验结果部分应将一定实验条件下获得的实验结果和数据进行整理、归纳、分析和对比，并尽量总结成各种图表，如原始数据及其处理的表格，标准曲线图以及比较实验组与对照组实验结果的图表等。另外，还应针对实验结果进行必要的说明和分析。讨论部分则包括关于实验方法、操作技术及其他有关实验的一些问题，如实验的正常结果和异常结果以及思考题，等等。另外，也包括对实验设计的认识、体会和建议，对实验课的改进意见，等等。

完整的实验报告应包括实验名称、实验日期、目的要求、实验原理、试剂、仪器设备、操作方法、实验结果、讨论等多项内容。

其中，目的要求、原理、设备、试剂及操作方法等项只要求做简明扼要的叙述，对实验的条件、操作要点等实验成败的关键环节应做清楚描述。

实验结果首先是如实记录实验中观察到的现象及各种原始数据，包括根据实验要求整理、归纳数据后进行计算的过程及计算结果，还应包括根据实验数据及计算做出的各种图表（如曲线图、对照表等）。

讨论部分不是对结果的重述，而是对实验结果、实验方法和异常现象进行探讨和评论，以及对实验设计的认识、体会及建议。

一般要有实验结论。结论要简单扼要，以说明本次实验所获得的结果。如在临床生化检验项目中，可评价样本检出值与相应正常值之间的异同及其临床意义。

七、实验室常用仪器的使用

（一）计量仪器

1. 液体的量取和分配

计量仪器的选择应根据量取液体的大小而定，同时要考虑量取的准确度，见表1。

表1　常用的液体计量仪器

计量仪器	最佳量程	准确度
滴管	$30\mu L \sim 2mL$	低
量筒	$5 \sim 2000mL$	中等
容量瓶	$5 \sim 2000mL$	高
滴定管	$1 \sim 25mL$	高
移液管/移液枪	$5\mu L \sim 10mL$	高
微量注射器	$0.5 \sim 50\mu L$	高
天平	任何量度（取决于天平的准确度）	极高
锥形瓶/烧杯	$25 \sim 5000mL$	极低

（1）滴管。正确使用滴管，就是要保持滴管垂直，以中指和无名指夹住管柱，拇指和食指轻轻挤压胶头使液体逐滴滴下。使用滴管吸取有毒溶液时要小心，松开胶头之前一定要将管尖移离溶液，吸入的空气可防止液体溢散。为了避免交叉污染，不要将溶液吸入胶头或将滴管横放，使用一次性塑料滴管安全性好，可避免污染。

（2）量筒。在准确度要求高的情况下，用来量取相对大量的液体。把量筒放置在水平面上，保持刻度水平。先将溶液加到所需的刻度以下，再用滴管慢慢滴加，直至液体的弯月面与刻度相平。读数前要静置一定时间，让溶液从器壁上完全流下。

（3）容量瓶。容量瓶是在一定温度下（通常为20℃）含有准确体积的容器。所称量的任何固体物质必须在小烧杯中溶解或加热溶解，冷却至室温后才能转移到容量瓶中。容量瓶绝不能加热和烘干。

（4）滴定管。在生物化学实验中常用来量取不固定的溶液或用于容量分析。把滴定管垂直固定在铁架台上，不要夹得过紧。首先关闭活塞，用漏斗向管腔中加入溶液。打开活塞，让溶液充满活塞下方的空间后关闭活塞，读取液体弯月面的刻度，记在记录本上。打开活塞，收集适量溶液，然后读取溶液弯月面的刻度，两次读数之差即为分配的溶液体积。滴定时通常使用磁力搅拌器充分混合溶液。

（5）移液管。移液管有多种试样，包括有分度的和无分度的。使用前要看清移液管的刻度，有些移液管泄出液体时从整刻度到零，有些则是从零到整刻度。有的刻度终止于管尖的肩部，有的则需将管尖的液体吹出或靠重力移出。

注意：为了安全，严禁用嘴吹吸移液管，可使用其他工具如吸耳球。

（6）移液枪。移液枪是生物化学与分子生物学实验室常用的小件精密设备，移液枪能否正确使用，直接关系到实验的准确性与重复性，同时关系到移液枪的使用寿命。下面以连续可调的移液枪为例，说明移液枪的使用方法。

移液枪由连续可调的机械装置和可替换的吸头组成，不同型号的移液枪吸头有所不同，实验室常用的移液枪根据最大吸用量有 $2\mu L$，$10\mu L$，$20\mu L$，$200\mu L$ 和 $1mL$ 等规格。

移液枪的正确使用包括以下几个方面：

①根据实验精度选用正确量程的移液枪：一定不要试图移取超过最大量程的液体，否则会损坏移液枪。

②移液枪的吸量体积调节：调整移液枪时，切勿超过最大或最小量程。

③吸量：将一次性枪头按在移液枪的吸杆上，必要时可用手辅助套紧，但要防止由此可能带来的污染。然后将吸量按钮按至第一档（first stop），将吸嘴垂直插入待取液体中，深度以刚浸没吸头尖端为宜，然后慢慢释放吸量按钮以吸取液体。释放所吸液体时，先将枪头垂直接触在受液容器壁上，慢慢按压吸量按钮至第一档，停留 $1\sim2s$ 后，按至第二档（second stop）以排出所有液体。

④吸头的更换：性能良好的移液器具有卸载吸头的机械装置，轻轻按压卸载按钮，吸头就会自动脱落。

使用移液枪的注意事项：

①连续可调移液枪的取用体积调节要轻缓，严禁超过最大或最小量程；

②在移液枪吸头中含有液体时，禁止将移液枪水平放置，平时不用时将移液枪置于架上；

③吸取液体时动作应轻缓，防止液体随气流进入移液枪的上部；

④在吸取不同的液体时，要更换吸头；

⑤移液枪要进行定期校准，一般由专业人员来进行。

（7）微量注射器。使用微量注射器时应把针头插入溶液，缓慢拉动活塞至所需刻度处。检查注射器有无吸入气泡。排出液体时要缓慢，最后将针尖靠在器壁上，移去末端黏附的液体。微量注射器在使用前和使用后应在乙醇溶剂中反复推拉活塞，进行清洗。

（8）天平。用于准确称量液体，然后将质量换算为体积 V：

$$V = \frac{m}{\rho}$$

常用溶剂的密度可查阅相关资料。由于密度随温度变化，要注意液体相应的温度。

2. 液体的盛放和储存

（1）试管。试管常用于颜色试验、小量反应、装培养基等。试管可经加热灭菌，用试管帽或棉塞密封。

（2）烧杯。烧杯常作一般用途，如加热溶液、滴定等。烧杯壁上常有体积刻度，但不准确，只能用于粗略估计。

（3）锥形瓶。用于储存溶液，其底部较宽，稳定性好，瓶口较小，可减少蒸发，易于密封。有的锥形瓶侧壁上也有体积刻度，但不准确。

（4）试剂瓶。具有螺口或圆形玻璃塞，可防止溶液蒸发和污染。

所有储存的液体都要清楚地标记，包括相应的危险性信息（最好用橙色危险警告标签标记）。容器的密封方法要合适，如用塞子或封口胶密封。为了防止试剂降解，溶液应存放在冰箱中，但使用前要恢复到室温。含有有机成分的溶液易滋生微生物（除非溶液有毒或已灭菌），因此，用放置很久的溶液试剂做出来的实验结果不可靠。

（二）恒温箱

恒温箱是实验室常用的加热设备之一。按特殊用途，恒温箱又可分为真空干燥箱、隔水式恒温箱、鼓风干燥箱和防爆干燥箱等。

恒温箱一般由箱体、发热体（镍镉电热丝）、测温仪或温度计、控温机构和信号系统等组成，特殊用途的恒温箱还有水箱、鼓风马达和防爆装置等。进气孔一般在箱底部，排气孔在顶部。

恒温箱的使用方法：

（1）使用前做好内、外检查，箱内如有其他存物，应取出放好。设置好所需温度，注意电源与铭牌上的标称电压是否符合。

（2）通电后指示灯亮，开始加热。当箱内温度达到所需温度时，会自动停止加热，箱内保持恒温。

（3）当箱内温度稳定在所需温度后放入待干燥或待培养的样品。

（4）使用完毕，关掉各个开关，并拔掉电源。

（三）电热恒温水浴

电热恒温水浴锅用于恒温、加热、消毒及蒸发等。常用的有2孔、4孔、6孔和8孔，工作温度从室温至100℃。

1. 使用方法

（1）关闭水浴锅底部外侧的防水阀门，向水浴锅中注入蒸馏水至适当深度。加蒸馏水是为了防止水浴槽体（铝板或铜板）被侵蚀。

（2）插好电源，并将温度调至所需温度。

（3）打开电源，红灯亮，表示电炉丝开始加热。

（4）当温度升高到所需温度时，会停止加热自动保温。可以开始使用。

（5）使用完毕，关闭电源开关，拉下电闸，拔下插头。

（6）若较长时间不使用，应将调温按钮调回零位，并打开放水阀门，放尽水浴槽内的全部存水。

2. 注意事项

（1）水浴锅内的水位绝对不能低于电热管，否则电热管将被烧坏。

（2）控制箱内部切勿受潮，以防漏电损坏。

（3）初次使用时，应加入与所需温度相近的水后再通电，并防止水箱内无水时接通电源。

（4）使用过程中应注意随时盖上水浴槽盖，防止水箱内水被蒸干。

（5）调温按钮的显示读数并不能准确表示水温，实际水温应以温度计读数为准。

（四）电动离心机

在实验过程中，要使沉淀与母液分开，有过滤和离心两种方法。在下述情况下，使用离心方法较为合适。

（1）沉淀有黏性。

（2）沉淀颗粒小，容易透过滤纸。

（3）沉淀量多而疏散。

（4）沉淀量少，需要定量测定。

（5）母液量很少，分离时应减少损失。

（6）沉淀和母液必须迅速分离开。

（7）母液黏稠。

（8）一般胶体溶液。

离心机是利用离心力对混合物溶液进行分离和沉淀的一种专用仪器。电动离心机通常分为大、中、小三种类型。

1. 使用方法

（1）使用前应先检查变速旋钮是否在"0"处。

（2）离心时先将离心的物质转移到大小合适的离心管内，盛量占管的2/3体积，以免溢出。将此离心管放入外套管内。

（3）将一对外套管（连同离心管）放在台秤上平衡，如不平衡，可用小吸管调整离心管内容物或向离心管与外套间加入平衡水。每次离心操作，都必须遵守平衡要求，否则将会损坏离心机部件，甚至造成严重事故，应十分警惕。

（4）将以上两个平衡好的套管，按对称位置放到离心机中，盖严离心机盖，并把不用的离心套管取出。

（5）开动时，先开电门，然后慢慢拨动变速旋钮，使速度逐渐加快。停止时，先将旋钮拨到"0"，不继续使用时，拔下插头。待离心机自动停止后，才能打开离心机盖并取出样品，绝对不能用手阻止离心机转动。

（6）用完后，将套管中的橡皮垫洗净，保管好。冲洗外套管，倒立放置使其干燥。

2. 注意事项

（1）离心过程中，若听到特殊响声，表明离心管可能破碎，应立即停止离心。如果离心管已破碎，将玻璃碴冲洗干净（玻璃碴不能倒入下水道），然后换管按上述操作重新离心。若管未破碎，也需要重新平衡后再离心。

（2）有机溶剂和酚等会腐蚀金属套管，若有渗漏现象，必须及时擦干净漏出的溶液，并更换套管。

（3）避免连续使用时间过长。一般大离心机用 40min 休息 20min 或 30min，台式小离心机使用 40min 休息 10min。

（4）电源电压与离心机所需的电压一致，接地后才能通电使用。

（5）应不定期检查离心机内电动机的电刷与整流子磨损情况，严重时更换电刷或轴承。

（五）电子分析天平

电子分析天平结构紧凑，性能优良，感量 1mg 或 0.1mg，自动计量，数字显示，操作简便。清除键可方便消去皮重，适于累计连续称量。

1. 使用方法

（1）使用天平前，首先清洁称量盘，检查、调整天平的水平。

（2）接通电源。天平自动进行检测，当显示屏出现"0.0000g"或"0.000g"时，自检结束。

（3）如果空载时有读数，则按一下清除键"Tare"消去皮重回零。

（4）称量。推开天平右侧门，将干燥的称量瓶或小烧杯轻轻放在称量盘中心，关上天平门，待显示平衡后按清除键扣除皮重并显示零点。然后推开天平门往容器中缓缓加入待称量物并观察显示屏，显示平衡后即可记录所称取试样的净重。

（5）称量完毕，取下被称物。

（6）如果称量后较长时间内不再使用天平，应拔下电源插头，盖好防尘罩。

2. 注意事项

（1）被称量物的温度与室温相同，不得称量过热或有挥发性的试剂，尽量消除引起天平示值变动的因素，如空气流动、温度波动、容器潮湿及操作过猛等。

（2）开、关天平的停动手扭，开、关侧门，放、取被称物等操作，动作都要轻缓，不可用力过猛。

（3）调零点和读数时必须关闭两个侧门，并完全开启天平。

（4）使用中若发现天平异常，应及时报告指导老师或实验工作人员，不得自行拆卸修理。

（5）称量完毕，应随手关闭天平，并做好天平内外的清洁工作。

（六）酸度计（Delta 320-S pH 计）

酸度计是测量 pH 的较精密的仪器，也可用来测电动势。

1. 使用方法

（1）温度的输入。每次测定 pH 前先看一下温度，如果温度设定值与样品温度不同的话，务必输入新的溶液的温度值。

（2）温度的读数和输入。按一次〈模式〉进入温度方式，显示屏即有"℃"图样显示，同时显示屏将显示最近一次输入的温度值，小数点闪烁。如果要输入新的温度值，则按一下〈校正〉，此时首先是温度值的十位数从"0"开始闪烁，每隔一段时间加"1"。当十位数到达所需要的值时，按一下〈读数〉，十位数和个位数均保持不变，个位数开始闪烁，并且累加。当个位数到达所需要的数值时，按一下〈读数〉，十位数和个位数均保持不变，小数点后十分位开始在"0"和"5"之间变化。当到达需要数值时按〈读数〉，温度值将固定，且小数点停止闪烁，此时温度值已被读入 pH 计。完成温度输入后，按〈模式〉回到 pH 或 mV 模式。

注意：在温度输入后，但在未退出温度方式前想改变温度设定值，只需按一下〈读数〉使小数点闪烁，然后按〈校正〉，照上述步骤重新输入温度值。在温度输入过程中，若想重新输入温度，按〈校正〉，然后按上述步骤重新输入温度值。

（3）测定 pH。在样品测定前进行常规校准，并检查当前温度值，确定是否要输入新的温度值。

按以下方法测定 pH：

①将电极放入样品中并按〈读数〉，启动测定过程，小数点会闪烁。

②显示屏同时显示数字及模拟式 pH。模拟式尺度从 1～7 或 7～14。超出或不足显示范围的数值由箭头表示。

③将显示静止在终点数值上，按〈读数〉，小数点停闪。

④启动一个新的测定过程，再按〈读数〉。

（4）设置校准溶液组。

要获得最精确的 pH，必须周期性地校准电极。有 3 组校准缓冲液供选择（每组有 3 种不同的 pH 的校准液）：

组 1（b = 1）：pH 4.00　　7.00　　10.00

组 2（b = 2）：pH 4.01　　7.00　　9.21

组 1（b = 3）：pH 4.01　　6.86　　9.18

按下列步骤选择缓冲溶液：

①按〈开/关〉关闭显示器。

②按〈模式〉并保持，再按〈开/关〉。松开〈模式〉显示屏显示 b = 3（或当前的设定值）。

③按〈校正〉显示 b = 1，或 b = 2。

④按〈读数〉选择合适的组别，即使遇上断电也仍保留此设置。

2. 注意事项

（1）所选择组别必须与所使用的缓冲液相一致。

（2）当进入设置校准溶液组菜单后，以前的电极校正数据及所选择的校正溶液组已改为出厂设置，因此在进行样品测量前，必须重新进行校准溶液组的设置及电极校正。

（3）校准 pH 电极。首先测出缓冲溶液的温度，并进入温度方式输入当前缓冲液的温度。

一点校准：将电极放入第一个缓冲液并按〈校正〉；320 - S pH 计在校准时自动判定终点，当到达终点时相应的缓冲液指示器显示，要人工定义终点，按〈读数〉；要回到样品测定方式，按〈读数〉。

两点校准：继续第二点校准操作，按〈校正〉；将电极放入第二种缓冲液并按上述步骤操作，当显示静止后电极斜率值简要显示；要回到样品测定方式，按〈读数〉。

（七）　自动部分收集器

自动部分收集器是柱层析的重要配套仪器，通过时间或滴数的预置，可以定量地部分收集洗脱液，把柱层析分离的各组分收集到不同试管中。

1. 使用方法

（1）准备工作。

①先将电源线、试管、竖杆、安全阀和收集盘等按实物安装图接好，电源线接后面板的电源插座（220V 交流电源），安全阀引出线接后面安全阀插座。向上拨动电源开关，这时绿灯亮。

②后面板的计数器插座、记录仪插座分别与相应配套滴滴器、记录仪、恒流泵相接；不使用这些配件时，这些插座留空。

③定位：在面板上旋松时间选择固定螺钉（注意不要过分放松，以防螺钉脱落），使时间选择指在"0"刻度，换向开关拨向逆或顺时，收集盘就会做逆时或顺时针方向连续转动，换管壁也相应向内或外移动，待收集盘停止转动，报警指示灯亮，同时发出报警信号"嘟嘟"声，表示已到内或外终端。然后使时间选择旋钮离开"0"位，换向开关拨向顺或逆，收集盘即向顺或逆时针方向转换一管，此位置即是收集的最后管或第一管，检查滴管头是否对准内、外终端管中心，如未对准，可松开换管臂固定螺丝，调节换管臂使其滴管对准试管中心。定好位以后，千万不要再改变换管臂的位置以保证收集盘和换管臂同步旋转，平时不要把时间旋钮放在"0"位。

④将自动开关拨在关位置，按手动开关，按一下放开一次，指示灯亮一次，收集器相应转换一支管，检查滴管头是否对准管中心，如未对准可将管壁略作调整。

⑤将报警板插头插入警控插座内，滴几滴溶液在报警板上，即发出"嘟嘟"声（报警红灯亮），说明报警器正常，此时安全阀关闭，恒流泵停止工作。收集盘连续换管至终端管不动时，报警指示灯亮。

（2）操作步骤。

首先按上述方法使收集盘外终端管第一管，换向开关拨向"逆"。

①手动收集：按手动开关，人工控制收集时间和换管，按下一次放开一次，指示灯亮一次，收集盘即转换一支试管。

②自动定时收集：将时间旋钮选定在所需要的刻度上，旋紧固定螺钉。开启自动开关，这时自动指示灯亮，即自动定时收集开始，这样每管的收集时间基本相同。注意自动收集期间不要旋动时间选择按钮，否则要损坏仪器。

2. 注意事项

（1）使用前应参照准备工作项，检查各个旋钮，观察仪器是否运转正常。尤其是换管，定位是否正常、准确，每次是否转换一支试管。如每次转换多支试管，一般情况下，可通过重新定位加以纠正，如无效时应检查仪器本身是否出现故障。

（2）要保持收集盘的干燥，防止报警板滴上液体引起不必要的报警。

（3）事先要仔细检查收集用的试管大小、高矮是否合适，底部有无破损。

（八）分光光度计

1. 722 型光栅分光光度计

722 型光栅分光光度计能在近紫外、可见光谱区对样品作定性、定量分析。

（1）使用方法。

①将灵敏度旋钮调至"1"档（放大倍率最小）。

②打开样品室盖（光门自动关闭）。开启电源，指示灯亮，仪器预热 20min。

③旋动波长手轮，把所需波长对准刻度线。

④将装有溶液的比色皿放置在比色架中，令参比溶液置于光路中。

⑤盖上样品室盖，调节透光率"100% T"旋钮，使数字显示为"100.0"。如显示不到 100% T，则可适当增加灵敏度的档次，重复调零操作。

⑥吸光度 A 的测量：仪器调 T 为 100% 后将选择开关转换至 A，旋动 A 调零旋钮使数字显示为".000"，然后移入被测溶液，数字显示值即为试样的吸光度 A 值。

⑦浓度 C 的测定：将选择开关由 A 旋至 C，将标定浓度的溶液移入光路，调节浓度旋钮，使数字显示为标定值，再将被测溶液移入光路，即可读出相应的浓度 C 值。

（2）注意事项。

①实验中如果大幅度改变测试波长，在两种波长下测定的时间应间隔数分钟，使光电管有足够的平衡时间。

②比色一般在稀溶液条件下进行，如果吸光度 >1，透光率 <10% 时，需把选择开关拨到"×0.1"档，读得的吸光度结果加上 1.0，透光率则除以 10。

③同套比色杯吸光度肯定有差异，如果 4 个比色杯内装有蒸馏水，在相同的波长下吸收度有较大的差别，应选用空白吸收值最小的杯子装参比溶液，其他杯子在读数后应减去空白读数值作校正。

④比色杯必须成套使用，注意保护。清洗时用 0.1mol/L 的盐酸和乙醇溶液或稍加稀释的洗涤液浸泡去污，用蒸馏水充分清洗干净，晒干备用。

⑤仪器每年或每搬动一次，应请有经验的人对波长做一次校正。

2. UV-2800 型紫外可见分光光度计

UV-2800 型紫外可见分光光度计有透射比、吸光度、已知标准样品的浓度值或斜率值测量样品浓度等测量方式，可根据需要选择合适的测量方式。该光度计还有自检功能，自检后波长自动停在 546nm 处，测量方式可在面板上自行选择。

在开机前，须确认仪器样品室内是否有物品挡在光路上，光路上有阻挡物将影响仪器自检甚至造成仪器故障。

（1）使用方法。

①连接仪器电源线，确保仪器供电电源有良好的接地性能。

②接通电源，仪器开始进行内存、初始化串行口、初始化打印机、启动实时多任务核心、初始化 AD 转换器、系统定位等各项自检，检测完毕后须预热 15min，至显示器

显示出选择菜单。

③用波长设置键"SETλ"设置所需的分析波长。如果没有进行这步操作，仪器将不会变换到想要的分析波长。

④将参比样品溶液和被测样品溶液分别倒入比色皿中，打开样品室盖，将盛有溶液的比色皿分别插入比色皿槽中，盖上样品室盖。一般情况下，参比样品放在第一个槽位中。仪器所附的比色皿，其透射比是经过配对测试的，未经配对处理的比色皿将影响样品的测试精度。比色皿透光部分表面不能有指印、溶液痕迹，被测溶液中不能有气泡、悬浮物，否则也将影响样品测试的精度。

⑤将参比样品拉入光路中，按〈0Abs〉键调"0"，此时显示器显示 0.000Abs。

⑥将被测样品一一拉入光路中，分别记录下显示器上显示的样品吸光度。

八、生物化学实验中的药品和试剂

（一）化学试剂的分级和选择

化学药品有不同的纯度级别，并在包装盒上标明。不同供应商对纯度等级的命名不同，目前没有统一的标准。通常根据实验要求选择不同规格的化学试剂。

（二）安全方面

在生物化学实验课上，指导老师有责任告诉同学使用化学药品时可能存在的危险及有关防护措施，如表2所示。

表2 几种常用的危险化学药品的防护措施

化学药品	潜在危险	防护措施
十二烷基磺酸钠（SDS）	刺激性、有毒	戴手套
氢氧化钠	高腐蚀性、强刺激性	戴手套
苯酚	剧毒、灼伤、可致癌	使用通风橱、戴手套
氯仿	挥发性、有毒、刺激性、腐蚀性、可致癌	使用通风橱、戴手套
巯基乙醇	挥发性、有毒、强刺激性、腐蚀性	使用通风橱、戴手套

（三）生物化学实验对化学试剂的要求

1. 实验室用水

生物化学实验室使用最多的溶剂是水，实验室用水以只由水分子构成的纯净水最为理想。但实际中由于很多原因，水中总是混有各种各样的杂质。这些物质的存在有时会影响实验的结果，所以配制生物化学实验用试剂不能用自来水，只能使用经过纯化的水。生物化学实验对所用水的纯度要求较高。通常，可以认为水的质量越高，实验的结果就越真实、可靠和准确，因此必须保证实验用水的质量。二次蒸馏水和无离子水是常用的两种纯水。在超纯分析和特殊的生物化学实验中对水质要求更高，如 $15 \sim 18M\Omega/cm^3$ 高纯无离子水、无热源高纯水、无菌水、亚沸蒸馏水和无 CO_2 蒸馏水等。对水进行纯化的主要方法有以下几种：

（1）离子交换法。通过离子交换树脂使水中的离子化合物被吸附而使水纯化。离子交换树脂是一种特殊网状分子结构的不溶性高分子化合物，按所起作用可分为酸、碱两种。通过化学反应，树脂分子的功能基将水中带电荷基团吸附到母体上，从而被清除掉。一般通过离子交换树脂处理后，水中大多数离子化合物被除掉，但没有离子化的或微生物则不能被清除。离子交换树脂应定期活化，保证吸附纯化效果，长期搁置容易有微生物繁殖，这一点应引起注意。

（2）蒸馏法。蒸馏法主要是利用水在沸点（100℃）时变成蒸气，遇冷时又重新结成液体水，水中不能被蒸发的物质残留下来而被清除。通过几次反复操作，可得到高纯度的纯净水。

（3）反浸法。反浸法为从相反方向在半浸透膜上施以渗透压以上的压力，使水分子通过，而水中含有的离子化合物、胶体物、微生物不能透过，从而获得纯净水。反浸法可以很好地清除水中的热源物质。

（4）超纯法。超纯法指水通过高性能的离子交换树脂数次处理后，再经过微孔滤膜过滤所得到的水的电导率可达 $18M\Omega/cm^3$，与理论纯水的 $18.3M\Omega/cm^3$ 很接近，故该类水称为超纯水。实验工作中因为水的价格随水质的提高而成倍地增长，因此不应盲目追求水的纯度，要根据工作的实际需要，即所用水中应排出干扰物质的类型来选用水的种类，如无离子水、普通蒸馏水、二次蒸馏水、亚沸蒸馏水及按特殊要求制备的高纯水等。

使用纯水时的注意事项：

首先，实验用纯水分为离子交换水、蒸馏水（双蒸水）、超纯水 3 个级。通常实验器皿、器具的洗净用去离子水，一般试剂配制可用双蒸水，而重要的精细实验采用超纯水。其次，纯水的贮存时间不宜过长，一般为一周左右，长时间搁置会有微生物繁殖。最后，超纯水贮存过程中，玻璃容器中的硅、钙离子或塑料容器中的有机物可以渗入到水中，这些物质的量尽管极其微小，但有时会给实验带来影响。

2. **化学试剂的规格**

各种常用规格的化学试剂见表 3，在生物化学实验中，为保证实验结果的准确性，一般情况下普通的化学试剂级别应达到分析纯，而直接用于光谱或色谱的试剂应采用光谱纯试剂或色谱纯试剂。

表3　各种规格的化学试剂

试剂级别	中文名称	英文名称	标签颜色	用途
一级试剂	优级纯	GR	深绿色	精密分析实验
二级试剂	分析纯	AR	红色	一般分析实验
三级试剂	化学纯	CR	蓝色	一般化学实验
生化试剂		BR	咖啡色	生物化学实验

（四）生物化学实验中的常用试剂

1. 大宗普用试剂

（1）酸。酸可以分为无机酸和有机酸。在生物化学实验中常用的无机酸主要有盐酸、硫酸、硝酸和磷酸，由于生物化学实验一般没有剧烈的反应，这几种酸在实验中很少直接用于反应，或者配成浓度很低的试剂，故在配制缓冲液时常被用来调节 pH。有机酸的种类很多，在生物化学实验中比较常用的有机酸是冰醋酸、草酰乙酸、柠檬酸，其中醋酸与水、乙醇、甘油或多数的挥发油、脂肪油均能任意混合，在生物大分子提取实验中发挥着很大的作用。

（2）碱。在生物化学实验中常用的碱主要有氢氧化钠、氨水、氢氧化铝、氢氧化钡等，这些碱在实验中主要是用于配制一些缓冲液。还有广泛存在对生物体有强烈作用的含氮有机碱，即生物碱。

（3）盐。生物化学实验中，盐是一类很常用的试剂。生物化学实验一般需要在一个缓冲体系中进行，而缓冲液主要是由一些弱酸盐或弱碱盐组成。其次是适用于蛋白质和酶的分离纯化中盐析沉淀的中性盐（如硫酸铵、硫酸钠、氯化钠等），这类盐对蛋白质的空间结构影响较小，特别是硫酸铵，溶解度大，易被透析除净。其三是通过破坏蛋白质分子周围水化膜，改变蛋白质分子表面电荷分布而使之沉淀析出固化。金属离子在生物化学实验中作为酶的辅助因子必不可少。

（4）有机试剂。生物化学的主要研究对象是核酸、蛋白质和多糖 3 种主要生物大分子及参与生命过程的其他有机化合物分子。它们是维持生命机器正常运转的最重要的基础物质。因此在生物化学实验中常用有机试剂代替"水"作为溶剂，常用的有机溶剂主要有醇、醛、酚等 3 类。

2. 专用试剂

（1）缓冲液。

在生物化学实验中缓冲液是一种非常重要的试剂，主要有以下几类。

①磷酸盐缓冲液。

磷酸盐是生物化学研究中使用最广泛的一种缓冲剂，由于它们是二级解离，有两个 pK_a 值，所以用它们配制的缓冲液，pH 范围最宽。而且用钾盐比钠盐好，因为低温时钠盐难溶，钾盐易溶。配制 SDS – 聚丙烯酰胺凝胶电泳的缓冲液时，只能用磷酸钠而不能用磷酸钾，因为 SDS（十二烷基硫酸钠）会与钾盐生成难溶的十二烷基硫酸钾。

磷酸盐缓冲液的优点为：容易配制成各种浓度的缓冲液；适用的 pH 范围宽；pH 受温度的影响小；缓冲液稀释后 pH 变化小，如稀释 10 倍后 pH 的变化小于 0.1。其缺点为：易与常见的 Ca^{2+}，Mg^{2+} 以及重金属离子缔合生成沉淀；会抑制某些生物化学过程，如对某些酶的催化作用会产生某种程度的抑制作用。

②Tris 缓冲液。

由于 Tris（三羟甲基氨基甲烷）缓冲液的常用有效 pH 范围是在"中性"范围，故 Tris 缓冲液在生物化学研究中使用的越来越多，有超过磷酸盐缓冲液的趋势，如在 SDS – 聚丙烯酰胺凝胶电泳中已都使用 Tris 缓冲液，而很少再用磷酸盐。常用 Tris 缓冲溶液有 Tris - HCl 缓冲液（pH 7.5 ~ 8.5）和 Tris - 磷酸盐缓冲液（pH 5.0 ~ 9.0）两类，前者的优点是：因为 Tris 碱的碱性较强，只用这种缓冲体系配制成 pH 范围由酸性到碱性的大范围 pH 缓冲液；对生物化学的过程干扰很小，不与钙、镁离子及重金属离子发生沉淀。其缺点是：缓冲液的 pH 受溶液浓度影响较大（如稀释 10 倍，pH 的变化大于 0.1）；温度效应大（如 4℃ 时缓冲溶液的 pH 为 8.4，而 37℃ 时的 pH 为 7.4），所以在配制该类缓冲液时一定要在使用温度下进行配制，室温下配制的 Tris - HCl 缓冲液不能用于 0 ~ 4℃；易吸收空气中的 CO_2，配制的缓冲液要盖严密封；此类缓冲液对某些 pH 计的电极有干扰作用，测定 pH 时要使用与 Tris 溶液具有兼容性的电极。

③有机酸缓冲液。

这一类缓冲液多数是用羧酸与它们的盐配制而成，pH 范围为 3.0 ~ 6.0，最常用的有机酸为甲酸、乙酸、柠檬酸和琥珀酸。

甲酸-甲酸盐缓冲液，因其挥发性强，使用后可以用减压法除之而被广泛使用。乙酸 - 乙酸钠和柠檬酸 - 柠檬酸钠缓冲体系也使用得较多（如柠檬酸有 3.10，4.75，6.40 三个 pKa 值。琥珀酸有 4.18 和 5.60 两个 pKa 值）。而有机酸缓冲溶液的缺点则有：所有的这些羧酸都是天然的代谢产物，因而对生化反应的过程可能发生干扰作用；柠檬酸和琥珀酸盐可以和过渡金属离子（Fe^{3+}、Zn^{2+}、Mg^{2+} 等）结合而使缓冲液受到干扰；这类缓冲液易与 Ca^{2+} 结合，所以样品中有 Ca^{2+} 时，不能用这类缓冲液。

④硼酸盐缓冲液。

该类缓冲液常用的有效 pH 范围为 8.5 ~ 10.0，因而它是碱性范围内最常用的缓冲液，其优点是配制方便，只使用一种试剂。缺点是能与很多代谢产物形成络合物，尤其是能与糖类的羟基反应生成稳定的复合物而使缓冲液受到干扰。

⑤氨基酸缓冲液。

此缓冲液使用的范围宽，可用于 pH 在 2.0 ~ 11.0 之间，常用的有甘氨酸 - HCl 缓冲液（pH 2.0 ~ 5.0）、甘氨酸 - NaOH 缓冲液（pH 8.0 ~ 11.0）、甘氨酸 - Tris 缓冲液（pH 8.0 ~ 11.0，是广泛使用的 SDS - 聚丙烯酰胺凝胶电泳的电极缓冲液）、组氨酸缓冲液（pH 5.5 ~ 6.5）、甘氨酰胺缓冲液（pH 7.8 ~ 8.8）、甘胺酰甘氨酸缓冲液（pH 8.0 ~ 9.0）。此类缓冲体系的优点是：为细胞组分和各种提取液提供更接近的天然环境；其缺点是：与羧酸盐和磷酸盐缓冲体系相似，也能干扰某些代谢过程等，试剂的价格较高。

⑥两性离子缓冲液（又称 Good's 缓冲液）。

Good's 缓冲液的主要优点是：不参加和不干扰生物化学反应过程，对酶化学反应等无抑制作用，所以它们专门用于细胞器和极易变性的、对 pH 敏感的蛋白质和酶的研究工作。缺点是：不仅能使空白管的颜色加深产生误差，而且价格昂贵；对测定蛋白质含量的双缩脲法和 Lowry 法不适用。

（2）沉淀试剂。

沉淀是溶液中的溶质由液相变成固相析出的过程。沉淀法（即溶解度法）操作简便，成本低廉，而沉淀试剂的选择尤为关键。

中性盐沉淀（盐析法）。常用 $(NH_2)_2SO_4$，多用于各种蛋白质、酶多肽、多糖和核酸的分离纯化。

有机溶剂沉淀。用于生化制备的有机溶剂的选择首先是要能与水互溶。沉淀蛋白质和酶常用的沉淀剂是乙醇、甲醇和丙酮，沉淀核酸、糖、氨基酸和核苷酸最常用的沉淀剂是乙醇。

进行沉淀操作时，欲使溶液达到一定的有机溶剂浓度，需要加入的有机溶剂的浓度和体积可按下式进行计算：

$$V = \frac{V_0 \, (S_2 - S_1)}{100 - S_2}$$

式中　V——需要加入 100% 浓度有机溶剂的体积；

　　　　V_0——原溶液体积；

　　　　S_1——原溶液中有机溶剂的浓度；

　　　　S_2——所要求达到的有机溶剂的浓度；

　　　　100——加入的有机溶剂浓度为 100%，如所加入的有机溶剂的浓度为 95%，上
　　　　　　　式的（$100 - S_2$）项则应改为（$95 - S_2$）。

有机聚合物沉淀。这是近年来发展较快的一种以聚乙二醇（polyethyene glycol，PEG）作为沉淀剂的新方法。

（3）分级试剂。

采用一定的物理化学方法如等电点法、盐析法、有机溶剂法对同一类不同大小的物质按照相对分子质量或带电性质的差异进行分离的试剂叫分级试剂。而若以酸、碱调 pH，再采用不同中性盐浓度，使其具不同等电点、不同相对分子质量的分子分批分离，该类中性盐叫分级分离试剂。

（4）吸附试剂。

吸附试剂是用于层析技术的一种试剂，如亲和层析，其原理是抗原（或抗体）和相应的抗体（或抗原）发生特异性结合，而这种结合在一定的条件下又是可逆的。所以将抗原（或抗体）固相化后，就可以使存在液相中的相应抗体（或抗原）选择性地结合在固相载体上，借以与液相中的其他蛋白质分开，达到分离纯化的目的。理想的载体应具有下列基本条件：不溶于水，却高度亲水；惰性物质，非特异性吸附少；具有相当量的化学基团可供活化；理化性质稳定；机械性能好，具有一定的颗粒形式以保持一定的流速；通透性好，最好为多孔的网状结构，使大分子能自由通过；能抵抗微生物和醇的作用。可作为固相载体的有皂土、玻璃微球、石英微球、羟磷酸钙、氧化铝、聚丙烯酰胺凝胶、淀粉凝胶、葡聚糖凝胶、纤维素和琼脂糖。但在这些载体中，皂土、玻璃微球等存在吸附能力弱，且不能防止非特异性吸附的缺点。纤维素的非特异性吸附强，聚丙烯酰胺凝胶是目前首选的优良载体。琼脂糖凝胶的优点是亲水性强，理化性质稳定，不受细菌和酶的作用，具有疏松的网状结构，易于再生和反复使用。

（5）解离试剂。

在一定缓冲液中，能使所有蛋白质分解成单一组分（或单一多肽单位）的试剂成分叫解离试剂，如十二烷基磺酸钠、十二烷基肌氨酸钠等。

（6）洗脱试剂。

在层析过程中，推动固定相上待分离的物质朝着一个方向移动的液体、气体或超临界体等物质，均称为流动相。在柱层析时，一般将该类物质称为洗脱剂或洗涤剂，而对薄层层析来说则称为展层剂。它是影响层析分离效果的重要因素之一。

3. 特殊专用试剂

（1）层析支持物。

层析是指以基质为固定相（柱状或薄层状），以液体或气体为流动相，有效成分和杂质在这两个相中连续多次地进行分配、吸附或交换作用，最终结果是使混合物得到分离。

固定相是由层析基质做成的，其基质包括固体物质（如吸附剂、离子交换剂）和液体物质（如固定在纤维素或硅胶上的溶液），这些物质能与相关的化合物进行可逆性的吸附、溶解和交换作用。

层析方法具体有很多种类型，根据层析支持物可以分为柱层析、纸层析和薄层层析（见表4）。

表4 各种类型层析的支持物

类型	装置			基质或载体
	"床"形式	固定相	流动相	
柱层析	柱状	固体	液体	硅胶、氧化铝、羟基磷灰石、活性炭、纤维素、硅藻土、葡聚糖凝胶、树脂、人造沸石、琼脂糖凝胶、生物胶
纸层析	薄层状	液体	液体	滤纸
薄层层析	板状	固体	液体	硅胶、氧化铝、纤维素、硅藻土、离子交换剂、交联葡聚糖、聚酰胺

（2）电泳支持物。

电泳种类很多，按支持介质的不同可分为：

①纸电泳：是用滤纸做支持介质。

②醋酸纤维素薄膜电泳：以醋酸纤维素薄膜作为支持介质。

③琼脂凝胶电泳：该介质用作蛋白质和核酸的电泳，尤其适合于核酸的提纯、分离。

④聚丙烯酰胺凝胶电泳：用聚丙烯酰胺作为支持介质。

⑤SDS–聚丙烯酰胺凝胶电泳：该类电泳为最常用的定性分析蛋白质的电泳方法，特别适用于蛋白质纯度检测和蛋白质相对分子质量测定。SDS即十二烷基磺酸钠，是在要走电泳的样品中加入含有SDS和巯基乙醇使其断开半胱氨酸残基之间的二硫键，破坏蛋白质的四级结构。

（3）色谱介质。

色谱法中起分离作用的是色谱柱，固定在柱内的物质为固定相，沿固定相流动的流体为流动相。不同类型的色谱法固定相不同，且分离柱中固定相组成、性质直接跟分离效能有关。

①气相色谱。

气相色谱柱可分为两类。用于气固色谱的固定相：固体吸附剂；用于气液色谱的固定相：固定液＋载体。分别介绍如下。

气固色谱固定相——固体吸附剂，该类型色谱柱是利用其中的固体吸附剂对不同物质的吸附能力差别进行分离。主要用于分离相对分子质量小的永久气体及烃类。常用固体吸附剂有硅胶（强极性）、氧化铝（弱极性）、活性炭（非极性）、分子筛（极性，筛孔大小）。而人工合成固体吸附剂有高分子多孔微球（GDX），人工合成的多孔聚合物，其孔径大小可以人为控制，可在活化后直接用于分离。高分子多孔微球属于非极性固定相，如 GDX – 101、GDX – 201 等。若在聚合时引入不同的基团可以得到有一定极性的高聚物。如 GDX – 301、GDX – 401、GDX – 501。由于引入基团的极性有差别，可以获得不同的选择性。

气液色谱固定相由载体（solid support material）和固定液（liquid stationary phase）构成。载体为固定液提供大的惰性表面，以承担固定液，使其形成薄而均匀的液膜。载体，也称担体，载体应为粒度均匀、强度高的球形小颗粒；至少 $1m^2/g$ 的比表面（过大可造成峰形拖尾）；高温下呈惰性（不与待测物反应）并可被固定液完全浸润。载体类型分为硅藻土型和非硅藻土型，前者又分为白色和红色担体。硅藻土含有硅醇基（– SiOH）、Al_2O_3、Fe 等，也就是说，它具有活性而不完全化学惰性，需进行化学处理。

②液相色谱。

液相色谱（LC）用于在溶液里分离包括金属离子和有机化合物的分析物，固定相为吸附于担体表面的流体、固体或离子交换树脂。体积排阻色谱（SEC）的固定相是一些多孔性物质。高效液相色谱近年来应用非常广泛。

固定相分为软质凝胶（如葡聚糖凝胶、琼脂糖凝胶等）、半硬质凝胶（如苯乙烯 – 二乙烯基苯交联共聚凝胶）、硬质凝胶（如多孔硅胶等）。

流动相为苯、甲苯、邻二氯苯、二氯甲烷、1，2 – 二氯乙烷、氯仿、水等。

4. 生物制剂

（1）多糖。

多糖（polysacharides）即多聚糖，是由 10 个以上的单糖残基通过糖苷键而连接起来的链状化合物，通常由几百个到几千个单糖聚合而成，不仅失去了同类单糖的甜味，而且也失去了较强的还原性。按照习惯名称分为淀粉、糖原、纤维素、甲壳素、半纤维素、果胶和粘多糖等，按照其生理功能分为支持组织的多糖（如纤维素和甲壳素等）和营养多糖两大类。主要是用作工业原料。

（2）蛋白质和多肽。

蛋白质和多肽是一类由氨基酸残基通过肽键连接起来的生物体内的最基本的结构和功能物质，几乎参与所有生命活动的过程并起着重要作用。按照化学组成将其分为简单和结合两大类，前者全部由氨基酸组成，后者由简单蛋白质和非蛋白质的其他物质所组成。实验中主要作为检测或微生物发酵的氮源。

（3）脂质。

脂质是脂肪和类脂的总称，常用的脂质试剂主要有乙酸乙酯、醋酸异戊酯。主要应用于萃取，其他适用范围较窄，只需现用现买。

（4）核酸类。

核酸是一类由核苷酸通过磷酸二酯键连接起来的链状含氮有机化合物。在生物体内承担着遗传信息的传递作用，通过对蛋白质合成的控制决定细胞的组成的代谢类型，常与蛋白质结合在一起。按照其组成特点，将其分为脱氧核糖核酸（DNA）和核糖核酸（RNA）两大类。在实验中作为检测的标准样品。

（5）酶类。

酶是生物体所产生的具有催化热力学上所允许进行反应的催化剂。既具有一般催化剂相类似的特性，又具有只能催化较温和的有机体内的生化反应的自身特点。其专一性和高效性是一般催化剂无法比拟的。按照其催化的反应类型分为氧化还原、转移、水解、裂解、异构和合成六大类。生化实验中主要是用作对不同反应物的作用。

（6）维生素。

维生素是动物、植物及微生物维持正常生命活动所必需的一类小分子有机化合物。其结构与来源复杂，一般按照习惯分为水溶性和脂溶性两大类。生化实验中常用它的辅酶形式，用于研究生物催化中的基团、电子或氢的受体。

（7）色素。

在生物化学实验中主要用作生化反应的着色剂。

（8）激素。

激素是特殊组织或腺体产生的，直接分泌到体液中，通过体液被运送到特定作用部位，从而引起生物学效应的一类微量有机化合物。依其化学结构分为含氮、类固醇和脂肪衍生物三类激素。

5. 生物材料处理常用的试剂

（1）细胞破碎常用试剂。

利用各种水解酶水解。如溶菌酶、纤维素酶、蜗牛酶和酯酶等，于37℃，pH 8，处理15min，可以专一性地将细胞壁分解，释放出细胞内含物，此法适用于多种微生物。还可用有机溶解或表面活性剂，如氯仿、甲苯、丙酮等脂溶性溶剂或SDS等表面活性剂处理细胞，可将细胞膜溶解，从而使细胞破裂。

（2）分离提取生物大分子的常用试剂。

①蛋白质的分离和提取。

硫酸铵与其他盐相比，具有溶解度大、对温度不敏感、分级效果好、有稳定蛋白质结构的作用、价格低廉等优点。因此，在从生物反应系统中分离蛋白质时选用硫酸铵进行盐析法沉淀蛋白。选用甲醇、乙醇和丙酮等有机溶剂降低蛋白质溶解使之沉淀。选用碱性蛋白质（如鱼精蛋白）、凝集素（如植物血球凝集素）和重金属（如铅盐、汞盐）等使蛋白质沉淀。选用聚乙二醇和右旋糖酐硫酸钠等水溶性非离子型聚合物可使蛋白质发生沉淀作用。

②核酸的分离提取。

　　该类生物物质的提取采用去污剂（SDS 等）、有机溶剂（苯酚、氯仿等）或蛋白水解酶等试剂使 DNP/RNP 复合物解聚，去除蛋白。一般采用选择性沉淀剂如异丙醇、十六烷基三甲基溴化铵去除糖类。

　　③脂质物分离

　　脂质物的提取和分离一般用不与水混溶的有机溶剂，如石油醚、苯、氯仿、乙醚、乙酸乙酯、二氯乙烷等。

　　④糖类物质提取

　　水和乙醇均是良好的糖类物质提取剂。

　　（3）目的物纯化和精制常用试剂。

　　①层析。

　　层析是提纯时常用的方法，常用的洗脱剂和解吸附试剂如表 5、表 6 所示。

表 5　常用的一些平衡液和洗脱液

分离物	平衡液	洗脱液
腺苷脱氢酶	0.1mol/L KCl 和 0.1mol/L 磷酸盐，pH7.0	2mmol/L 巯基嘌呤核苷（底物类似物）-0.1mol/L KCl 和 0.1mol/L 磷酸盐，pH 7.0
天冬氨酸转氨酶	5mol/L 磷酸盐，pH 5.5	100mmol/L 磷酸盐，pH 5.5 或 1mg/mL 磷酸吡多醛-5mmol/L 磷酸盐，pH 5.5
碳酸酐酶	0.01mol/L Tris，pH 8.0	0～10^{-4}mol/L 梯度乙酰唑（磺胺，酶的抑制剂）-0.01mol/L Tris，pH 8.0
黄嘌呤氧化酶	0.01mol/L Na$_2$S$_2$O$_4$	氧饱和的 1mmol/L 水杨酸盐-0.01mol/L Na$_2$S$_2$O$_4$
血凝因子	0.05mol/L Tris，pH 7.5	0.1～0.4mol/L NaCl-0.05mol/L Tris，pH 7.5
半乳糖阻抑蛋白	0.05mol/L KCl，pH 7.5	0.1mol/L 硼酸盐，pH 10.5

表 6　几种解吸附剂的试剂

试剂	pH	配方
甘氨酸	2.5	0.1mol/L 甘氨酸-HCl
磷酸盐-柠檬酸	2.8	0.1mol/L 柠檬酸-0.2mol/L 碳酸二氢钠
丙酸		0.1mol/L 丙酸
氯化钠+氨水	11.0	0.15mol/L NaCl，氨水调节 pH
氯化镁	7.5	4.5mol/L MgCl$_2$
盐酸胍	3.1	6.0mol/L 盐酸胍
尿素	7.0	8.0mol/L 尿素

　　②结晶。

　　在溶液中加入适量的盐（如 20%～40% 饱和度的硫酸铵）或有机试剂（如乙醇、

丙酮），使欲结晶的物质的溶解度降低至接近饱和的临界浓度。

九、实验样品的准备

生物化学所用的材料通常由动物、植物或微生物提供，其中包括蛋白质、酶、核酸等高分子化合物。但由于得到的样品往往是多种物质的混合物，因此，首先要对其进行处理。

（一）动物的脏器

1. 冰冻

刚宰杀牲畜的脏器要剥去脂肪和筋皮等结缔组织，若不立即进行抽提，应置于 -10℃冰箱短期保存，或于 -70℃低温冰箱储存。

2. 脱脂

脏器原料中常含有较多的脂肪，会严重影响纯化操作和制品的收率。一般脱脂的方法是人工剥去脂肪组织；浸泡在脂溶性有机溶剂（丙酮、乙醚）中；采用快速加热（50℃）、快速冷却的方法，使熔化的油滴冷却凝成油块而被除去；也可利用索氏提取器使油脂与水溶液分离。

3. 微生物

由于微生物细胞具有繁殖快、种类多、培养方便等优点，因此，它已经成为制备生物大分子物质的主要宿主。用培养一段时间后的微生物菌种，离心收集上清液、浓缩后即可制备胞外有效成分。若将菌体破碎后亦可提取胞内有效成分。如培养液不立即使用，可放置4℃低温保存一周左右。

4. 细胞

细胞是生物体结构的基本单位。细胞除具有细胞膜、细胞质、细胞核外，还有线粒体、质体等细胞器。通常人们提取的物质主要分布在细胞内，所以在提取这类物质时，首先必须破碎细胞。破碎细胞的方法主要有以下几种。

（1）研磨法。将动植物组织剪碎，放入研钵中，加入一定量的缓冲液，用研杵用力挤压、研磨。为了提高研磨效果，可加少量石英砂或海砂来助研，直到把组织研成较细的浆液为止。此法作用温和，适用于植物和微生物细胞，适宜实验室操作。

（2）组织捣碎机法。该方法主要适用于破碎动物组织，作用比较剧烈。一般首先把组织切碎置于捣碎机中于 8 000 ～ 10 000r/min 下处理 30 ～ 60s，即可将细胞完全破碎。但如提取酶液和核酸时，必须保持低温，并且捣碎时间不宜太长，以防有效成分变性。

（3）超声波法。超声波是频率高于 2 000Hz 的波，由于其能量集中而强大，振动剧烈，因而可破坏细胞器。用该法处理微生物细胞较为有效。

（4）冻融法。将细胞置于低温下冰冻一段时间，然后在室温下（或40℃左右）迅速融化，如此反复冻融几次，细胞可形成冰粒或在增高剩余胞液盐浓度的同时，发生溶胀、破溶。

（5）化学处理。用脂溶性溶剂如丙酮、氯仿和甲苯等处理细胞时，可把细胞膜溶解，进而破坏整个细胞。

（6）酶法。溶菌酶具有降解细胞壁的功能，利用这一性能处理微生物细胞，可将细胞破碎。

（二）植物样品的采取、处理与保存

生物化学分析的准确性，除取决于分析方法的选择是否适合以及全部分析工作是否严格按照要求进行外，在很大程度上还取决于样品的采取是否有最大的代表性。如果不遵循科学方法采样，样品缺乏代表性，即使分析工作严谨无误，也得不到正确的结论。因此，必须对样品的采取、处理和保存给予足够的重视。

从大田或试验田采回的样品，一般数量较大，称为"原始样品"。按原始样品的种类（如根、茎、叶、花、果实等）分别选出"平均样品"。根据分析任务的要求和样品的特征，从平均样品中选出供分析用的"分析样品"。由此可见，分析样品的获得须经一系列复杂而仔细的步骤，在实际工作中一定要以高度认真负责的态度对待。

1. 原始样品及平均样品的采取、处理和保存

原始样品及平均样品的采取，按分析目的可有两种方法：一种是为了鉴定品质而进行的混合取样，另一种是按植物生育期取样。

（1）混合取样法。一般种子样品可用混合取样法。把代表一定面积的收获物先经脱粒，然后在木板或牛皮纸上铺成均匀的一层，再按对角线把样品分成 4 个三角形，取 2 个相对的三角形的样品，而将另外 2 个三角形的样品淘汰。如此操作，一直淘汰到所要求的数量为止。这个取样法称为"四分法"，这样取得的平均样品在实验室经适当处理即可制成分析样品。

豆类及油料种子选取平均样品的方法与谷类种子取样法相同。注意：样品中不要有未成熟的种子或混杂物，不要将簸出去的种子加到平均样品中。

如果直接从田里采取样品，在生长均一的情况下，可按对角线或沿平行的直线等距离采样。如果植株长势不均匀，则应根据生长的强弱，按比例采取大约 5 个点的样品后混合。每个样品采取的植株数随植物的种类和采样的时间有所不同。如小麦等密植型作物或其他作物幼苗，可按面积采取或采取样品束（一束样品的植株数视需要而定），像玉米、甘蔗等作物，每个采样点取一株就够了。

选取甘薯、马铃薯、甜菜、萝卜等块根、块茎的平均样品时，必须注意大、中、小三类样品的比例。然后纵切取其一部分（1/4 ～ 1/2）组织平均样品，否则就失去其应有的代表性。

一般蔬菜样品也按照对角线法采取。番茄样品应选择部位相同、成熟度一致的果实，取果实的 1/4 组成平均样品。

采取苹果、梨、桃、柑橘等水果的平均样品时，一般选 1 ～ 3 株果树为代表，从植株的全部收获物中选取大、中、小以及向阳、背阳部分的果实混合成平均样品。葡萄等浆果，采取时可在不同地点的 5 ～ 10 株植物上的各个部位包括向阳、背阳以及上、下各部位采样。

（2）按生育期取样法。在幼苗期取样，因植株较小，采取的株数就比较多，尽管

各种作物有所不同，总的原则是所取样品的干重应当是分析用量的 2 倍。

植株逐渐长大，每次采取的株数也相应减少，但绝不能采单株作样品。在各个生育期取样时，都应做观察记录。

取样地点一般在边行区，取样点的四周不应有缺株现象。

取样后，按分析目的分成各个部分，如根、茎、叶、穗等，然后捆好，附上标签后装入样品袋。

瓜果、蔬菜取回后因水分较多，容易霉烂，可在冰箱中冷藏，或用干燥法灭菌，或用酒精处理或烘干，以供分析之用。

2. 分析样品的处理与保存

采回的新鲜植株样品如果混有泥土，不应用水冲洗，可用湿布擦净，然后置空气流通处风干或烘干。烘干样品时，可把植株放入 80℃ 烘箱中，以停止酶活动并驱除水分。注意温度不能过高，以免把植株烤焦。最好不要晒，以免灰尘沾染或被风刮走。全植株样品应按根、茎、叶、种子等分开。果实必须剖开时，要用锋利的不锈钢刀，不允许其中汁液流失。

为了避免糖、蛋白质、维生素等成分的损失，可采用真空干燥或冷冻真空干燥法。

风干或烘干的样品，根据其特点分别进行以下处理：

（1）种子样品的处理。一般谷物种子的平均样品可用电动样品粉碎机粉碎。事先要把机器内收拾干净，最初粉碎出的样品可弃去不用，然后正式粉碎，使全部样品通过一定筛孔的筛子，混合均匀，按四分法取出一定数量的样品细粉作为分析样品，储存于干燥的磨口广口瓶中，同时贴上标签，注明样品名称、编号、采取地点、处理、采样日期及采样人姓名等。长期保存时，标签应涂石蜡，并在样品中加适当的防腐剂。

蓖麻、芝麻等油料种子应取少量样品在研钵内研碎，以免脂类损失。

（2）茎秆样品的处理。干燥后的茎秆样品也要磨碎。粉碎茎秆的粉碎机不同于种子粉碎机，其切割部分由一副排列方向相反的刀片组成。粉碎后的样品按上法保存。

（3）多汁样品的处理。一般多汁样品，如瓜果、蔬菜等，其化学成分（糖、蛋白质、维生素等）在保存时容易发生变化，往往多用新鲜样品进行各项测定。将它们的平均样品切成小块，放入电动捣碎机打成匀浆。如果样品含水量较少，可按照样品的质量加入适量水，然后捣碎。样品量少时可用手持匀浆器或在研钵内研磨，必要时可在研钵内加少量石英砂。如果所测物质不稳定（如某些维生素和酶等），则上述操作均应在低温下进行。样品匀浆如来不及测定，可暂时保存在冰箱内，或灭菌后密封保存。

（4）丙酮干粉的制备。在分离、提纯或测定某种酶的活力时，丙酮干粉法是常用的有效方法之一。将新鲜材料打成匀浆，放入布氏漏斗，按匀浆质量缓缓加入 10 倍在低温冰箱内冷却到 −20 ～ −15℃ 的丙酮，迅速抽气过滤，再用 5 倍冷丙酮洗三次，在室温下放置 1h 左右至无丙酮气味，然后移至盛五氧化二磷的真空干燥器内干燥。丙酮干粉的制备在低温下完成，所得丙酮干粉可长期保存于低温冰箱中。用这种方法能有效地抽提出细胞中的物质，还能除掉脂类物质，免除脂类干扰，而且使得某些原先难溶的酶变得溶解于水。

第二章　现代生物化学实验技术

一、离心技术

离心是利用旋转运动的离心力以及物质的沉降系数或浮力密度的差异进行分离、浓缩和提纯的一种方法。生物样品悬浮液在高速旋转下，由于巨大的离心力作用，使悬浮的微小颗粒（细胞器、生物大分子等）以一定的速度沉降，从而与溶液得以分离，而沉降速度取决于颗粒的质量、大小和密度。

离心分离技术在生物科学，特别是在生物化学和分子生物学研究领域，已得到十分广泛的应用，每个生物化学和分子生物学实验室都要装备多种型号的离心机。离心分离技术主要用于各种生物样品的分离和制备。

1. 离心力的计算

离心机的加速度通常以重力加速度（$g = 9.80 \text{ m/s}^2$）的倍数来表示，称为相对离心力（RCF 或 g 值）。RCF 取决于转子的转速 n（单位为 r/min）和旋转半径 r（单位为 cm），可用公式表示如下：

$$RCF = 1.119 \times 10^{-5} n^2 r$$

此公式变形后，在已知 r 和 RCF 的值时可以用来计算转速

$$n = 298.9 \sqrt{\frac{RCF}{r}}$$

一般情况下，低速离心时常以转速"r/min"来表示，高速离心时则以"g"来表示。计算颗粒的相对离心力时，应注意离心管与旋转轴中心的距离"r"不同，即沉降颗粒在离心管中所处位置不同，则所受离心力也不同。因此在报告超离心条件时，通常总是用地心引力的倍数"$\times g$"代替每分钟转数"r/min"，因为它可以真实地反映颗粒在离心管内不同位置的离心力及其动态变化。应用中，习惯上所说的 RCF 值都是指旋转的平均半径（r_{av}）处所对应的值。另外，需注意的是 RCF 值是转速的平方函数，因此速度增加 41% 就可以使 RCF 提高 1 倍。

2. 沉降速度

沉降速度是指在强大的离心力作用下，单位时间内物质颗粒沿半径方向运动的距离。颗粒沉降速度与 3 个方面的因素有关。

（1）颗粒本身的性质：沉降速度和颗粒半径、颗粒密度成正比。密度相同时大颗粒比小颗粒沉降快；大小相同时，密度大的颗粒比密度小的颗粒沉降快。

（2）介质的性质：沉降速度与介质的黏度、密度成反比。介质的黏度、密度大，则颗粒沉降慢。

（3）离心条件：颗粒沉降速度与离心转速和旋转半径成正比。如果其他的条件不变，沉降速度随着 r 的增大而增大。在进行速度区带离心时，r 对沉降速度的影响不利

于达到满意的分离效果，所以需要在沿半径方向上相应地增加介质的密度和黏度。

3. 沉降系数

沉降系数（表1）是指在单位离心场作用下颗粒沉降的速度，以"S"来表示：

$$S = v / (\omega^2 r)$$

式中　v——沉降速度；

　　　ω——角速度；

　　　r——沉降距离。

当我们对某些生物大分子和亚细胞器组分的化学结构、相对分子质量还不了解时，可以用沉降系数对它们的物理特性进行初步描述，将它们区分开来。如 70S 核、蛋白体。沉降系数 S 的值与颗粒的大小、形状、密度及离心所使用的介质的密度和黏度有关，而与转头的速度和类型无关。

因为实际测定沉降系数的条件各不相同，所以必须进行标准化才能准确地描述颗粒特性。颗粒在 20℃ 水中的沉降系数称为沉降系数 $S_{20,w}$，$S_{20,w}$ 的单位命名为 "Svedberg"，以 S 表示：$1S = 10^{-13}$。

表1　细胞及细胞内某些成分的沉降系数范围和它们的离心条件

名　称	沉降系数	RCF/g	转　速/ ($r \cdot min^{-1}$)
细胞	$> 10^7$	< 200	$< 1\,500$
细胞核	$4 \times 10^6 \sim 10 \times 10^6$	$600 \sim 800$	$3\,000$
微粒体	$1 \times 10^2 \sim 150 \times 10^2$	$1 \sim 10^5$	$30\,000$
DNA	$10 \sim 120$	2×10^5	$40\,000$
RNA	$4 \sim 50$	4×10^5	$60\,000$
蛋白质	$2 \sim 25$	$> 4 \times 10^5$	$> 60\,000$

根据 Svedberg 公式可以计算出物质的相对分子质量。

$$M_r = RTS_{20,w} / D_{20,w} (1 - \gamma\rho)$$

式中　M_r——相对分子质量；

　　　$D_{20,w}$——以 20℃ 的水为介质时颗粒的扩散系数；

　　　T——热力学温度；

　　　$S_{20,w}$——颗粒的沉降系数；

　　　R——摩尔气体常数；

　　　ρ——溶剂密度；

　　　γ——偏质量体积，等于溶质粒子密度的倒数。

由于物质结构的复杂性，求得的相对分子质量往往是近似值。

4. 沉降时间

分离某种物质所需的沉降时间常用多次的实验来求得。如果已知该物质的一些物理特性，也能用下式计算出分离该物质的沉降时间：

$$t_m = 1/S \left[(\ln x_2 - \ln x_1) / \omega^2 \right]$$

式中　x_2——旋转中心到离心管底内壁的距离；

　　　x_1——旋转中心到样品溶液弯月面之间的距离；

S——样品沉降系数。

5. 离心分离的方法

（1）差速离心沉淀。

差速离心沉淀是指分步改变离心速度，用不同强度的离心力使不同质量的物质分批沉淀的离心分离方法。它适用于沉降速度差别在一到几个数量级的混合样品的分离。

将一混合悬浮液以一定的 RCF 值离心一定的时间后，混合物会被分为沉淀和上清液两部分。通过增加 RCF，以固定的离心时间从一种悬浮液中连续分离沉淀的方法被广泛用于从细胞匀浆中分离细胞器。

（2）密度梯度离心法。

密度梯度离心法，即利用离心管中的液体从管顶到管底的密度逐渐增加的特性进行分离的方法。

①区带离心法。

将样品置于平缓的预制备的密度梯度介质上进行离心，较大的颗粒将比较小的颗粒更快地沉降，通过梯度介质（表2）后形成几个明显的区带（条带）。这种方法有时间限制，在任一区带到达管底之前必须停止离心。此种方法适用于分离密度相似而大小有别的样品。

②等密度离心法。

等密度离心法是根据浮力密度的不同分离物质的方法。几种物质可通过离心法形成密度梯度（如蔗糖、CsCl、Ficoll、Percoll、Nycodenz）。样品与适当的介质混合后离心，使各种颗粒在与其等密度的介质区带处形成沉降区带。这种方法要求介质应有一定的陡度，同时具备足够的离心时间形成梯度颗粒再分配，进一步离心对其不会有影响。此法适用于分离大小相似而密度有别的样品。

表 2　梯度材料的种类和主要性能

材料名称	相对分子质量	可制备最大密度/（g·cm⁻³）	用　途
氯化铯	169.4	1.9～1.98	DNA、RNA、核蛋白体
硫酸铯	361.9	1.9～2.01	DNA、RNA
溴化钠	102.91	1.53	脂蛋白分离
碘化钠	149.9	1.9	DNA、RNA
酒石酸钠	235.3	1.49	病毒
蔗糖	342.3	1.35	极广泛
（+）葡萄糖	—	1.35	染色体
（+）重水		≤1.4	核蛋白体
甘油	92.09	1.26	膜片段、核片段、蛋白
山梨醇	—	—	病毒、酵母等
重水	20	1.11	肌动蛋白
Ficoll	400 000	1.23	极广泛
右旋糖酐	≤72 000	1.05	微粒体
牛血清蛋白	≤69 000	1012	整细胞分离
水合氯醛	165.4	1.91	染色体

③分析性离心法。

离心除了用于制备溶液外，还可以用于样品的定性、定量分析。可在离心机上装备光学系统，采用特殊的透光离心池，在离心过程中可以直接观察样品颗粒的沉降情况，以对样品进行定性、定量分析。常用的方法有沉降速度法、沉降平衡法及等密度区带离心法。沉降速度法主要是利用界面沉降来测定沉降系数。沉降平衡法常用于测量相对分子质量。等密度区带离心法用于测定样品浮力密度，也可对混合组成样品的不同密度组分进行定性、定量分析，被广泛应用于核酸的分析和研究中。

6. 离心机的类型及使用

（1）低速离心机。

低速离心机是一种常规仪器，最大速率为 3000 ～ 6000 r/min，RCF 可达 6000g。常用于收集细胞、较大的细胞器（如细胞核、叶绿体）及粗颗粒沉淀（如抗体 – 抗原复合物）。这类离心机大多有传感器，在转子旋转的过程中检测到任何不平衡时可立即断开电源。但一些老式的机器没有这种装置，在离心过程中一旦发现震动必须立即关闭，以防止损坏转子或伤害操作者。

（2）微量离心机。

微量离心机是一种台式仪器，能够迅速加速到 12 000 r/min、RCF 可达 10 000g。它们用于短时间内（一般为 0.5 ～ 1.5min）对颗粒沉淀（如细胞、沉淀物）、小体积溶液（小于 105 mL）的沉降，尤其适用于从液体培养基中快速分离细胞（如硅酮油微量离心）。

（3）连续流式离心机。

连续流式离心机用于从细胞的生长培养基中收集大量的细胞。离心过程中，颗粒随着液体流经转子被沉淀下来。

（4）高速离心机。

高速离心机通常为较大的立式仪器，最高的速度可达到 25 000 r/min，RCF 可达 60 000g。用于分离微量生物细胞和许多细胞器（如线粒体、溶酶体）以及蛋白质沉淀物。这种离心机有制冷系统用于冷却高速旋转的转子。通常应在有人直接监控下使用。

7. 离心管

离心管有各种大小（1.5 ～ 1000mL），所用材料也不一，下面是选择离心管时应考虑的一些性能。

（1）大小。由样品的体积决定。注意在有些应用中（如高速离心）离心管必须装满。

（2）形状。收集沉淀时，用圆锥形管底的离心管较好，而进行密度梯度离心时常用圆底试管。

（3）最大离心力。详细信息由厂家提供。在进行分子生物学实验中尤其要注意离心管的最大离心力，以免在高速离心时离心管破裂造成实验失败。

（4）耐腐蚀性。玻璃管是惰性物质，聚碳酸酯管对有机溶剂（如乙醇、丙酮）敏感，而聚丙烯具有很好的耐腐蚀性。详细信息可参考厂家的产品说明书。

（5）灭菌。一次性塑料离心管出厂时通常是消过毒的。玻璃管及聚丙烯管可重复灭菌使用。多次高压灭菌可能会导致聚碳酸酯崩裂或变形。

（6）透明度。玻璃管和聚碳酸酯是透明的，而聚丙烯管为半透明。

（7）能否刺穿。若想用刺穿管壁的方法收集样品，通常聚丙烯管易于用注射管针头刺穿。

（8）密封性。离心管一般利用管帽保持系统的密封。管帽可以防止在使用过程中样品漏出并在离心过程中支撑离心管，防止其离心时变形。对于放射性样品，即使是低速离心也一定要盖管帽，并且要使用与所用离心管配套的管帽。

8. 平衡转子

为确保离心机的安全运转，使用时必须平衡转子，否则转轴及转子组件可能会损坏，严重时转子可能会停转，造成事故。当离心转速达 $50 \times 10^3 r/min$ 时，如对称管相差 1g，转头半径 5cm，则根据离心力公式：$F = m \cdot RCF$，离心机两边产生的不平衡达到 1470N。使用前平衡离心管至关重要，通常的原则是用托盘天平平衡所有样品管，差值控制在 1% 以内或更少。把平衡好的试管成对放在相对的位置上。绝不可以用目测来平衡离心管。

在差速离心实验中向离心管中添加样品时，样品的容量不得超过离心管容量的 2/3，这是为了防止离心管内的液体在高速的离心过程中产生外溢，导致离心系统失去平衡并产生污染。

9. 安全措施

高速与超速离心机是生化实验教学和生化科研的重要精密设备，因其转速高，产生的离心力大，使用不当或缺乏定期的检修和保养，都可能发生严重事故，因此使用离心机时都必须严格遵守操作规程。

（1）使用各种离心机时，必须事先在天平上精密地平衡离心管和其内容物，平衡时重量之差不得超过各个离心机说明书上所规定的范围，每个离心机不同的转头有各自的允许差值，转头中绝对不能装载单数的管子，当转头只是部分转载时，管子必须互相对称地放在转头中，以便使负载均匀地分布在转头的周围。

（2）装载溶液时，要根据各种离心机的具体操作说明进行。根据待离心液体的性质及体积选用适合的离心管，有的离心管无盖，液体不得装得过多，以防离心时甩出，造成转头不平衡、生锈或被腐蚀。而制备性超速离心机的离心管，则常常要求必须将液体装满，以免离心时塑料离心管的上部凹陷变形。每次使用后，必须仔细检查转头，及时清洗、擦干。转头是离心机中需重点保护的部件，搬动时要小心，不能碰撞，避免造成伤痕，转头长时间不用时，要涂上一层上光蜡保护，严禁使用显著变形、损伤或老化的离心管。

（3）若要在低于室温的温度下离心时，转头在使用前应放置在冰箱或置于离心机的转头室内预冷。

（4）离心过程中不得随意离开，应随时观察离心机上的仪表是否正常工作，如有异常的声音应立即停机检查，及时排除故障。

（5）如果在离心过程中出现诸如离心管破裂等原因导致的不平衡现象，首先必须关闭离心机的开关，使离心机停止转动。等待转子完全停止后方可取出样品。切忌在离心机尚在工作时切断电源，这将导致离心机瞬间停转，可能会导致严重的事故。

（6）每个转头各有其最高允许转速和使用累积限时，使用转头时要查阅说明书，不得过速使用。每一转头都要有一份使用档案，记录累积的使用时间，若超过了该转头的最高使用限时，则须按规定降速使用。

二、层析技术

层析技术是近代生物化学最常用的分离方法之一。层析法是利用混合物中各组分的物理化学性质的差异（如吸附力、分子形状和大小、分子极性、分子亲和力、分配系数等）而建立起来的技术。所有的层析系统都由两个相组成：一相是固定相，另一相是流动相。当待分离的混合物随流动相通过固定相时，由于各组分的物理化学性质存在差异，与两相发生相互作用（吸附、溶解、结合等）的能力不同，在两相中的分配不同，而且随流动相向前移动，各组分不断地在两相中进行再分配。与固定相相互作用力越弱的组分，随流动相移动时受到的阻滞作用小，向前移动的速度快。反之，与固定相相互作用越强的组分，向前移动速度越慢。分步收集流出液，可得到样品中所含的各单一组分，从而达到将各组分分离的目的。

层析系统的必要组分有：

（1）固定相。固定相是层析的基质。它可以是固体物质（如吸附剂、离子交换剂等），也可以是凝胶或固定化的液体物质（如固定在硅胶或纤维素上的溶液），由某种支持基质所支撑。固定相能与待分离的化合物进行可逆的吸附、溶解、交换等作用。它对层析的效果起着关键的作用。

（2）层析床。把固定相填入一个玻璃或金属柱，或者薄薄涂布一层于玻璃或塑料片上或者吸附在醋酸纤维纸上。

（3）流动相。在层析过程中，推动固定相上待分离的物质朝着一个方向移动的液体、气体或超临界体等，都称为流动相。柱层析中一般称为洗脱剂，薄层层析时称为展开剂。它也是层析分离中的重要影响因素之一。

（4）运送系统。用来促使流动相通过层析床。

（5）检测系统。用于检测分离后的物质。

（一）层析的基本原理

1941 年 Martin 和 Synge 根据氨基酸在水与氯仿两相中的分配系数不同建立了分配层析分离技术，同时提出了液 – 液分配层析的塔板理论，为各种层析法建立了牢固的理论基础。目前，塔板理论已被广泛地用来阐明各种层析法的分离机理。它是基于混合物中各组分的物理化学性质不同，当这些物质处于互相接触的两相之中时，不同物质在两相中的分布不同从而得到分离。

1. 分配平衡

在层析分离过程中，溶质既进入固定相，又进入流动相，这个过程称为分配过程，不论层析理论属于哪一类，都存在分配平衡。分配进行的程度，可用分配系数 K 表示：

$$K = \frac{溶质在固定相中的浓度}{溶质在流动相中的浓度} = \frac{c_s}{c_m}$$

不同的层析，K 的含义不同。在吸附层析中，K 为吸附平衡常数；在分配层析中，K 为交换常数；在亲和层析中，K 为亲和常数。K 值大表示物质在柱中被固定相吸附较牢，在固定相中停留的时间长，随流动相迁移的速度慢，较晚出现在洗脱液中。相反，K 值小，溶质出现在洗脱液中较早。因此，混合物中各组分的 K 值相差越大，则各物质分离越完全。

2. 塔板理论

层析分离的效果与层析柱分离效能（柱效）有关。Martin 和 Synge 认为，层析分离的基本原理是分配原理，与分馏塔分离挥发性混合物的原理相仿，因此采用塔板理论解释层析分离的原理（图 1）。

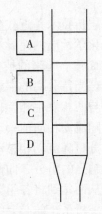

每个塔板的间隔内，混合物在流动相和固定相中达到平衡，相当于一个分液漏斗。经多次平衡后相当于一系列分液漏斗的液－液萃取过程。Martin 等把一根层析柱看成许多塔板。流动相 A 与固定相接触时，两种溶质按各自的分配系数进行分配。假设甲物质的 $K=9$，乙物质的 $K=1$，则溶质甲有 1/10 进入流动相，溶质乙有 9/10 进入流动相，流动相继续往下移动。A 代表溶解的溶质与没有溶质的固定相第二段相接触，固定相第一

图 1　塔板理论分离原理

段则又接触没有溶质的流动相 B，溶质又继续在两相中进行分配。如此下移，经过多次分配后，甲物质主要停留在 CB 层，乙物质主要停留在 DC 层。若溶质在两相中反复分配数次，则该物质可因分配系数不同而被分离。

（二）层析的分类

层析根据不同的标准可以分为多种类型。

1. 根据分离的原理不同进行分类

（1）吸附层析：用吸附剂作为支持物的层析称为吸附层析。一种吸附剂对不同物质有不同的吸附能力。于是，在洗脱过程中不同物质在柱上迁移的速度也不同，以致最后被完全分离。

（2）分配层析：是根据在一个有两相同时存在的溶剂系统中，不同物质的分配系数不同而设计的一种层析方法。前面提及的 Martin 等人的实验就是一个典型的分配层析实验，该实验中支持物是硅胶，固定相是水，流动相是氯仿。由于不同的氨基酸在水－氯仿溶剂系统中的分配系数不同，在洗脱过程中，不同的氨基酸在分配层析柱中迁移的速度也不同，最后达到分离的效果。

（3）离子交换层析：它的支持物或固定相是一种离子交换剂，离子交换剂上含有许多可解离的基团。离子交换剂所含的可解离基团解离后，留在母体上的是阳离子基团，称阴离子交换剂，反之为阳离子交换剂。阳离子交换剂可以和溶液中的阳离子进行交换，阴离子交换剂可以和溶液中的阴离子进行交换。一种离子交换剂和溶液中的不同离子的交换能力是不同的，当不同的离子在柱上进行洗脱时，它们各自在柱上移动的速度也不同，最后可以完全分离。

（4）凝胶层析（凝胶过滤）：是用具有一定孔径大小的凝胶颗粒为支持物的一种层析方法。相对分子质量大小不同的物质随着洗脱剂流过柱床时，小分子物质易渗入凝胶颗粒内部，流程长，因而比大分子物质晚流出层析柱，因此可根据物质的相对分子质量大小不同进行分离。

（5）亲和层析：是专门用于分离生物大分子的层析方法。生物大分子能和它的配体（如酶和其抑制剂、抗体与其抗原、激素与其受体等）特异结合，在一定的条件下又可解离。欲分离某种生物大分子物质时，可将其配体通过化学反应接到某种载体上，用这种接上配体的载体支持物装柱，让待分离的混合液通过层析柱。只有欲分离的生物大分子能与这种配体结合而吸附在柱上，其他的物质则随溶液流出。

2.　根据流动相的不同分类

（1）液相层析：流动相为液体的层析称为液相层析。液相层析是生物领域最常用的层析形式，适于生物样品的分离和分析。

（2）气相层析：流动相为气体的层析称为气相层析。气相层析测定样品时需要气化，大大限制了其在生化领域的应用，主要用于氨基酸、核酸、糖类、脂肪酸等小分子的分析鉴定。

3.　根据固定相基质的形式分类

层析可以分为纸层析、薄层层析和柱层析。纸层析是指以滤纸作为基质的层析。薄层层析是将基质在玻璃或塑料等光滑表面铺成一薄层，在薄层上进行层析。柱层析则是指将基质填装在管中形成柱形，在柱中进行层析。纸层析和薄层层析主要适用于小分子物质的快速检测分析和少量分离制备，通常为一次性使用；而柱层析是常用的层析形式，适用于样品分离、分析。生物化学中常用的凝胶层析、离子交换层析、亲和层析、高效液相色谱等都通常采用柱层析形式。

（三）常用的几种层析方法

1.　纸层析（paper chromatography，PC）

纸层析是以滤纸作为支持物的分配层析。滤纸纤维与水有较强的亲和力，能吸收22%左右的水，其中6%～7%的水是以氢键形式与纤维素的羟基结合。由于滤纸纤维与有机溶剂的亲和力很弱，故而在层析时，以滤纸纤维及其结合的水作为固定相，以有机溶剂作为流动相。纸层析对混合物进行分离时，发生两种作用：第一种是溶质在结合于纤维上的水与流过滤纸的有机相进行分配（即液－液分离）；第二种是滤纸纤维对溶质的吸附及溶质溶解于流动相的不同分配比进行分配（即固－液分配）。混合物的彼此分离是这两种因素共同作用的结果。

在实际操作中，点样后的滤纸一端浸没于流动相液面之下，由于毛细管作用，有机相即流动相开始从滤纸的一端向另一端渗透扩展。当有机相沿滤纸经点样处时，样品中的溶质就按各自的分配系数在有机相与附着于滤纸上的水相之间进行分配。一部分溶质离开原点随着有机相移动，进入无溶质区，此时又重新进行分配；一部分溶质从有机相进入水相。在有机相不断流动的情况下，溶质就不断地进行分配，沿着有机相流动的方向移动。因样品中各种不同的溶质组分有不同的分配系数，移动速率也不一样，从而使样品中各组分得到分离和纯化。

可以用相对迁移率（R_f）来表示一种物质的迁移：

$$R_f = \frac{组分移动的距离}{溶剂前沿移动的距离} = \frac{原点至组分斑点中心的距离}{原点至溶剂前沿的距离}$$

在滤纸、溶剂、温度等各项实验条件恒定的情况下，各物质的 R_f 值是不变的，它不随溶剂移动距离的改变而变化。R_f 与分配系数 K 的关系为：

$$R_f = \frac{1}{1 + AK}$$

式中，A 为由滤纸性质决定的一个常数。由此可见，K 值越大，溶质分配于固定相的趋势越大，而 R_f 值越小；反之，K 值越小，则分配于流动相的趋势越大，R_f 值越大。R_f 值是定性分析的重要指标。

在样品所含溶质较多或某些组分在单相纸层析中的 R_f 比较接近，不易明显分离时，可采用双向纸层析法。该法是将滤纸在某一特殊的溶剂系统中按一个方向展层以后，即予以干燥，再转向90°，在另一溶剂系统中进行展层，待溶剂达到所要求的距离后，取出滤纸，干燥显色，从而获得双向层析谱。应用这种方法，如果溶质在第一种溶剂中不能完全分开，但经过第二种溶剂的层析能完全分开，大大提高了分离效果。纸层析还可以与区带电泳法结合，能获得更有效的分离方法，这种方法称为指纹谱法。

2. **薄层层析**（thin-layer chromatography，TLC）

薄层层析是在玻璃板上涂布一层支持剂，待分离样品点在薄层板一端，然后让推动剂向上流动，从而使各组分得到分离的物理方法。常用的支持剂有硅胶 G、硅胶 GF、氧化铝、纤维素、硅藻土、硅胶 G 硅藻土、纤维素 G、DEAE－纤维素、交联葡聚糖凝胶等。使用的支持剂种类不同，其分离原理也不尽相同，有分配层析、吸附层析、离子交换层析、凝胶层析等多种。

一般实验中应用较多的是以吸附剂为固定相的薄层层析。物质之所以能在固体表面停留，这是因为固体表面的分子和固体内部分子所受的吸引力不同。在固体内部，分子之间互相作用的力是对称的，其力场互相抵消。而处于固体表面的分子所受的力是不对称的，相内的一面受到固体内部分子的作用力大，而表面层所受的作用力小，因而气体或溶质分子在运动中遇到固体表面时受到这种剩余力的影响，就会被吸引而停留下来。吸附过程是可逆的，被吸附物在一定条件下可以解吸出来。在单位时间内被吸附于吸附剂的某一表面上的分子和同一单位时间内离开此表面的分子之间可以建立动态平衡，称为吸附平衡。吸附层析过程就是不断地产生平衡和不平衡、吸附与解吸的动态平衡过程。

薄层层析设备简单，操作简单，快速灵敏。改变薄层厚度，既能作分析鉴定，又能做少量制备。配合薄层扫描仪，可以同时做到定性定量分析，在生物化学、植物化学等领域是一类广泛应用的物质分离方法。

3. **离子交换层析**（ion exchange chromatography，IEC）

离子交换层析是利用离子交换剂上的可交换离子与周围介质中被分离的各种离子间的亲和力不同，经过交换平衡达到分离的目的的一种柱层析法。该法可以同时分析多种离子化合物，具有灵敏度高、重复性好、选择性好、分离速度快等优点，是当前最常用的层析法之一，常用于多种离子型生物分子的分离，包括蛋白质、氨基酸、多肽及核酸等。

离子交换层析对物质的分离通常是在一根充填有离子交换剂的玻璃交换管中进行的。离子交换剂为人工合成的多聚物，其上带有许多可电离基团，根据这些基团所带电荷的不同，可分为阴离子交换剂和阳离子交换剂。含有预被分离的离子的溶液通过离子交换柱时，各种离子即与离子交换剂上的电荷部位竞争结合。任何离子通过柱时的移动速率取决于与离子交换剂的亲和力、电离程度和溶液中各种竞争性离子的性质和浓度。

离子交换剂是由基质、电荷基团和反离子构成，在水中呈不溶解状态，能释放出反离子。同时它与溶液中的其他离子或离子化合物相互结合，结合后不改变本身和被结合离子或离子化合物的物理化学性质。

离子交换剂与水溶液中离子或离子化合物所进行的离子交换反应是可逆的。假定以RA代表阳离子交换剂，在溶液中解离出来的阳离子A^+与溶液中的阳离子B^+可发生可逆的交换反应：$RA + B^+ = RB + A^+$。该反应能以极快的速度达到平衡，平衡的移动遵循质量作用定律。

离子交换层析的主要操作要点：①交换剂的预处理、再生与转型；②交换剂装柱；③样品上柱、洗脱和收集。

4. 凝胶层析法（gel chromatography，GC）

凝胶层析法也称分子筛层析法，是指混合物随流动相经过凝胶层析柱时，其中各组分按其分子大小不同而被分离的技术。该法设备简单、操作方便、重复性好、样品回收率高，除常用于分离纯化蛋白质、核酸、多糖、激素等物质外，还可以用于测定蛋白质的相对分子质量以及样品的脱盐和浓缩等。

凝胶是一种不带电的具有三维空间的多孔网状结构、呈珠状颗粒的物质，每个颗粒的细微结构及筛孔的直径均匀一致，像筛子一样，小的分子可以进入凝胶网孔，而大的分子则阻于颗粒之外。当含有分子大小不一的混合物样品加到用此类凝胶颗粒装填而成的层析柱上时，这些物质即随洗脱液的流动而发生移动。大分子物质沿凝胶颗粒间隙随洗脱液移动，流程短，移动速率快，先被洗出层析柱；而小分子物质可通过凝胶网孔进入颗粒内部，然后再分散出来，故流程长，移动速率慢，最后被洗出层析柱，从而使样品中不同大小的分子彼此获得分离。如果两种以上不同相对分子质量的分子都能进入凝胶颗粒网孔，由于它们被排阻和扩散的程度不同，在凝胶柱中所经过的路程和时间也不同，从而彼此也可以分离开来。

常用的凝胶类型有交联葡聚糖凝胶、琼脂糖凝胶、聚丙烯酰胺凝胶等。

（四）高效液相色谱（high performance liquid chromatography，HPLC）

高效液相色谱是一种多用途的层析方法，可以使用多种固定相和流动相，并可以根据特定类型分子的大小、极性、可溶性或吸收特性的不同将其分离开来，是化学、生物化学与分子生物学、化工、医药学、农业、环保、药检、商检等学科领域与专业最为重要的分离分析技术。

高效液相色谱的优点是检测的分辨率和灵敏度高，分析速度快，重复性好，定量精度高，应有范围广。适用于分析高沸点、大分子、强极性、热稳定性差的化合物。高效液相色谱仪一般由溶剂槽、高压泵（有一元、二元、四元等多种类型）、色谱柱、进样器（手动或自动）、检测器（常用的有紫外检测器、折光检测器、荧光检测器等）、数据处理机或色谱工作站等组成。

高效液相色谱的核心部件是耐高压的色谱柱。HPLC 柱通常由不锈钢制成，所有的组成元件、阀门等也是由可耐高压的材料制成。溶剂运送系统的选择取决于：①等度（无梯度）分离：在整个分析过程中只使用一种溶剂（或混合溶剂）；②梯度洗脱分离：使用一种微处理机控制的梯度程序来改变流动相的组分。该程序可通过混合适量的两种不同物质来产生所需的梯度。

由于 HPLC 的高速、灵敏和多用途等优点，它成为许多生物小分子分离所选择的方法，常用的是反相分配层析法（即固定相为非极性，流动相为极性）。大分子物质（尤其是蛋白质和核酸）的分离通常需要一种"生物适合性"的系统如 Pharmacia FPLC 系统。在这类层析中用钛、玻璃或氟化塑料代替不锈钢组件，并且使用较低的压力以避免其生物活性的丧失。这类分离用离子交换层析、凝胶渗透层析或疏水层析等方法来完成。

HPLC 的类型主要有以下几种：

1. 液－固吸附层析

固定相是具有吸附活性的吸附剂，常用的有硅胶、氧化铝、高分子有机酸或聚酰胺凝胶等。液－固吸附层析中的流动相依其所起的作用不同，分为底剂和洗脱剂两类，底剂决定基本色谱的分离作用，洗脱剂调节试样组分的滞留时间长短，并对试样中某几个组分具有选择性作用。流动相中底剂与洗脱剂成分的组合和选择，直接影响色谱的分离情况，一般底剂为极性较低的溶剂，如正己烷、环己烷、戊烷、石油醚等，洗脱剂则根据试样性质选用针对性溶剂，如醚、酯、酮、醇和酸等。本法可用于分离异构体、抗氧化剂与维生素等。

2. 液－液分配层析

固定相为单体固定液。将固定液的官能团结合在薄壳或多孔型硅胶上，经酸洗、中和、干燥活化，使表面保持一定的硅羟基。这种以化学键合相为固定相的液－液层析称为化学键合相层析。另一种利用离子对原理的液－液分配层析为离子对层析。

化学键合相层析分为：①极性键合相层析：固定相为极性基团，有氰基、氨基及双羟基三种。流动相为非极性或极性较小的溶剂。极性小的组分先出峰，极性大的组分后出峰，这被称为正相层析法，适用于分离极性化合物；②非极性键合相层析：固定相为非极性基团，如十八烷基（C_{18}）、辛烷基（C_8）、甲基与苯基等。流动相用强极性溶剂，如水、醇、乙氰或无机盐缓冲液。最常用的是不同比例的水和甲醇配制的混合溶剂，水不仅起洗脱作用，还可掩盖载体表面的硅羟基，防止因吸附而至的拖尾现象。极性大的组分先出峰，极性小的组分后出峰，这恰好与正相法相反，故称为反相层析。本法适用于小分子物质的分离，如肽、核苷酸、糖类、氨基酸的衍生物等。

离子对分配层析分为：①正相离子对层析：此法常以水吸附在硅胶上作为固定相，把与分离组分带相反电荷的配对离子以一定浓度溶于水或缓冲液涂渍在硅胶上。流动相为极性较低的有机溶剂。在层析过程中，待分离的离子与水相中配对离子形成中性离子对，在水相和有机相中进行分配而得到分离。本法的优点是流动相选择余地大，缺点是固定相易流失；②反相离子对层析：固定相是疏水性键合硅胶，如 C_{18} 键合相，待分离离子和带相反电荷的配对离子同时存在于强极性的流动相中，生成的中性离子对在流动相和键合相之间进行分配而得到分离。本法的优点是固定相不存在流失问题，流动相含水或缓冲液更适用于电离性化合物的分离。

3. 离子交换层析

原理与普通离子交换相同。在离子交换 HPLC 中，固定相多用离子性键合相，故本法又称离子性键合相层析。流动相主要是水溶液，pH 最好在被分离物质的 pK 值附近。

（五）气相色谱（gas chromatography，GC）

现代的气相色谱可使用长达 50 m 的毛细管层析柱（内径为 0.1 ~ 0.5 mm）。固定相通常为一种交联的硅多体，附着在毛细管内壁形成一层膜。在正常操作温度下，其性质类似于液体膜，但要结实得多。流动相（载气）通常为氮气或氦气。依据不同组分在载气与硅多体之间的分配能力不同达到选择性分离的目的。大多数生物大分子的分离受柱温的影响。柱温有时在分析过程中维持恒定（通常为 50 ~ 250℃），更常见的为设定一个增温的程序（如以每分钟 10℃ 的速度从 50℃ 升高到 250℃）。样品通过一个包含有气紧阀门的注射孔注入柱顶部。柱中的产物可用下列方法检测出：

（1）火焰离子检测法。流出气体通过一种可使任何有机复合物离子化的火焰，然后被一个固定在火焰顶部附近的电极所检测。

（2）电子捕获法。使用一种发射 β 射线的放射性同位素作为离子化的方式。这种方法可以检测极微量（pmol）的亲电复合物。

（3）分光光度计法。包括质谱分析法（GC－MS）和远红外光谱分析法（GC－IR）。

（4）电导法。流出气体中的组成成分的改变会引起铂电缆电阻的变化。

三、电泳技术

电泳技术是指在电场作用下，带电颗粒由于所带的电荷不同以及分子大小差异而有不同的迁移行为，从而彼此分离开来的一种实验技术。电泳是生化实验中最常用、最重要的实验技术之一。利用电泳技术可分离许多生物物质，包括氨基酸、多肽、蛋白质、脂类、核苷、核苷酸及核酸等，并可用于分析物质的纯度和相对分子质量的测定等。

许多生物分子都带有电荷，其电荷的多少取决于分子结构及所在介质的 pH 和组成。由于混合物中各种组分所带电荷性质、电荷数量以及相对分子质量的不同，在同一电场的作用下，各组分泳动的方向和速率也各异。因此，在同一时间内各组分移动的距离也不同，从而达到分离鉴定各组分的目的。

电泳按介质状态来分，有自由电泳和区带电泳两大类，前者以溶液为介质，在溶液中将蛋白质分离开来。两者相比较，自由电泳过程中扩散严重，分辨率有限，而且设备昂贵，操作烦琐，现在已基本被区带电泳所取代。所谓区带电泳，就是在固体支持物上所进行的电泳。20 世纪 50 年代以来，常用的固体支持物有滤纸、醋酸纤维薄膜、淀粉凝胶、琼脂糖凝胶和聚丙烯酰胺凝胶，等等。区带电泳法分辨率很高，而且设备简单，操作方便，已经是生物化学及分子生物学领域中极为有用的技术。

电泳装置主要包括两个部分：电源和电泳槽。电源提供直流电，在电泳槽中产生电场，驱动带电粒子的迁移。电泳槽可以分为水平式和垂直式两类。垂直板式电泳是较为常见的一种，常用于聚丙酰胺凝胶电泳中蛋白质的分离。电泳槽中间是夹在一起的两块玻璃板，玻璃板两边由塑料条隔开，在玻璃平板中间制备电泳凝胶，凝胶的大小通常是12 cm × 14 cm，厚度为 1 ～ 2 mm。近年来新研制的电泳槽，胶面更小、更薄，以节省试剂和缩短电泳时间。制胶时在凝胶溶液中放一个塑料梳子，在胶聚合后移去，形成上样品的凹槽。水平式电泳中凝胶铺在水平的玻璃或塑料板上，用一薄层湿滤纸连接凝胶和电泳缓冲液，或将凝胶直接浸入缓冲液中。由于 pH 的改变会引起带电粒子电荷的改变，进而影响其电泳迁移的速度，所以电泳过程是在适当的缓冲液中进行的，缓冲液可以保持分离物的带电性质的稳定。

（一）电泳的基本原理

电泳的方法虽然有很多种，但其基本原理是相同的。不同的物质，由于其带电性质、颗粒形状和大小不同，在一定的电场中移动方向和移动速率也不同，因此可使它们分离。颗粒在电场中的移动方向决定于颗粒所带电荷的种类。带正电荷的颗粒向电场的负极移动；带负电荷的颗粒向电场的正极移动；净电荷为零的颗粒在电场中不移动。

1. 泳动度

在电场中，颗粒的移动速率，通常用泳动度（或迁移率）来表示，泳动度是带电颗粒在单位电场强度下的泳动速率。

$$\mu = \frac{v}{E} = \frac{\frac{d}{t}}{\frac{v}{l}} = \frac{dl}{vt}$$

式中　μ——泳动度（即迁移率），$cm^2/$（V·S）；

　　　v——泳动速率，cm/s；

　　　E——电场强度，V/cm；

　　　d——颗粒泳动距离，cm；

　　　l——支持物有效长度，cm；

　　　V——实际电压，V；

　　　t——通电时间，s。

由上式可见泳动度与颗粒大小和形状、颗粒所带电荷的数量以及介质黏度有关。在一定条件下，任何带电颗粒都具有自己的特定泳动度，它是胶体颗粒的一个物理常数，可用其鉴定蛋白质及其物理性质。

2. 影响电泳速度的外界因素

泳动速率除受其本身性质影响外，还与其他外界因素有关，它们之间的关系可用下式表示：

$$v = \frac{\varepsilon E D}{C\eta}$$

由上式可看出泳动速度 v 与电动电势 ε、所加的电场强度 E 及介质的介电常数 D 成正比，与溶液的黏度 η 及常数 C 成反比。C 的数值为 $4\pi \sim 6\pi$，由颗粒大小而定。

（1）电场强度。

电场强度又称为电位或电势梯度。电场强度对颗粒的运动速度起着十分重要的作用。电场强度越高，带电颗粒泳动速度越快。根据电场电压的高低可将电泳分为常压电泳（$100 \sim 500$ V）和高压电泳（$500 \sim 10\,000$ V）。常压电泳的电场强度一般为 $2 \sim 10$ V/cm，高压电泳的电场强度为 $20 \sim 200$ V/cm。

①常压（$100 \sim 500$ V）电泳。其电场强度为 $2 \sim 10$ V/cm，分离时间较长，从数小时到数天，适合于分离蛋白质等大分子物质。

②高压（$500 \sim 10\,000$ V）电泳。其电场强度为 $20 \sim 200$ V/cm，电泳时间很短，有时只需几分钟。多用于分离氨基酸、多肽、核苷酸、糖类等小分子物质。

（2）溶液的 pH。

溶液的 pH 决定了溶液中带电颗粒的解离程度，亦决定了颗粒所带净电荷的多少。对两性电解质而言，pH 离等电点越远，则颗粒所带净电荷越多，泳动速度也越快；反之则慢。当溶液 pH 等于溶质的等电点时，净电荷为 0，泳动速度亦为 0。因此，应选择适当的 pH，并需采用缓冲溶液，使溶液 pH 稳定。

（3）溶液的离子强度。

溶液的离子强度影响颗粒的电动电势，缓冲液离子强度越高，电动电势越小，则泳动速度越慢；反之，则越快。一般最适合的离子强度为 $0.02 \sim 0.2$ kg/mol，若离子强度过高，则会降低颗粒的泳动度。其原因是，带电颗粒能把溶液中与其电荷相反的离子吸引在自己周围形成离子扩散层。这种静电引力作用的结果导致颗粒泳动度降低。若离子强度过低，则缓冲能力差，往往会因溶液 pH 变化而影响泳动的速率。

（4）电渗。

电泳所用的支持物都为多孔结构。在水溶液中，这些多孔支持物表面的化学基团因解离而带电。与此表面相接触的水溶液因感应相吸，也带着被分离物质向同一方向移动。所以，若电渗作用的方向和电泳方向一致，则物质移动的距离实际上等于电泳和电渗距离之差。在实验中，如有必要了解电渗距离，可将不带电的有色染料或有色葡聚糖点在固体支持物的中央，观察电渗的方向和距离。

（5）其他因素。

此外，缓冲液的黏度以及温度等也对泳动度有一定的影响。

（二）区带电泳的分类

区带电泳的形式繁多，分类比较困难，仅按某一特定分类似乎都不全面。这里基于支持物的物理性质、装置形式、pH 的连续性等不同进行分类。

1. **按支持物的物理性质不同进行分类**

（1）滤纸及其他纤维（如醋酸纤维纱、玻璃纤维、聚氯乙烯纤维）薄膜电泳。

（2）粉末电泳。如纤维素粉、淀粉、玻璃粉电泳。

（3）凝胶电泳。如琼脂、琼脂糖、硅胶、淀粉胶、聚丙烯酰胺凝胶电泳。

（4）丝线电泳。如尼龙丝、人造丝电泳。

2. 按支持物的装置形式不同进行分类

（1）平板式电泳。支持物水平放置，是最常用的电泳方式。

（2）垂直板式电泳。板状支持物在电泳时，按垂直方向进行，聚丙烯酰胺凝胶常做成垂直板式电泳。

（3）连续液动电泳。首先应用于纸电泳，将滤纸垂直竖立，两边各放一电极，溶液自顶端向下流，与电泳方向垂直，以后有用淀粉、纤维素粉、玻璃粉等代替滤纸分离血清蛋白质，分离量较大。

（4）圆盘电泳（disc electrophoresis）。电泳支持物灌制在两通的玻璃管中，被分离的物质在其中泳动后，区带呈圆盘状。如果用石英玻璃制成内经为 25 或 50 μm、长 50～100 cm 的管状，则成为目前认为比较先进的毛细管电泳，若管中注入聚丙烯酰胺凝胶（特殊技术），也是区带电泳的一种。它集电泳与分析检测系统于一身，因管细散热快，电压可达 2～3 万伏，具有量微、快速、重复性好、分辨率高及可自动化等优点，但价格很高。

3. 按 pH 的连续性不同进行分类

（1）连续 pH 电泳，即整个电泳过程中 pH 保持不变，常用的纸电泳、醋酸纤维薄膜电泳等属于此类。

（2）非连续 pH 电泳，缓冲液和电泳支持物间有不同的 pH，如聚丙烯酰胺凝胶盘状电泳分离血清蛋白质时常用这种形式。它的优点是易在不同的 pH 区之间形成高的电位梯度区，使蛋白质移动加速，压缩为一级窄的区带而达到浓缩的作用。但聚丙烯酰胺凝胶电泳分离核酸则采用连续 pH 装置。

近年来发明的等电聚焦电泳（electrofocusing）可称为非连续 pH 电泳，它利用人工合成的两性电解质（商品名 ampholin，一类脂肪族多氨基多羧基化合物）在通电后形成一定的 pH 梯度。被分离的蛋白质停留在各自的等电点而形成分离的区带，电极两端，一端是酸，另一端是碱。

等速电泳（isotachophoresis）也属于非连续 pH 电泳，它的原理是将分离物质夹在先行离子和随后离子之间，通电后被分离物质的电泳速度相同，所以叫等速电泳。近年发明的塑料细管等速电泳仪，可以进行毫微克量物质的分离，该仪器采用数千伏的高电压，几分钟内即完成分离，用自动记录仪进行检测，它的出现是电泳技术的革新。

（三）电泳技术的应用

电泳技术主要用于分离各种有机物（如氨基酸、多肽、蛋白质、脂类、核苷酸、核酸等）和无机盐。也可用于分析某物质的纯度，还可用于相对分子质量的测定。电泳技术与其他分离技术（如层析法）结合，可用于蛋白质结构的分析。"指纹法"就是电泳法与层析法的结合产物。用免疫原理测试电泳结果，提高了对蛋白质的鉴别能力。电泳与酶学技术结合发现了同工酶，对于酶的催化和调节功能有了深入的了解。所以，电泳技术是医学科学中的重要研究技术。

1. 纸电泳和醋酸纤维薄膜电泳

纸电泳用于血清蛋白质分离已有相当长的历史，在实验室和临床检验中都曾经广泛应用。自从1957年Kohn首先将醋酸纤维薄膜用作电泳支持物以来，纸电泳已被醋酸纤维薄膜电泳所取代。后者具有比纸电泳电渗小、分离速度快、分离清晰、血清用量少以及操作简单等优点。

纸电泳是用滤纸作支持介质的一种早期电泳技术。尽管分辨率比凝胶介质要差，但由于其具有设备简单、成本低以及操作方便等优点，所以仍有很多应用，特别是在血清样品的临床检测和病毒分析等方面有重要用途。然而，纸电泳所用滤纸有较大的吸附力和电渗作用，使样品颗粒泳动易受影响，不适用于进行迁移率测定。

醋酸纤维薄膜电泳与纸电泳相似，只是换用了醋酸纤维薄膜作为支持介质。它是将醋酸纤维的羟基乙酰化为醋酸酯，溶于丙酮后涂布成有均一细密微孔的薄膜，其厚度为0.1～0.15 mm。

醋酸纤维薄膜电泳与纸电泳相比有以下优点：①醋酸纤维薄膜对蛋白质样品吸附较少，无"拖尾"现象，染色后蛋白质区带更清晰。②快速省时。由于醋酸纤维薄膜亲水性比滤纸小，吸水少，电渗作用小，电泳时大部分电流由样品传导，所以分离速度快，电泳时间短，完成全部电泳操作只需90min左右。③灵敏度高，样品用量少。血清蛋白电泳仅需2μL血清，点样量甚至少到0.1μL，仅含5μg的蛋白样品也可以得到清晰的电泳区带。临床医学用于检测微量异常蛋白的改变。④应用面广。可用于那些纸电泳不易分离的样品，如胎儿甲种球蛋白、溶菌酶、胰岛素、组蛋白等。⑤醋酸纤维薄膜电泳染色后，用乙酸、乙醇混合液浸泡后可制成透明的干板，有利于光密度计和分光光度计扫描定量及长期保存。

由于醋酸纤维薄膜电泳操作简单、快速、价廉，目前已广泛用于分析检测血浆蛋白、脂蛋白、糖蛋白、胎儿甲种球蛋白、体液、脊髓液、脱氢酶、多肽、核酸及其他生物大分子，为心血管疾病、肝硬化及某些癌症鉴别诊断提供了可靠的依据，因而已成为医学和临床检验的常规技术。

2. 琼脂糖凝胶电泳

琼脂糖是从琼脂中提纯出来的，主要是由D-半乳糖和3,6-脱水-L-半乳糖连接而成的一种线性多糖。琼脂糖凝胶的制作是将干的琼脂糖悬浮于缓冲液中，通常使用的质量分数是1%～3%，加热煮沸至溶液变为澄清，注入模板后在室温下冷却凝聚即成琼脂糖凝胶。琼脂糖之间以分子内和分子间氢键形成较为稳定的交联结构，这种交联的结构使琼脂糖凝胶有较好的抗对流性质。琼脂糖凝胶的孔径可以通过琼脂糖的最初浓度来控制，低浓度的琼脂糖形成较大的孔径，而高浓度的琼脂糖形成小的孔径。尽管琼脂糖本身没有电荷，但一些糖基可能会被羧基、甲氧基，特别是硫酸根不同程度地取代，使得琼脂糖凝胶表面带有一定的电荷，引起电泳过程中发生电渗以及样品和凝胶间的静电相互作用，影响分离效果。市售的琼脂糖有不同的提纯等级，主要以硫酸根的含量为指标，硫酸根的含量越低，提纯等级越高。

琼脂糖凝胶可以用于蛋白质和核酸的电泳支持介质，尤其适合于核酸的提纯、分析。如质量分数为 1% 的琼脂糖凝胶的孔径对于蛋白质来说是比较大的，对蛋白质的阻碍作用较小，这时蛋白质分子大小对电泳迁移率的影响相对较小，所以适用于一些忽略蛋白质大小而只根据蛋白质天然电荷来进行分离的电泳技术，如免疫电泳、平板等电聚焦电泳等。琼脂糖也适合于 DNA、RNA 分子的分离、分析，由于 DNA、RNA 分子通常较大，所以在分离过程中会存在一定的摩擦阻碍作用，这时分子的大小会对电泳迁移率产生明显影响。例如对于双链 DNA，电泳迁移率的大小主要与 DNA 分子大小有关，而与碱基排列及组成无关。另外，一些低熔点（62 ~ 65℃）的琼脂糖可以在 65℃ 时熔化，因此其中的样品如 DNA 可以重新溶解到溶液中而回收。

由于琼脂糖凝胶的弹性较差，难以从小管中取出，所以一般琼脂糖凝胶不适合于管状电泳，管状电泳通常采用聚丙烯酰胺凝胶。琼脂糖凝胶通常是形成水平式板状凝胶，用于等电聚焦、免疫电泳等蛋白质电泳，以及 DNA、RNA 的分析，垂直式电泳应用得相对较少。

3. 聚丙烯酰胺凝胶电泳

聚丙烯酰胺凝胶电泳（polyacrylamide gel electrophoresis，PAGE），是以聚丙烯酰胺凝胶作为支持介质。聚丙烯酰胺凝胶是由单体的丙烯酰胺（acrylamide，$CH_2 = CHCONH_2$）和甲叉双丙烯酰胺（N，N' – methylene bisacrylamide，$CH_2 (NHCOHC = CH_2)_2$）聚合而成，这一聚合过程需要有自由基催化完成，通常是加入催化剂过硫酸铵（AP）以及加速剂四甲基乙二胺（TEMED）引发自由基聚合反应：

$$S_2O_8^{2-} + e^- \longrightarrow SO_4^{2-} + SO_4^-$$

以 R^* 代表自由基，M 代表丙烯酰胺单体，则聚合过程可以表示为：

$$R^* + M \longrightarrow RM^*$$
$$RM^* + M \longrightarrow RMM^*$$
$$RMM^* + M \longrightarrow RMMM^*$$

这样，由于乙烯基 "$CH_2 = CH—$" 一个接一个的聚合作用就形成丙烯酰胺长链，同时甲叉双丙烯酰胺在不断延长的丙烯酰胺链间形成甲叉键交联，从而形成交联的三维网状结构。

聚丙烯酰胺凝胶的孔径可以通过改变丙烯酰胺和甲叉双丙烯酰胺的浓度来控制，丙烯酰胺的质量分数可以在 3% ~ 30% 之间。低质量分数的凝胶具有较大的孔径，如 3% 的聚丙烯酰胺凝胶对蛋白质没有明显的阻碍作用，可用于平板等电聚焦或 SDS – 聚丙烯酰胺凝胶电泳的浓缩胶，也可以用于分离 DNA；高浓度凝胶具有较小的孔径，对蛋白质有分子筛的作用，可以用于根据蛋白质的相对分子质量进行分离的电泳中，如 10% ~ 20% 的凝胶常用于 SDS – 聚丙烯酰胺凝胶电泳的分离胶。

未知 SDS 的天然聚丙烯酰胺凝胶电泳可以使生物大分子在电泳过程中保持其天然的形状和电荷，它们的分离是依据其电泳迁移率的不同和凝胶的分子筛作用，因而可以得到较高的分辨率，尤其是在电泳分离后仍然保持蛋白质和酶等生物大分子的生物活性，对于生物大分子的鉴定有重要意义。其方法是在凝胶上进行两份相同样品的电泳，电泳后将凝胶切成两半，一半用于活性染色，对某个特定的生物大分子进行鉴定；另一半用于所有样品染色，以分析样品中各种生物大分子的种类和含量。

聚丙烯酰胺凝胶是一种人工合成的凝胶，具有机械性能好、弹性大、透明、化学稳定性高、无电渗作用、设备简单、样品量小（1～100μg）、分辨率高等优点。通过控制单体质量分数或单体与交联剂的比例，聚合成不同孔径大小的凝胶，可用于蛋白质、核酸等分子大小不同的物质的分离、定性和定量分析。还可结合解离剂十二烷基硫酸钠（SDS），以测定蛋白质亚基的相对分子质量。然后与电泳方向平行在两侧开槽，加入抗血清。置室温或37℃使两者扩散，各区带蛋白在相应位置与抗体反应形成弧形沉淀线，根据各蛋白所处的电泳位置，可以精确地将不同的蛋白加以分离鉴别。

4. 毛细管电泳

毛细管电泳（capillary electrophoresis，CE）又称为高效毛细管电泳（HPCE），是近年来发展最快的分析方法之一。1981年，Jorgenson和Lukacs首先提出在75μm内径内用高电压进行分离，创立了现代毛细管电泳。1984年，Terabe等建立了胶束毛细管电动力学色谱。1987年，Hjerten建立了毛细管等电聚焦，Cohen和Karger提出了毛细管凝胶电泳。1988～1989年，出现了第一批毛细管电泳商品仪器。短短几年内，由于CE符合了以生物工程为代表的生命科学各领域中对多肽、蛋白质（包括酶，抗体）、核苷酸乃至脱氧核酸（DNA）的分离分析要求，得到了迅速的发展。CE是经典电泳技术和现代微柱分离相结合的产物。CE和高效液相色谱（HPLC）相比，其相同处在于都是高效分离技术，仪器操作均可自动化，且两者均有多种不同分离模式。两者之间的差异在于：CE用迁移时间取代HPLC中的保留时间，CE的分析时间通常不超过30min，比HPLC速度快。对CE而言，从理论上推得其理论塔板高度和溶质的扩散系数成正比，对扩散系数小的生物大分子而言，其柱效就要比HPLC高得多。CE所需样品为nL级，最低可达270fL，流动相用量也只需几毫升；而HPLC所需样品为μL级，流动相则需几百毫升乃至更多。但CE仅能实现微量制备，而HPLC可作常量制备。CE和普通电泳相比，由于其采用高电场，因此分离速度要快得多。迄今为止，除了原子吸收及红外光谱以外，其他类型检测手段，如紫外、荧光、电化学、质谱、激光等类型检测器均已用于CE。一般电泳定量精度差，而CE和HPLC相近。CE操作自动化程度比普通电泳要高得多。总之，CE的优点可概括为三高二少，即高灵敏度、高分辨率、高速度、样品少和成本低。高灵敏度，常用紫外检测器的检测限可达10^{-5}～10^{-6}mol/L，激光诱导荧光检测器则达10^{-9}～10^{-12}mol/L；高分辨率，其每米理论塔板数为几十万，高者可达几百万乃至千万，而HPLC一般为几千到几万；高速度，最快可在60 s内完成，在250 s内分离10种蛋白质，1.7 min分离19种阳离子，3 min内分离30种阴离子；样品少，只需nL（10^{-9}L）级的进样量；成本低，只需少量（几毫升）流动相和价格低廉的毛细管。由于以上优点以及分离生物大分子的能力，使CE成为近年来发展最迅速的分离分析方法之一。当然，CE还是一种正在发展中的技术，有些理论研究和实际应用正在进行与开发。

（四）电泳中蛋白质的检测、鉴定与回收

检测蛋白质最常用的染色剂是考马斯亮蓝R－250（coomassie brilliant blue，CBB），通常是甲醇－水－冰醋酸（体积比为45:45:10）配制成10.0～12.5g/L的考马斯亮蓝

溶液作为染色液。这种酸－甲醇溶液使蛋白质变性，固定在凝胶中，防止蛋白质在染色过程中在凝胶内扩散，染色通常需 2h。脱色液是同样的酸－甲醇混合物，但不含染色剂，脱色通常需过夜摇晃进行。考马斯亮蓝染色具有很高的灵敏度，在聚丙烯酰胺凝胶中可以检测到 $0.1\mu g$ 的蛋白质形成的染色带。考马斯亮蓝与某些纸介质结合非常紧密，所以不能用于染色滤纸、乙酸纤维素薄膜以及蛋白质印迹（在硝化纤维素纸上）。在这种情况下通常是用 10% 三氯乙酸浸泡使蛋白质变性，而后使用不对介质有强烈染色的染料如溴酚蓝、氨基黑等对蛋白质进行染色。

银染是比考马斯亮蓝染色更灵敏的一种方法，它是通过 Ag^+ 在蛋白质上被还原成金属银形成黑色来指示蛋白区带的。银染可以直接进行，也可以在考马斯亮蓝染色后进行，这样凝胶主要的蛋白带可以通过考马斯亮蓝染色分辨，而细小的考马斯亮蓝染色检测不到的蛋白带由银染检测。银染的灵敏度比考马斯亮蓝染色高 100 倍，可以检测低于 $10^{-9}g$ 的蛋白质。

糖蛋白通常使用过碘酸－Schiff 试剂（periodic acid–schiff, PAS）染色，但 PAS 染色不是十分灵敏，染色后通常形成较浅的红－粉红带，难以在凝胶中观察。目前更灵敏的方法是将凝胶印迹后用凝集素检测糖蛋白。凝集素是从植物中提取的一类糖蛋白，它们能识别并选择性地结合特殊的糖，不同的凝集素可以结合不同的糖。将凝胶印迹用凝集素处理，再用连接辣根过氧化物酶的抗凝集素抗体处理，然后再加入过氧化物酶的底物，通过生成有颜色的产物就可以检测到凝集素的结合情况。这样凝胶印迹用不同的凝集素检测不仅可以确定糖蛋白，而且可以得到糖蛋白中糖基的信息。

通过扫描光密度仪对染色的凝胶进行扫描可以进行定量分析，确定样品中不同蛋白质的相对含量。扫描仪测定凝胶上不同迁移距离的吸光度，各个染色的蛋白带形成对应的峰，峰面积的大小可以代表蛋白质含量的多少。另外一种简单的方法是将染色的蛋白带切下来，在一定体积的 50% 吡啶溶液中摇晃过夜溶解染料，而后通过分光光度计测定吸光度就可以估算蛋白质的含量。但应注意，蛋白质只有在一定的浓度范围内其含量才与吸光度呈线性关系，另外，不同的蛋白质即使在含量相同的情况下染色程度也可能有所不同，所以上面的方法对蛋白质含量的测定只能是一种半定量的结果。

尽管凝胶电泳通常是作为一种分析工具使用，它也可以用于蛋白质的纯化制备，但电泳后需将蛋白质从凝胶中洗脱下来（称为电洗脱）。目前有各种商品电洗脱池装置。最简单的方法是将切下的凝胶装入透析袋内加入缓冲液浸泡，再将透析袋浸入缓冲液中进行电泳，蛋白质就会向某个电极方向迁移而离开凝胶进入透析袋内的缓冲液。由于蛋白质不能通过透析袋，所以电泳后蛋白质就留在透析袋的缓冲液中。电洗脱后可通一个反向电流，持续几秒钟，使吸附在透析袋上的蛋白质进入缓冲液，这样就可以将凝胶中的蛋白质回收。

（五）蛋白质印迹

印迹法（blotting）是指将样品转移到固相载体上，而后利用相应的探测反应来检测样品的一种方法。1975 年，Southern 建立了将 DNA 转移到硝酸纤维素膜（NC 膜）上，并利用 DNA–RNA 杂交检测特定的 DNA 片段的方法，称为 Southern 印迹法。而后人们用类似的方法，对 RNA 和蛋白质进行印迹分析，对 RNA 的印迹分析称为 Northern 印迹法，对单向电泳后的蛋白质分子的印迹分析称为 Western 印迹法，对双向电泳后蛋白质分子的印迹分析称为 Eastern 印迹法。

蛋白质印迹法首先是将电泳后分离的蛋白质从凝胶中转移到硝酸纤维素膜上，通常有两种方法：毛细管印迹法和电泳印迹法。毛细管印迹法是将凝胶放在缓冲液浸湿的滤纸上，在凝胶上放一片硝酸纤维素膜，再在上面放一层滤纸等吸水物质并用重物压好，缓冲液就会通过毛细作用流过凝胶。缓冲液通过凝胶时会将蛋白质带到硝酸纤维素膜上，硝酸纤维素膜可以与蛋白质通过疏水相互作用产生不可逆的结合，这个过程持续过夜。但这种方法转移的效率较低，通常只能转移凝胶中小部分蛋白质（10% ～ 20%）。电泳印迹法可以更快速有效地进行转移。这种方法是用有孔的塑料或有机玻璃板将凝胶和硝酸纤维素膜夹成"三明治"形状，而后浸入两个平行电极中间的缓冲液中进行电泳，选择适当的电泳方向就可以使蛋白质离开凝胶结合在硝酸纤维素膜上。

转移后的硝酸纤维素膜就称为一个印迹（blot），用于对蛋白质的进一步检测。印迹首先用蛋白质溶液（如 10% BSA）处理以封闭硝酸纤维素膜上剩余的疏水结合位点，防止抗体非特异地结合在膜上。而后用目的蛋白质的抗体（一抗）孵育，印迹中只有目的蛋白质与一抗结合，而其他蛋白质不与一抗结合，这样清洗去除未结合的一抗后，印迹中只有目的蛋白质的位置上结合着一抗。处理过的印迹进一步用适当标记的二抗处理，二抗识别一抗的 Fc 段，如一抗是从鼠中获得的，则二抗是抗鼠 IgG 的 Fc 段的抗体。孵育后，带有标记的二抗与一抗结合，可以指示一抗的位置，即是目的蛋白质的位置。目前有结合各种标记物的抗特定 IgG 的 Fc 段的抗体可以直接购买作为标记的二抗。最常用的是酶标二抗，印迹用酶标二抗处理后，再用适当的底物溶液处理，当酶催化底物生成有颜色的产物时，就会产生可见的区带，指示所要研究的蛋白质的位置。在酶标抗体中使用的酶通常是碱性磷酸酶或辣根过氧化物酶。碱性磷酸酶可以将无色的底物 5 - 溴 - 4 - 氯吲哚磷酸盐（BCIP）转化为蓝色的产物；而辣根过氧化物酶可以 H_2O_2 为底物，将 3 - 氨基 - 9 - 乙基咔唑氧化成褐色产物或将 4 - 氯萘酚氧化成蓝色产物。另一种检测辣根过氧化物酶的方法是用增强化学发光法，辣根过氧化物酶在 H_2O_2 存在下，氧化化学发光物质鲁米诺（luminol，氨基苯二酰一肼）并发光，在化学增强剂存在下光强度可以增大 1 000 倍，通过将印迹放在照相底片上感光就可以检测辣根过氧化物酶的存在。除了使用酶标二抗作为指示剂，也可以使用其他指示剂，主要包括以下几种。

（1）^{125}I 标记的二抗。可以通过放射性自显影检测。

（2）荧光素异硫氰酸盐标记的二抗。可以通过在紫外灯下产生荧光来检测。

（3）^{125}I 标记金黄色葡萄球菌蛋白 A（Protein A）。Protein A 可以与 IgG 的 Fc 区特异性地结合，因此 Protein A 可以代替二抗；^{125}I 标记的 Protein A 通过放射性自显影检测。

（4）金标记的二抗。二抗通过微小的金颗粒包裹，与一抗结合时可以表现红色。

（5）生物素结合的二抗。印迹用生物素结合的二抗孵育后，再用碱性磷酸酶或辣根过氧化物酶标记的凝集素处理。生物素可以与凝集素紧密结合，这种方法实际上相当于通过生物素与凝集素的紧密结合将二抗与酶连接，通过酶的显色反应就可以进行检测。这种方法的优点是由于生物素是一个小分子蛋白，一个抗体上可以结合多个生物素，也就可以结合多个酶连接的凝集素，来大大增强显色反应的信号。

除了使用抗体或蛋白作为检测特定蛋白的探针以外，有时也使用其他探针如放射性标记的 DNA，来检测印迹中的 DNA 结合蛋白。

四、光谱技术

分光光度法（spectrophotography）是利用物质所特有的吸收光谱来鉴别物质或测定其含量的一项技术。在分光光度计中，将不同波长的光连续地照射到一定浓度的样品溶液，并测定物质对各种波长光的吸收程度（吸光度 A 或光密度 D）或透视程度（透光度 T），以波长 λ 作横坐标，A 或 T 为纵坐标，画出连续的"$A - \lambda$"或"$T - \lambda$"曲线，即为该物质的吸收光谱曲线，从曲线上可以看出吸收光谱的特征。

在分光比色分析中，有色物质溶液颜色的深度决定于入射光的强度、有色物质溶液的浓度和液层的厚度。当一束单色光透过有色物质溶液时，溶液的浓度越大，透过液层的厚度越大，则光线的吸收越多。朗伯 – 比尔（Lambert-Beer）定律是分光光度计进行比色的基本原理。

（一）光谱技术原理

1. 吸光度与透光度

Lambert-Beer 定律是讨论溶液浓度、厚度与光吸收之间关系的基本定律，适用于可见光、紫外光、红外光和均匀非散射的液体。当光线通过均匀、透明的溶液时可出现三种情况：一部分光被吸收；一部分光被散射；另有一部分光透过溶液。设入射光强度为 I_0，透过光强度为 I，I 和 I_0 之比称为透光度（transmittance，T），用 T 表示，通常以百分率表示。

$$T = I/I_0$$

透光率的负对数称为吸光度（absorbance），用 A 表示。

$$A = -\lg T = -\lg I/I_0 = \lg I_0/I$$

2. 朗伯 – 比尔（Lambert-Beer）定律

Lambert-Beer 定律是分光光度计分析的理论基础，其表达式为：

$$A = KLc$$

式中 A——吸光度；

K——比例常数，又称为吸光度系数，L/（g·cm）；

L——液层厚度，称为光径，cm；

c——溶液质量浓度，g/L。该式是分光光度分析的定量公式。

若遵循 Lambert-Beer 定律，且 L 为一常数，光吸收对浓度绘图，得一通过原点的直线。

根据 Lambert-Beer 定律，作出标准物质吸收对浓度的标准曲线，借助于这样的标准曲线，很容易通过测定其光吸收得知一未知溶液的质量浓度。

3. 分光光度技术的应用

（1）通过测定某种物质吸收或发射光谱来确定该物质的组成。

（2）通过测定不同波长下的光吸收来测定物质的相对纯度（在 DNA 的浓度测定中最为常用，测定 $\dfrac{A_{260}}{A_{280}}$ 的值，纯净的 DNA 样品的此值为 1.8。样品中若混有蛋白，$\dfrac{A_{260}}{A_{280}}$ 值将变小。）

（3）通过测量适当波长的信号强度确定某种单独存在或与其他物质混合存在的一种物质的含量。

（4）通过测量某一种底物消失或产物出现的量同时间的关系，追踪反应过程。

（5）通过测定微生物培养体系中光密度 D 值，可以得到体系中光密度 D 值，可以得到体系中微生物的密度，从而可以对培养体系中微生物的数量进行动态的监测。

4. 偏离 Lambert-Beer 定律的因素

按 Lambert-Beer 定律，某一种物质在相同条件下，被测物质的浓度与吸光度成正比，作图应得到一条通过原点的直线，但实际测定中，往往出现偏离直线的现象而产生误差。应用 Lambert-Beer 定律产生误差的主要原因有光学因素和化学因素两方面。

（1）光学因素。

Lambert-Beer 定律成立的重要前提是单色光，要求入射光是单色光，但是在实际中，在目前的分光条件下，所使用的单色光并不是严格的单色光，而是包括一定波长范围宽度的谱带，这是引起误差的主要原因。入射光的谱带越宽，引起的误差越大。

（2）化学因素。

pH、浓度、溶剂和温度等因素可影响化学平衡，使被测物质的浓度因缔合、解离和形成新的化合物等原因发生变化，从而使吸光度和浓度不呈线性关系。

（二）紫外及可见分光光度法

这是一种只在可见光及紫外光光谱应用范围内测量物质吸收辐射线的技术，应用十分广泛。其中分光光度计可用于精确测量特定波长的吸收值，而比色计则是一种较简单的测量仪器，其原理是利用滤光片来测量较宽波段（如可见光中的绿光、红光或蓝光范围）的吸收值。

1. 光电比色计

比色计用于测定颜色明显，并且是溶液主要组分的待测物，如血液中的红细胞，也可以在待测物之中加入一种试剂，使其形成有色产物（一种生色团），如茚三酮法测定氨基酸含量。

光电比色计的光源通常为钨丝灯泡，通过一个凸透镜聚焦后产生一束平行光，平行光穿过装有溶液的玻璃样品或小池，然后透过一个有色滤光片到达光电管检测仪，检测仪产生一个同落在光电管上的光密度成正比的电势，来自于光电管的信号被放大然后传递到电流计或数字读数器。

由于大多数过滤器过滤出来的光的波带很宽，为 30 ~ 50 nm，因而比色计既不能用于确定某种复合物，也无法分辨在混合液中吸收特性非常相近的两种物质。比色计所用光电管的变化系数为 0.5% 左右，因而不适合要求具有高度精确性的工作。使用这种最简单的仪器，由于仪表上对数测量刻度单位的随意性，即使是把表上的灵敏度/刻度调节到零控点，在一个仪器上获得的值也不可直接同另一台仪器上测得的值相比较，同一仪器的不同设置之间也不可直接比较。比色计对于特定波长的量化工作是不合适的。

2. 紫外光/可见光分光光度计

分光光度计是一种靠光栅或棱镜提供单色光的比色计。不论形式如何，各种型号的分光光度计基本上都由五部分组成：①光源；②单色器（包括产生平行光和把光引向检测器的光学系统）；③样品室；④接收检测放大系统；⑤显示或记录器。

分光光度计的工作原理与光电比色计相似，但它的单色器比滤光片所选择的波长范围要小得多，为 3～5 nm，因此是较单纯的单色光。其次，它不仅能在可见光区域内测定有色物质的吸收光谱，而且也能在紫外区及红外区域测定无色物质的吸收光谱。

分光光度计常用的光源有两种，即钨灯和氢灯。在可见光区、近紫外光区和近红外光区常用钨灯。在紫外光区，多使用氢灯。通常，用紫外光源测定无色物质的方法，称为紫外分光光度法；用可见光光源测定有色物质的方法，称为可见光光度法。

3. 分光光度计的定量分析

假如已知一种物质在某一波长下的吸光率（通常是该物质的最大吸收值，这时灵敏度最高），这种物质纯溶液的浓度可用朗伯－比尔关系式算出。摩尔吸光系数是指物质在 1 mol/L 的浓度下，比色杯厚度为 1 cm 时的吸收值。该值可以从光谱数据表中查到，也可以用实验方法通过测量一系列已知浓度的物质的吸收值来绘制一条标准曲线。这样，在所要求的浓度范围内，便可确定吸收值与浓度之间存在的线性关系，该直线的斜率即为摩尔吸光系数。

比吸光率是指物质质量溶液质量浓度为 10 g/L 时，比色杯厚度为 1 cm 时测定的吸光值。该值对于未知相对分子质量的物质如蛋白质核酸的测定很有用。这种情况下溶液中物质的含量以其质量表示而不用浓度表示。使用公式 $\lg \dfrac{I}{I_0} = \varepsilon cL$ 时，比吸光率要除以 10 才可以得到一个以 g/L 为单位的质量浓度值。

这种简单的方法不能用于测定混合样品。在这种情况下，也许可以通过测量几个波长下的吸光度来估算每种成分的含量，如可用此方法在核酸存在下进行蛋白质含量的估算。

4. 分光光度计使用过程中的几个问题

（1）比色杯的使用和清洗。大多数紫外线（UV）/可见光分光光度计使用的比色杯的光穿过路径为 10 mm。由于 300 nm 以下的光不能透过玻璃，紫外线区测量要用石英比色杯。比色杯必须配套，以装有纯溶剂的两个比色杯，在相同波长下，测定光吸收是否一致来进行配对。

进行测量之前，比色杯要保证干净，无划痕，外表面干燥，盛液到适当高度，并放在比色槽中的正确位置。每次使用后，应立即倒空。然后用蒸馏水冲洗比色杯 3～4 次，最后用甲醇冲洗，在倒去甲醇后，以洁净空气吹干。生物样品中蛋白质和核酸可能会在玻璃/石英杯的内表面沉积，因而要用棉球沾上丙酮擦去比色杯内的沉淀或用 1mol/L 硝酸浸泡过夜。

（2）狭缝宽度。分光光度计使用了一个衍射光栅将光源的复色光转换为单色平行光束。实际上，从这种单色仪器中产生的光不是某个波长的光，而是一段窄的带宽上的光，带宽是分光光度计的一个重要特征。要获得特定波长下的精确数据，尽可能使用最小的缝宽度。然而，减少了缝宽也会减少到达监测器的光度，降低信噪比。缝宽可减少的程度取决于检测/放大系统的灵敏度及稳定性及离散光的存在。

（3）测量波长。正确选择波长是测定的关键，一般选择最强吸收带的最大吸收波长（λ_{max}）为测量波长。

（4）吸光度范围。吸光度在 0.2～0.8 之间时，测量精确度最好。被测样品溶液浓度过大时，应作适当稀释，再进行吸光度测定。

（三）荧光分光光度法

基态分子吸收特征频率的光能后被激发，这些激发分子中的电子很快（$<10^{-15}$s）由基态跃迁到激发态，激发态电子很不稳定，它会迅速返回到第一电子激发态的最低振动能级，然后再由这一能级返回基态的任何振动能级。在后一过程中，激发态电子以光的形式放出它们所吸收的能量，所发出的光称为荧光。荧光物质分子所吸收的特征频率的光称为激发光。荧光是一种光致发光现象。物质所吸收光的波长和发射的荧光波长与物质分子结构有密切关系。同一种分子结构的物质，用同一波长的激发光照射，可发射相同波长的荧光，但其所发射的荧光强度随着该物质浓度的增大而增强。利用这些性质对物质进行定性和定量分析的方法，称为荧光光谱分析法，也称为荧光分光光度法。与分光光度法相比较，这种方法具有较高的选择性及灵敏度，试样量少，操作简单，且能提供比较多的物理参数，现已成为生化分析和研究的常用手段。

1. 荧光分光光度计

用于测量荧光的仪器种类很多，如荧光分析灯、荧光光度计、荧光分光光度计及测量荧光偏振的装置等。其中实验室里常用的是荧光分光光度计。

荧光分光光度计的结构包括五个基本部分：

（1）激发光源。用来激发样品中荧光分子产生荧光。常用汞弧灯、氢弧灯及氙灯等。目前，荧光分光光度计以氙灯为多。

（2）单色器。用来分离出所需的单色光。仪器中具有两个单色器：一是激发单色器，用于选择激发光波长；二是发射单色器，用于选择发射到检测器上的荧光波长。

（3）样品池。放置测试样品，都用石英做成。

（4）检测器。作用是接受光信号，并将其转变为电信号。

（5）记录显示系统。检测器出来的电信号经过放大器放大后，由记录仪记录下来，并可数字显示和打印。

2. 荧光分析法

荧光分析法有定性和定量两种，一般定性分析采用直接比较法，即将被测样品和已知标准样品在同样条件下，根据它们所发出的荧光的性质、颜色、强度等来鉴定它们属于同一种荧光物质。荧光物质特性的光谱包括激发光谱和荧光光谱两种。在分光光度法中，被测物质只有一种特征的吸收光谱，而荧光分析法能测出两种特征光谱，因此，鉴定物质的可靠性较强。

荧光分析法的定量测定方法较多，可分为直接测定法和间接测定法两类。

（1）直接测定法。利用荧光分析法对被分析物质进行浓度测定，最简单的便是直接测定法。某些物质只要本身能发荧光，只需将含这类物质的样品作适当的前处理或分离除去干扰物质，即可通过测量它的荧光强度来测定其浓度。具体方法有两种。

①直接比较法：配制标准溶液的荧光强度 F_1，已知标准溶液的浓度 c_1，便可求得样品中待测荧光物质的含量。

②标准曲线法：将已知含量的标准品经过和样品同样处理后，配成一系列标准溶液，测定其荧光强度，以荧光强度对荧光物质含量绘制标准曲线，再测定样品溶液的荧光强度，由标准曲线便可求出样品中待测荧光物质的含量。

为了使各次所绘制的标准曲线能重合一致，每次应以同一标准溶液对仪器进行校正。如果该溶液在紫外光照射下不够稳定，则必须改用另一种稳定而荧光峰相近的标准溶液来进行校正。例如，测定维生素 B_1 时，可用硫酸奎宁溶液作为基准来校正仪器；测定维生素 B_2 时，可用荧光素钠溶液作为基准来校正仪器。

（2）间接测定法。有许多物质，它们本身不能发荧光，或者荧光量子产率很低，仅能显现非常微弱的荧光，无法直接测定，这时可采用间接测定方法。

间接测定方法有以下几种。

①化学转化法：通过化学反应将非荧光物质转变为适合于测定的荧光物质。例如，金属离子与螯合剂反应生成具有荧光的螯合物。有机化合物可通过化学反应、降解、氧化还原、偶联、缩合或酶促反应，使它们转化为荧光物质。

②荧光淬灭法：这种方法是利用本身不发荧光的被分析物质所具有使某种荧光化合物的荧光淬灭的能力，通过测量荧光化合物荧光强度的下降，间接地测定该物质的浓度。

③敏化发光法：对于很低浓度的分析物质，如果采用一般的荧光测定方法，会因其荧光信号太微弱而无法检测。在此种情况下，可使用一种物质（敏化剂）以吸收激发光，然后将激发光能传递给发荧光的分析物质，从而提高被分析物质测定的灵敏度。

以上三种方法均为相对测定方法，在实验时须采用某种标准进行比较。

3. 影响荧光强度的因素

（1）溶剂。溶剂能影响荧光效率，改变荧光强度。因此，在测定时必须用同一溶剂。

（2）浓度。在较浓的溶液中，荧光强度并不随溶液浓度成正比增大。因此，必须找出与荧光强度呈线性的浓度范围。

（3）pH。荧光物质在溶液中绝大多数以离子状态存在，而发射荧光的最有利的条件就是它们的离子状态。因为在这种情况下，由于离子间的斥力，最大限度地避免了分子之间的相互作用。每一种荧光物质都有它的最适发射荧光的离子状态，也就是最适 pH。因此，须通过条件试验，确定最适宜的 pH 范围。

（4）温度。荧光强度一般随温度降低而提高，这主要是由于分子内部能量转化的缘故。因为温度升高，分子的振动加强，通过分子间的碰撞将吸收的能量转移给了其他分子，干扰了激发态的维持，从而使荧光强度下降，甚至熄灭。因此，有些荧光仪的液槽配有低温装置，使荧光强度增大，以提高测定的灵敏度。在高级的荧光仪中，液槽四周有冷凝水并附有恒温装置，以便使溶液的温度在测定过程中尽可能保持恒定。

（5）时间。有些荧光化合物需要一定时间才能形成，有些荧光物质在激发光较长时间照射下会发生光分解。因此，过早或过晚测定荧光强度均会带来误差。必须通过条件试验确定最适宜的测定时间，使荧光强度达到量大且稳定。为了避免光分解所引起的误差，应在荧光测定的短时间内才打开光闸，其余时间均应关闭。

（6）共存干扰物质。有些干扰物质能与荧光分子作用，使荧光强度显著下降，这种现象称为荧光的淬灭（quenching）；有些共存物质能产生荧光或产生散射光，也会影响荧光的正确测量。故应设法除去干扰物，并使用纯度较高的溶剂和试剂。

五、聚合酶链式反应（PCR）技术

聚合酶链反应（polymerase chain reaction，PCR）是利用耐高温的 DNA 聚合酶体外快速扩增 DNA 的技术。简单地说，PCR 就是利用 DNA 聚合酶对特定基因做体外或试管内（in vitro）的大量合成，可以将一段基因复制为原来的 100 亿至 1 000 亿倍。基本上它是利用 DNA 聚合酶进行专一性的连锁复制，通过 PCR 可以简便、快速地从微量生物材料中获得大量特定的核酸，并具有很高的灵敏度和特异性，可用于微量核酸样品的检测。

1. PCR 反应的基本原理

1985 年 Mullis 发明了 PCR 快速扩增 DNA 的方法。最初采用的 DNA 聚合酶是 Klenow 酶，每轮加热变性 DNA 时都会使该酶失活，需要补充酶。PCR 方法模仿体内 DNA 的复制过程，首先使 DNA 变性，两条链解开；然后使引物与模板退火，两者碱基配对；DNA 聚合酶随即以 dNTP 为底物，在引物的引导下合成与模板互补的 DNA 新链。重复此过程，DNA 链以指数方式扩增。1988 年 Saiki 等人从栖热水生菌（*Thermus aquaticrs*）中分离出耐热的 Taq DNA 聚合酶取代了 Klenow 酶，从而使 PCR 技术成熟并得到广泛的应用。只要设计出片段两端的引物，该技术便可用于扩增任意 DNA 片段。DNA 正链 5′- 端引物又称为正向引物、右向引物、上游引物，简称为 5′- 引物；与正链 3′- 端互补的引物称为反向引物、左向引物、下游引物，简称为 3′- 引物。

PCR 全过程包括三个基本步骤：双链 DNA 模板加热变性成单链（变性）；在低温下引物与单链 DNA 互补配对（退火）；在适宜温度下 Taq DNA 聚合酶催化引物沿着模板 DNA 延伸（延伸）。这三个基本步骤循环重复进行，可以使特异性 DNA 的扩增率达到数百万倍。

PCR 技术操作简便，灵敏度极高，通常扩增可达到模板的 10^6 倍，故少数几个模板分子即可检测出来。只需加入试剂并控制三步反应的温度和时间，即可获得扩增效率惊人的产物。扩增的公式为：

$$N_f = N_0 \ (1 + Y)^n$$

式中　N_f——扩增拷贝数；

　　　N_0——模板拷贝数；

　　　Y——每次循环产率；

n——循环次数。

由于在第三次扩增时，特异性靶系列增加了 1 倍，所以用此公式计算扩增产物时应取 $n \geqslant 3$。设扩增效率为 60%，经过 30 次循环，DNA 量即可扩增 1.33×10^6 倍，只要极其痕量的 DNA 就可通过扩增达到能检测的水平。

2. PCR 反应的基本步骤

PCR 反应体系包括模板 DNA、引物、4 种脱氧核苷三磷酸（dNTPs）、DNA 聚合酶和适宜的缓冲液。

（1）设计一对引物以便有效扩增所需要的 DNA 系列。

（2）优化反应体系，以便获得更好的扩增效果。包括适量的模板（0.001 ~ 1 ng），引物（1 pmol/μL），4 种 dNTPs（200 μmol/L），Taq DNA 聚合酶（0.02 U/μL）和适量 Mg^{2+}（0.05 ~ 5 mmol/L）。

（3）选择 3 个循环温度，变性，94℃，45 ~ 60 s；退火（根据引物与模板的 T_m 值确定，一般为两个引物中较低的 T_m 值减2），1 min；延伸，72℃，1 min。开始时热变性 5 ~ 10 min，热源循环 25 ~ 30 个周期，最后延伸 10 min。

（4）扩增完成后取出一定量反应产物，检测扩增结果。最常用的方法是凝胶电泳，溴化乙锭染色、紫外线下检测。

（5）循环次数。

PCR 循环次数一般为 25 ~ 40 个周期，Mullis 认为如果必须用 40 次以上的循环才能扩增一个单拷贝基因，那么，该 PCR 反应一定存在一些严重的错误。在 PCR 各项参数都适宜的情况下，PCR 的适宜循环次数主要取决于靶 DNA 的起始浓度。循环次数过多会增加非特异性产物的量及其复杂度；循环次数过少，会降低 PCR 产量。

3. PCR 技术的发展与应用

在所有生物技术中，PCR 技术发展最迅速，应用最广泛，它对生物学、医学和相邻学科带来了巨大的影响。它发展的新技术和用途大约有以下几个方面。

（1）PCR 常用于合成特异探针。

通常 PCR 所加两端引物的摩尔数是相等的，若加入不等量的引物，例如 60:1，即为不对称 PCR（asymmetric PCR），可用于合成单链探针或其他用途的单链模板。

（2）用于 DNA 的测序。

PCR 可用于制备测序用样品。在 PCR 系统中加入测序引物和 4 种中各有一种双脱氧核苷三磷酸（ddNTPR）的底物，即可按 Sanger 和双脱氧链终止法测定 DNA 序列。在染色体 DNA 中依次加入各种测序引物可以完成整个基因组测序。

（3）RT-PCR 用于扩增被反转录成 cDNA 形式的特定 RNA 序列。

在单个细胞或少数细胞中少于 10 个拷贝的特异 RNA 都能用此技术检测出来，故特称为"单个细胞 mRNA 的表征鉴定"。RT-PCR 主要用于：①分析基因转录产物；②构建 cDNA 库；③克隆特异 cDNA；④合成 cDNA 探针；⑤构建 RNA 高效转录系统等。

（4）产生和分析基因突变。

PCR 技术十分容易用于基因定位诱变。利用寡核苷酸引物可在扩增 DNA 片段的末端引入附加序列，或造成碱基的取代、缺失和插入。设计引物时应把与模板不配对的碱基安置在引物中间或是 $5'$ - 端，在不配对碱基的 $3'$ - 端必须有 15 个以上配对碱基。PCR 的引物通常总是在被扩增 DNA 片段的两端，但有时需要诱变的部位在片段的中间，这时可在 DNA 片段设置引物，引入变异，然后在变异位点外侧再用引物延伸，此法称为嵌套式 PCR（nested PCR）。有关 PCR 诱变技术在有关书籍中都有详细介绍。

PCR 技术用于检测基因突变的方法十分灵敏。已知人类的癌症和遗传疾病都与基因突变有关，应用 PCR 扩增可以迅速获得患者需要检查的基因片段，再通过分子杂交检测突变；也可用特殊的引物，通过 PCR 来直接判断突变。

（5）重组 PCR。

重组 PCR 在基因工程操作中十分有用。将 DNA 不同序列连在一起，用酶切割和连接常常找不到合适的酶切位点，而且引入的多余序列无法删除。重组 PCR 只需设计 3 条引物：①左边 DNA 片段的 $5'$ - 引物；②连接两片段的引物；③右边片段的 $3'$ - 引物。经过数轮 PCR 即可将两个片段连在一起。

（6）未知序列的 PCR 扩增。

通常 PCR 必须知道欲扩增 DNA 片段两端的序列，才能设计一对引物用以扩增该片段。但在许多情况下需要扩增的片段序列是未知的，一些特殊的 PCR 技术可用来扩增未知序列，或从已知序列扩增出其上游或下游未知序列。反向 PCR（inverse PCR）通过使部分序列已知的限制片段自身环化连接，然后在已知序列部位设计一对反向的引物，经 PCR 而使未知序列得到扩增。

从染色体已知序列出发，通过重复进行反向 PCR，逐步扩增出未知序列的技术，称为染色体步移（chromosome walking），为染色体 DNA 的研究提供了有用的手段。与反向 PCR 类似的锅柄 PCR（panhandle PCR）也能由已知序列扩增邻侧未知序列，且避开了限制片段自身环化，效率更高。选择限制酶将染色体 DNA 切在适当大小片段，末端补齐，碱性磷酸酯酶去除 $5'$ - 磷酸，合成与已知序列（-）链 $5'$ - 端互补的寡核苷酸，其 $5'$ - P 只能与片段 $3'$ - OH 连接。因此（-）链在未知序列的两端均有彼此互补的已知序列，变性后退火形成链内二级结构，犹如锅柄故而得名。将两端已知序列的引物进行 PCR 即可扩增出未知序列。

此外还有一些 PCR 技术可以扩增未知序列。例如，锚定 PCR（anchored PCR，A - PCR），用末端核苷酸转移酶在合成 DNA 链的 $3'$ - 端加上均聚物，再用此互补的寡聚核苷酸作为另一引物进行 PCR。利用人类基因组 DNA 中分散分布的 Alu 序列，用一段已知序列和 Alu 序列作为一对引物，也可以扩增出未知序列。

（7）基因组序列的比较研究。

应用随机引物的 PCR 扩增，便能测定两个生物基因组之间的差异。该技术称为随机扩增多态 DNA 分析（random amplified polymorphic DNA，RAPD）。如果用随机引物寻找生物细胞表达基因的差异，则称为 mRNA 的差异显示（differential display）。PCR 技术在人类学、古生物学、进化论等的研究中也起了重要的作用。

（8）在临床医学和法医学中的应用。

PCR 技术已被广泛用于临床诊断，如对癌基因、遗传病等疑难病和恶性疾病的确诊，病原体的检测（某些恶性疾病用一般微生物学、生化和免疫学技术无法查出时），确定亲属间的亲缘关系，胎儿的早期检查等。由于 PCR 技术的高度灵敏性，即使多年残存的痕量 DNA 也能够被检测出来，因此对刑侦工作、亲缘关系的确证等起着重要的作用。

第三章 生物化学实验

实验一 维生素 A 的测定

I 三氯化锑法

一、实验目的

学习用三氯化锑法测定维生素 A 含量的原理和方法。

二、实验原理

维生素 A 是一种脂溶性维生素，存在于动物性脂肪中，主要来源于肝、鱼肝油、蛋类、乳类等动物性食品。植物性食品不含维生素 A，但在深色果蔬中含有胡萝卜素，它在人体内可转变为维生素 A，故称为维生素 A 原。

在氯仿溶液中，维生素 A 与三氯化锑可相互作用，称为 Carr – Price 反应，反应生成蓝色可溶性配合物，其颜色深浅与溶液中所含维生素 A 的含量成正比。该物质在 620nm 波长处有最大吸收峰，吸光度与维生素 A 的含量在一定的范围内成正比，利用比色法可测得样品中的维生素 A 的含量。

本法适用于维生素 A 含量较高的样品（通常高于 $5\mu g/g$），对低含量样品，因受其他脂溶性物质的干扰，不易比色测定。

三、材料、器材与试剂

1. **材料**

动物肝。

2. **器材**

匀浆器、天平、分光光度计、电热板、皂化瓶、冷凝器、分液漏斗（250mm）、研钵、刻度吸量管（1mL，2mL，5mL，10mL）、锥形瓶、量筒、刻度具塞试管、胶头滴管。

3. **试剂**

（1）乙酸酐（$C_4H_6O_3$）。

（2）无水硫酸钠（Na_2SO_4）。

（3）维生素 A 乙酸酯（$C_{22}H_{32}O_2$）。

（4）氢氧化钾（KOH）。

（5）1.250g /L 三氯化锑 100mL：称取 25g 干燥的三氯化锑，溶于 100mL 氯仿中，加少许无水硫酸钠，贮存于棕色试剂瓶中，盖严，尽量避免吸收水分。用时吸取上层清夜。

注意：三氯化锑腐蚀性强，不得用手直接接触。

（6）标准维生素 A 溶液 100mL：视黄醇（纯度 85%）或视黄醇乙酸酯（纯度 90%）经皂化处理后使用。取脱醛乙醇溶解维生素 A 标准品，使其质量浓度大约为 1mg/mL，此液为维生素 A 贮备液。临用前以紫外分光光度法标定其正确浓度，用氯仿将其稀释为 100μg/mL 的维生素 A 操作液（如按国际单位，每 1 国际单位 = 0.3μg 维生素 A）。

（7）50%（质量分数）氢氧化钾溶液 100mL：称取 50g KOH，溶于 50g 蒸馏水中，混匀。

（8）0.5mol/L 氢氧化钾 100mL。

（9）酚酞指示剂：用 95% 乙醇配制 10g/L 的酚酞溶液。

（10）乙醚（$CH_3CH_2OCH_2CH_3$）（不能含有过氧化物）。

检查方法：取 5mL 乙醚加 1mL 100g/L 碘化钾溶液，振摇 1min，如含过氧化物则会放出游离碘，水层呈黄色，或加入四滴 5g/L 淀粉溶液，水层呈蓝色。

去除方法：重蒸乙醚时，瓶内放少许铁末或纯铁丝，弃去 10% 初馏液和 10% 残留液。

（11）无水乙醇（CH_3CH_2OH）（不能含有醛类物质）。

检查方法：在盛有 2mL 银氨溶液的小试管中，加入 3～5 滴无水乙醇，摇匀，再加入 100g/L 氢氧化钠溶液，加热，放置冷却后，若有银镜反应，则表示乙醇中含醛。

脱醛方法：取 2mL 硝酸银溶于少量水中，取 4g 氢氧化钠溶于乙醇中，将两者倾入盛有 1L 乙醇的试剂瓶中，振摇后，暗处放置 2 天（不时摇动，促进反应）；取下清液蒸馏，弃去初馏液 50mL；若乙醇中含醛较多，可适当增加硝酸银的用量。

（12）氯仿（$CHCl_3$）（不能含有分解产物）。

检查方法：氯仿不稳定，放置后易受空气中氧的作用生成氯化氢，检查时，可取少量氯仿置于试管中，加水少许振摇，使氯化氢溶于水中，加几滴硝酸银溶液，若产生白色沉淀，则说明氯仿中含有分解产物氯化氢。

处理方法：置氯仿于分液漏斗中，加水洗涤数次，用无水硫酸钙或氯化钙脱水，然后蒸馏。

四、实验操作

1. 维生素 A 样品处理

因含有维生素 A 的样品多为脂肪含量高的动物性食品，故必须首先除去脂肪，把维生素 A 从脂肪中分离出来。常规的方法是皂化法或研磨法。

（1）皂化法：该方法适用于维生素 A 含量不高的样品，可减少脂溶性物质的干扰，但全部试验过程费时，且易导致维生素 A 损失。

①皂化。根据样品中维生素 A 含量的不同，称取 0.5～5g 经匀浆器匀浆的样品于皂化瓶中，加入 10mL 50%（质量分数）氢氧化钾及 20～40mL 乙醇，于电热板上回流 30min 至皂化完全为止。检查是否皂化完全，可向皂化瓶中加少量水，振摇，如有混浊现象，表示皂化反应不完全，应继续加热回流，反之，则表示皂化已完全。

②提取。将皂化瓶内混合物移至分液漏斗中，以 30mL 蒸馏水分两次洗皂化瓶，洗

液并入分液漏斗（如有渣子，可用脱脂棉滤入分液漏斗内）。再用 50mL 乙醚分两次洗皂化瓶，洗液并入分液漏斗中。振摇 2min（注意放气）。提取不皂化部分。静置分层后，水层放入第二分液漏斗。皂化瓶再用约 30mL 乙醚分洗两次，洗液倾入第二分液漏斗。振摇，静置分层后，将水层放入第三分液漏斗，醚层并入第一分液漏斗。重复至水层中无维生素 A 为止（不再使三氯化锑－氯仿溶液呈蓝色）。

③洗涤。用约 30mL 水加入第一分液漏斗中，轻轻振摇，静置片刻后，放去水层。加 15 ～ 20mL 0.5mol/L 氢氧化钾溶液于分液漏斗中，轻轻振摇后，弃去下层碱液（除去醚溶性酸皂）。继续用水洗涤，每次用水约 30mL，直至洗涤液使酚酞指示剂呈无色为止（大约 3 次）。醚层液静置 10 ～ 20min，小心放出析出的水。

④浓缩。将醚层液经过无水硫酸钠滤入三角瓶中，再用约 25mL 乙醚冲洗分液漏斗和硫酸钠两次，洗液并入三角瓶内。置水浴上蒸馏，回收乙醚。待瓶中剩约 5mL 乙醚时取下，用减压抽气法将乙醚完全除去，立即加入一定量的氯仿使溶液中维生素 A 含量在适宜浓度范围内（维生素 A 在空气中易氧化）。

（2）研磨法：该方法适用于每克样品维生素 A 含量大于 5μg 样品的测定，如肝样品的分析。步骤简单省时，结果准确。

①研磨。精确称取 2 ～ 5g 样品，放入盛有 3 ～ 5 倍样品重量的无水硫酸钠的研钵中，研磨至样品中水分完全被吸收，并均质化。

②提取。小心将全部均质化样品移入带盖的三角瓶内，准确加入 50 ～ 100mL 乙醚。紧压盖子，用力振摇 2min，使样品中维生素 A 溶于乙醚中。使其自行澄清（大约需 1 ～ 2h），或离心澄清（因乙醚易挥发，气温高时应在冷水浴中操作，装乙醚的试剂瓶也应事先放入冷水浴中）。

③浓缩。取澄清的乙醚液 2 ～ 5mL，在 70 ～ 80℃ 水浴上抽气蒸干。立即加入一定量氯仿溶解残渣。

2. 样品中维生素 A 的定量测定

（1）绘制标准曲线。

取 12 支试管，分两组按下表平行操作。

管号	1	2	3	4	5	6
100μg/mL 维生素 A 标准液/mL	0	0.1	0.2	0.3	0.4	0.5
氯仿/mL	1	0.9	0.8	0.7	0.6	0.5
乙酸酐	1 滴					
250g/L 三氯化锑	9mL					
以 1 号试管为空白对照调零，样品置于分光光度计的比色杯中，三氯化锑最后加入，用细玻璃棒迅速混合均匀，于 6s 内测定 620nm 处样品的吸光度						
A_{620}	0					
	0					
平均值	0					

绘制标准曲线：以维生素 A 的量为横坐标，A_{620} 值为纵坐标绘制标准曲线。

（2）样品的测定。

取两个比色杯，于一个比色杯中加入 1mL 氯仿，加入一滴乙酸酐为空白对照。另一个比色杯加入 1mL 样品溶液及 1 滴乙酸酐。其余步骤同标准曲线的绘制。

提示：如果测定的吸光度值超出标准曲线的范围，则需要对样品进行一定的稀释；另外，维生素 A 极易被光破坏，实验操作应在微弱光线下进行，或使用棕色玻璃仪器；所用氯仿中不能含有水分，因三氯化锑遇水会出现沉淀，干扰比色测定，加入乙酸酐的目的是保证脱水。

利用测定的 A_{620} 值，从标准曲线上查得相应的维生素 A 含量。

按下式计算 100g 样品中维生素 A 的含量。

$$100g \text{ 样品中维生素 A 含量} = \frac{\rho \times n \times V}{m \times 1\,000} \times 100$$

式中 ρ——从标准曲线上查得的维生素 A 质量浓度，$\mu g/mL$；

n——样品稀释倍数；

m——样品质量，g；

V——提取后加氯仿质量之体积，mL（假定所有样品均用氯仿溶解）。

Ⅱ 紫外分光光度法

一、实验目的

学习用紫外分光光度法测定维生素 A 含量的原理和方法。

二、实验原理

维生素 A 的异丙醇溶液在 325nm 波长处有最大吸收峰，该波长下的吸光度值与维生素 A 的含量成正比，以此测定维生素 A 的含量。

由于维生素 A 制剂中含有的杂质对所测得的吸光度值有干扰，需要用校正公式进行校正，以便得到正确的结果。校正公式采用三点法，除其中一点是在吸收峰波长处测得外，其他两点分别在吸收峰两侧的波长处测定。

维生素 A 极易被光破坏，测定应在半暗室中快速进行。

三、材料、器材与试剂

1. 材料

动物肝。

2. 器材

匀浆器、天平、紫外及可见分光光度计、电热板、皂化瓶、冷凝器、分液漏斗（250mm）、研钵、刻度吸量管（1mL，2mL，5mL，10mL）、锥形瓶、量筒、刻度具塞试管、胶头滴管。

3. 试剂

（1）乙酸酐。

（2）乙醚（不能含有过氧化物）。

（3）无水乙醇（不能含有醛类物质）。

（4）异丙醇。

（5）无水硫酸钠。

（6）维生素 A。

（7）乙酸酯。

（8）1.50%（质量分数）氢氧化钾溶液 100mL。同实验 I。

（9）0.5mol/L 氢氧化钾 100mL。

（10）标准维生素 A 溶液 100mL。同实验 I。

（11）酚酞指示剂。同实验 I。

四、实验操作

1. 维生素 A 样品处理

方法同实验 I，在最后的步骤中，用异丙醇取代氯仿。

2. 样品中维生素 A 的定量测定

（1）绘制标准曲线。

取 12 支试管，分两组按下表平行操作。

管号	1	2	3	4	5	6
10μg/mL 维生素 A 标准液/mL	0	2	3	4	5	6
异丙醇/mL	10	8	7	6	5	4
以 1 号试管为空白对照，样品混合均匀后，测定 325nm 处样品的吸光度						
A_{325}	0					
	0					
平均值	0					

绘制标准曲线：以维生素的量为横坐标，A_{325} 值为纵坐标绘制标准曲线。

（2）样品的测定。

将样品置于光径 1cm 的比色杯内，以异丙醇为空白对照，用紫外/可见分光光度计在 300nm，310nm，325nm，334nm 4 个波长处测定样品的吸光度，并测定吸收峰的波长（测定应在半暗室中进行）。

提示：如果测定的吸光度值 A_{325} 超出标准曲线的范围，则需要对样品进行一定的稀释。

如果测定的吸收峰波长在 323 ～ 327nm 之间，且 300nm 波长的吸光度与 325nm 波长处的吸光度的比值不超过 0.73，则按下式计算校正后的吸光度：

$$A_{325}（校正）= 6.815 A_{325} - 2.555 A_{310} - 4.260 A_{334}$$

如果校正后的吸光度在未校正吸光度的 ±3% 以内，则可以仍用未经校正的吸光度计算含量。

利用测定的 A_{325} 值，从标准曲线上查得相应的维生素 A 含量。

按下式计算 100g 样品中维生素 A 的含量。

$$100g\ 样品中维生素\ A\ 含量 = \frac{\rho \times n \times V}{w \times 1000} \times 100$$

式中　ρ——从标准曲线上查得的维生素 A 质量浓度，$\mu g/mL$；

　　　n——样品稀释倍数；

　　　m——样品质量，g；

　　　V——提取后加异丙醇定量之体积，mL。

五、注意事项

（1）维生素 A 极易被光破坏，实验操作时应在微弱光线下进行，或使用棕色玻璃仪器。

（2）在乙醚为溶液的萃取体系中，易发生乳化现象。在提取、洗涤操作时，不要用力过猛，若发生乳化，可加几滴乙醇破乳。

（3）所用氯仿不应含有水分，因三氯化锑遇水会出现沉淀，干扰比色测定。在每毫升氯仿中应加入乙酸酐 1 滴，以保证脱水。另外，由于三氯化锑遇水会生成白色沉淀，因此用过的仪器要用稀盐酸浸泡后再清洗。

（4）由于三氯化锑与维生素 A 所产生的蓝色物质很不稳定，通常生成 6s 后便开始变色，因此要求反应在比色管中进行，产生蓝色后立即读取吸光度。

（5）如果样品中含有 β-胡萝卜素（如奶粉、禽蛋等食品）干扰测定，可将浓缩蒸干的样品用正己烷溶解，以氧化铝为吸附剂，以丙酮、乙烷混合液为洗脱剂进行柱层析。

（6）比色法除用三氯化锑做显色剂外，还可用三氟乙酸、三氯乙酸做显色剂。其中三氟乙酸没有遇水发生沉淀而使溶液浑浊的缺点。

六、思考题

（1）试述本实验介绍的两种维生素 A 含量测定法的优点。

（2）三氯化锑测定维生素 A 的原理是什么？关键步骤是什么？

（3）紫外分光光度法测定维生素 A 的原理是什么？关键步骤是什么？

实验二 维生素 B_1 的荧光测定

一、实验目的

学习维生素 B_1 的测定原理和方法及荧光光度计的操作方法。

二、实验原理

硫胺素在碱性铁氰化钾溶液中被氧化成噻嘧色素，在紫外线下，噻嘧色素发出荧光。在给定的条件下以及没有其他荧光物质干扰时，此荧光之强度与噻嘧色素量成正比，即与溶液中硫胺素量成正比。如样品中的杂质过多，应用离子交换剂处理，使硫胺素与杂质分离，然后以所得溶液作测定。本方法的最小检出限为 $0.05\mu g$。

三、器材与试剂

1. 器材

电热恒温培养箱、荧光分光光度计、三角瓶、高压锅、盐基交换管。

2. 试剂

（1）正丁醇，分析纯，需经重蒸馏。

（2）无水硫酸钠（Na_2SO_4）。

（3）淀粉酶和蛋白酶（国产或进口均可）。

（4）0.1mmol/L 盐酸和 0.3mol/L 盐酸。

（5）2mol/L 乙酸钠溶液：164g 无水乙酸钠溶于水中，并稀释至 1000mL。

（6）25% 的氯化钾溶液：250g 氯化钾溶于水中，并稀释至 1000mL。

（7）25% 酸性氯化钾溶液：8.5mL 浓盐酸用 25% 氯化钾溶液稀释至 1000mL。

（8）15% 的氢氧化钠：15g 氢氧化钠溶于水中稀释至 100mL。

（9）1% 铁氰化钾溶液：1g 铁氰化钾溶于水中稀释至 100mL，放于棕色瓶内保存。

（10）碱性铁氰化钾溶液：4mL 1% 铁氰化钾溶液，用 15% 氢氧化钠溶液稀释至 60mL。用时现配，避光使用。

（11）3% 乙酸溶液：30mL 冰乙酸用水稀释至 1000mL。

（12）活性人造沸石：称取 200g 40～60 目的人造沸石，以 10 倍于其体积的 3% 热乙酸溶液搅洗 2 次，每次 10min；再用 5 倍于其体积的 25% 热氯化钾溶液搅洗 15min；然后再用 3% 热乙酸溶液搅洗 10min；最后用热蒸馏水洗至没有氯离子。再在蒸馏水中保存。

（13）0.04% 溴甲酚绿溶液：称取 0.1g 溴甲酚绿，置于小研钵中，加入 1.4mL 0.1mol/L 氢氧化钠溶液研磨片刻，再加入少许水继续研磨至完全溶解，并用水稀释至 250mL。

（14）硫胺素标准储备液（0.1mg/mL）：准确称取 100mg 经氯化钙干燥 24h 的硫胺

素，溶于 0.01mol/L 盐酸中，并稀释至 1000mL。于冰箱中避光保存。将硫胺素标准储备液用 0.01mol/L 盐酸稀释 10 倍，即配成硫胺素标准中间液（10μg/mL），冰箱中避光保存。将硫胺素标准中间液用水稀释 100 倍，即配成硫胺素标准工作液（0.1μg/mL），用时现配。

四、实验操作

1. 样品制备

采集后用匀浆机打成匀浆于低温冰箱中冷冻保存，用时将其解冻后混匀使用。干燥样品要将其尽量粉碎后备用。

2. 提取

（1）精确称取试样（估计其硫胺素含量为 10 ~ 30μg），置于 100mL 三角瓶中，加入 50mL 0.1mol/L 或 0.3mol/L 盐酸使其溶解，放入高压锅中加热至 121℃，使其水解 30min，凉后取出。

（2）用 2mol/L 乙酸钠调其 pH 为 4.5（以 0.04% 溴甲酚绿为外指示剂）。

（3）按每克样品加入 20mg 淀粉酶和 40mg 蛋白酶的比例加入淀粉酶和蛋白酶。在 45 ~ 50℃下保温 16h。

（4）凉至室温，定容至 100mL，然后混匀过滤，即为提取液。

3. 净化

（1）用少许脱脂棉铺于盐基交换管的交换柱底部，加水将棉纤维中的气泡排出，再加入约 1g 活性人造沸石使之达到交换柱的 1/3 高度。保持盐基交换管中的液面始终高于活性人造沸石。

（2）用移液管加入提取液 20 ~ 60mL（使通过活性人造沸石的硫胺素总量为 2 ~ 5μg）。

（3）加入约 10mL 热蒸馏水冲洗交换柱，弃去洗液。如此重复 3 次。

（4）加入 25% 酸性氯化钾（温度约为 90℃）20mL，收集此液在 25mL 刻度试管内，凉至室温，用 25% 酸性氯化钾定容至 25mL，即为样品精华液。

（5）重复上述操作，将 20mL 硫胺素标准使用液加入盐基交换管代替样品提取液，即得标准净化液。

4. 氧化

将 5mL 样品净化液分别加入 A、B 两个反应瓶中，在避光条件下将 3mL 15% 的氢氧化钠溶液加入反应瓶 A，将 3mL 碱性铁氰化钾溶液加入反应瓶 B，振摇约 15s，然后加入 10mL 正丁醇；将 A、B 两个反应瓶同时用力振摇 1.5min。重复上述操作，用标准净化液代替样品净化液。静置分层后吸去下层碱性溶液，加入 2 ~ 3g 无水硫酸钠使溶液脱水。

5. 测定

（1）荧光测定条件：激发波长 365nm；发射波长 435nm；激发波夹缝 5nm；发射波夹缝 5nm。

（2）依次测定下列荧光强度。①样品空白荧光强度（样品反应瓶 A）；②标准空白荧光强度（标准反应瓶 A）；③样品荧光强度（样品反应瓶 B）；④标准荧光强度（标准反应瓶 B）。

五、实验结果

$$X = (U - U_b) \times \frac{c \cdot V}{S - S_b} \times \frac{V_1}{V_2} \times \frac{1}{m} \times \frac{100}{1\,000}$$

式中　X——样品中硫胺素含量，mg/100g；

　　　U——样品荧光强度；

　　　U_b——样品空白荧光强度；

　　　S——标准荧光强度；

　　　S_b——标准空白荧光强度；

　　　c——硫胺素标准工作液浓度，μg/mL；

　　　V——用于净化的硫胺素标准工作液体积，mL；

　　　V_1——样品水解后的定容体积，mL；

　　　V_2——样品用于净化的提取液体积，mL；

　　　m——样品质量，g；

　　　数值 100/1 000——样品含量由 μg/g 换算成 mg/100g 的系数。

实验三　维生素 B_2（核黄素）的荧光测定法

一、实验目的

掌握荧光法测定维生素 B_2 的原理和方法。

二、实验原理

维生素 B_2（核黄素）在 440～500nm 波长光照射下发生黄绿色荧光。在稀溶液中其荧光强度与维生素 B_2 的浓度成正比。利用硅镁吸附剂对维生素 B_2 的吸附作用去除样品中干扰荧光测定的杂质，然后洗脱维生素 B_2，测定其荧光强度。试液再加入连二亚硫酸钠（$Na_2S_2O_4 \cdot 2H_2O$），将维生素 B_2 还原为无荧光的物质，测定试液中残余荧光杂质的荧光强度，两者之差即为食品中维生素 B_2 所产生的荧光强度。

三、材料、器材与试剂

1. 材料

新鲜猪肝或干黄豆。

2. 器材

试管 1.5cm × 20cm（×4）、移液管 10 mL（×1），1 mL（×2）、容量瓶 100 mL（×1），10 mL（×1）、高压消毒锅、电热恒温培养箱、维生素 B_2 吸附柱、荧光光度

计。

3．试剂

（1）0.1 mol /L 盐酸。

（2）1 mol /L 氢氧化钠。

（3）0.1 mol /L 氢氧化钠。

（4）20% 连二亚硫酸钠溶液。

（5）洗脱液：丙酮 + 冰醋酸 + 水（5 + 2 + 9）。

（6）0.04% 溴甲酚绿指示剂。

（7）3% 高锰酸钾溶液。

（8）3% 过氧化氢溶液。

（9）2.5 mol /L 无水乙醇钠溶液。

（10）硅镁吸附剂：60 ～ 100 目，Sigma 公司产品。

（11）10% 木瓜蛋白酶：用 2.5 mol /L 乙酸钠溶液配制。使用时现配制。

（12）10% 淀粉酶：用 2.5 mol /L 乙酸钠溶液配制。使用时现配制。

（13）维生素 B_2 标准液的配制：

①维生素 B_2 标准储备液（25μg /mL）。将标准品维生素 B_2 粉状结晶置于真空干燥器中。经过 24h 后，准确称取 50mg，置于 2L 容量瓶中，加入 2.4mL 冰乙酸和 1.5mL 水。将容量瓶置于温水中摇动，待其溶解，冷却至室温，稀释至 2L，移至棕色瓶中，加少许甲苯覆盖于溶液表面，于冰箱中保存。

②维生素 B_2 标准使用液。吸取 2.00 mL 维生素 B_2 标准储备液，置于 50 mL 棕色容量瓶中，用水稀释至刻度。避光，贮存于 4℃ 冰箱，可保存 1 周。此溶液每毫升相当于 1.00μg 维生素 B_2。

四、实验操作

1．样品提取

（1）水解。称取 2 ～ 10g 样品（含 10 ～ 200μg 维生素 B_2）于 100 mL 三角瓶中，加 50 mL 0.1 mol /L 盐酸，搅拌直到颗粒物分散均匀。用 40 mL 瓷坩埚为盖扣住瓶口，于 121℃ 高压水解样品 30 min。水解液冷却后，滴加 1 mol /L 氢氧化钠，用 0.04% 溴甲酚绿作外指示剂调至 pH 为 4.5。

（2）酶解。在含有淀粉的水解液中加入 3 mL 10% 淀粉酶溶液，于 37 ～ 40℃ 保温约 16h。在含高蛋白的水解液中加 3mL 10% 木瓜蛋白酶溶液，于 37 ～ 40℃ 保温约 16h。

（3）过滤。上述酶解液定容至 100 mL，过滤。此提取液在 4℃ 冰箱中可保存 1 周。

2．氧化去杂质

视样品中维生素 B_2 的含量取一定体积的样品提取液及维生素 B_2 标准使用液（含 1 ～ 10μg 维生素 B_2）分别于 20 mL 的带盖刻度试管中，加水至 15 mL。各管加 0.5 mL 冰乙酸，混匀。加 3% 高锰酸钾溶液 0.5 mL，混匀，放置 2 min，使氧化去杂质。滴加 3% 双氧水溶液数滴，直至高锰酸钾的颜色褪掉。剧烈振荡此管，使多余的氧气逸出。

3. 维生素 B$_2$ 的吸附和洗脱

（1）维生素 B$_2$ 吸附柱。硅镁吸附剂 1g 用湿法装入柱，占柱长 1/2 ～ 2/3（约 5 cm）为宜（吸附柱下端用一团脱脂棉垫上），勿使柱内产生气泡，调节流速约为每分钟 60 滴。

（2）过柱与洗脱。将全部氧化后的样液及标准液通过吸附柱后，用约 20 mL 热水洗去样液中的杂质。然后用 5.00 mL 洗脱液将样品中的维生素 B$_2$ 洗脱并收集于一带盖 10 mL 刻度试管中，再用水洗吸附柱，收集洗出液体并定容至 10 mL，混匀后待测荧光。

4. 测定

（1）于激发光波长 440 nm，发射光波长 525 nm 测量样品管及标准管的荧光值。

（2）待样品及标准的荧光值测量后，在各管的剩余液（5 ～ 7 mL）中加 0.1 mL 20% 连二亚硫酸钠溶液，立刻混匀，在 20 s 内测出各管的荧光值，作为各自的空白值。

五、结果计算

按下式计算样品中维生素 B$_2$ 的含量。

$$X = \frac{(A-B) \times S}{(C-D) \times m} \times f \times \frac{100}{1000}$$

式中　X——样品中含维生素 B$_2$ 的量，mg/100g；

　　　A——样品管荧光值；

　　　B——样品管空白荧光值；

　　　C——标准管荧光值；

　　　D——标准管空白荧光值；

　　　f——稀释倍数；

　　　m—— 样品的质量，g；

　　　S——样品管中的维生素 B$_2$ 含量，μg；

　　　100/1 000——样品中维生素 B$_2$ 量由 μg/g 折算成 mg/100g 的折算系数。

六、注意事项

维生素 B$_2$ 极易被光线破坏，实验操作应尽可能避光。

七、思考题

（1）什么食物中含较多的维生素 B$_2$？

（2）维生素 B$_2$ 在生物体内代谢中起什么作用？

实验四　果蔬维生素 C 含量测定及其分析

一、实验目的

了解测定维生素 C 的原理和方法。

二、实验原理

维生素 C 是人类营养中最重要的维生素之一，缺少它会得坏血病，因此又称其为抗坏血酸（ascorbic acid）。它对物质代谢的调节具有重要作用。近年来，发现它还有增强机体对肿瘤的抵抗力，并对化学致癌物有阻断作用。

维生素 C 主要存在于新鲜水果及蔬菜中。水果中以猕猴桃含量最多，在柠檬、橘子和橙子中含量也非常丰富。蔬菜以辣椒中的含量最丰富，在番茄、白菜、萝卜中含量也十分丰富。野生植物以刺梨中的含量最丰富，每 100g 中含 2 800mg，有"维生素 C 王"之称。维生素 C 为无色晶体，味酸，溶于水及乙醇，不耐热，在碱性溶液中极不稳定，日光照射后易被氧化破坏，有微量铜、铁等重金属离子存在时更易氧化分解，干燥条件下较为稳定。故维生素 C 制剂应放在干燥、低温和避光处保存。在烹调蔬菜时，不宜烧煮过度并应避免接触碱和铜器。

根据维生素 C 本身的特性，有多种测定方法。

1. 滴定法

维生素 C 具有很强的还原性，可以分为还原型和脱氢型。还原型抗坏血酸能还原染料 2，6－二氯酚靛酚（DCPIP），本身则氧化为脱氢型。在酸性溶液中，2，6－二氯酚靛酚呈红色，还原后变为无色。因此，当用此染料滴定维生素 C 的酸性溶液时，维生素 C 尚未全部被氧化前，则滴下的染料立即被还原成无色。一旦溶液中的维生素 C 全部被氧化，则滴下的染料立即使溶液变成粉红色。所以，当溶液从无色变成微红色时即表示溶液中的维生素 C 刚刚全部被氧化，此时即为滴定终点。如无其他杂质干扰，样品提取液所还原的标准染料量与样品中所含还原型抗坏血酸量成正比。

还原型抗坏血酸 　2，6-二氯酚靛酚（红色）

氧化型脱氢抗坏血酸 　还原型2,6-二氯酚靛酚（无色）

2．比色法

在体外，抗坏血酸常被氧化生成脱氢抗坏血酸。在 pH 5 以上的环境中，脱氢抗坏血酸可发生分子重排并使其内酯环断裂而变成没有活性的二酮古洛糖酸。因此，抗坏血酸、脱氢抗坏血酸、二酮古洛糖酸三者合称为总维生素 C。

2，4 – 二硝基苯肼与维生素 C 作用生成红色的脎，其生成量与总抗坏血酸的量成正比。将脎溶于硫酸中，再与同样处理的抗坏血酸标准溶液比色，即可求出样品中的总抗坏血酸（维生素 C）的含量。

三、器材与试剂

1．器材

容量瓶、烧杯、锥形瓶、漏斗、棕色试剂瓶、研钵、吸量管、分光光度计。

2．试剂

（1）10g/L 草酸溶液。

（2）4.5mol/L H_2SO_4。

（3）20g/L 2，4 – 二硝基苯肼。

（4）85% H_2SO_4。

（5）100g/L 硫脲。

（6）抗坏血酸标准液（0.01mg/mL）。

四、实验步骤

1．滴定法测定白菜中的维生素 C 含量

（1）提取。称取水洗干净并用纱布吸干表面水分的白菜 20g 置于研钵中，加入 20mL 2% 草酸，研磨 5～10min，4 层纱布过滤，滤液备用。纱布可以用少量草酸洗几次，合并滤液至 50mL 容量瓶中，最后加入草酸定容至刻度，若浆状物泡沫太多的话可加数滴丁醇或辛醇。

（2）氧化、脱色。将提取液约 10mL 倒入干燥锥形瓶中，加入半勺活性炭，充分振摇 1min 后过滤；取 10mL 标准液（1mL≈0.01mg 维生素 C）置于另一个干燥的锥形瓶中，加入半勺活性炭，同法过滤处理。

（3）标准液滴定。准确吸取标准抗坏血酸溶液 1mL 置于 100mL 锥形瓶中，加 9mL 1% 草酸，用微量滴定管以 0.1% 2，6 – 二氯酚靛酚溶液滴定至淡红色，并保持 15s 不褪色，即达到终点。由所用染料的体积计算出 1mL 染料相当于多少毫克抗坏血酸（取 100mL 1% 草酸做空白对照，按以上方法滴定）。

（4）样品滴定。准确称取滤液两份，每份 10mL，分别放入 2 个锥形瓶内，滴定方法同前。另取 10mL 1% 草酸做空白对照滴定。

（5）计算。

$$100g 样品中维生素 C 含量 = \frac{(V_A - V_B) \times C \times T \times 100}{D \times W}$$

式中　V_A——滴定样品所耗用的染料的平均毫升数；

V_B——滴定空白对照所耗用的染料的平均毫升数；

C ——样品提取液的总毫升数；

D——滴定时所取的样品提取液毫升数；

T——1mL 染料能氧化抗坏血酸毫克数（操作 2 计算出）；

W——待测样品的重量，g。

（6）注意事项。

①整个操作过程要迅速，防止还原型抗坏血酸被氧化。滴定过程一般不超过 2min。滴定所用的染料不应小于 1mL 或多于 4mL，如果样品含维生素 C 太高或太低时，可酌情增减样品液用量或改变提取液稀释度。

②提取的浆状物如不易过滤，亦可离心，留取上清液进行滴定。

2.　比色法测定白菜中的维生素 C 含量

（1）提取。称取白菜 2g 置于研钵中，加入少量 10g／L 草酸，研磨 5 ~ 10min，将提取液收集至 50mL 容量瓶中，最后加入 10g／L 草酸至刻度，若浆状物泡沫太多的话可加数滴丁醇或辛醇。

（2）氧化、脱色。将提取液约 10mL 倒入干燥锥形瓶中，加入半勺活性炭，充分振摇 1min 后过滤；取 10mL 标准液（1mL ≈ 0.01mg 维生素 C）置于另一个干燥的锥形瓶中，加入半勺活性炭，同法过滤处理。

（3）显色。取试管 3 支，编号，按下表进行操作。

（用量：mL）

试剂	空白管	标准管	测定管
样品滤液	2.5	0	2.5
抗坏血酸标准液（0.01mg／mL）	0	2.5	0
100g／L 硫脲（滴）	1	1	1
20g／L 2，4 - 二硝基苯肼	0	1.0	1.0
混匀，置于沸水浴中 10min，流水冷却			
20g／L 2，4 - 二硝基苯肼	1.0	0	0
85% H_2SO_4	3.0	3.0	3.0

注意：加入 85% H_2SO_4 时，需逐滴慢加，并将试管置于冷水中，边加边摇匀冷却。加完后混匀，静置 10min，以空白管调零，用 500nm 波长比色。

（4）计算。

$$100g \text{ 样品中抗坏血酸含量} = \frac{A_{测}}{A_{标}} \times 0.01 \times 2.5 \times \frac{50}{2.5} \times \frac{100}{2} = \frac{A_{测}}{A_{标}} \times 25$$

（5）注意事项。

抗坏血酸存在于食物或食物制品中，因此测定前必须经过提取抗坏血酸的步骤，应注意：

① 样品研磨时要迅速，在空气中暴露过久后抗坏血酸会发生氧化作用。

② 草酸或样品提取液不要暴露于日光下，否则会加速抗坏血酸的氧化，2，4 - 二硝基苯肼中加硫脲，其作用在于防止抗坏血酸继续氧化，并可帮助腙的形成。

五、思考题

(1) 为了测得准确的维生素 C 含量，实验过程中应注意哪些操作步骤？为什么？

(2) 试简述维生素 C 的生理意义。

实验五　高效液相色谱法测定脂溶性维生素

一、实验目的

(1) 熟悉高效液相色谱的原理及分析方法。

(2) 掌握高效液相色谱测定脂溶性维生素的方法。

二、实验原理

样品中的维生素 A 及维生素 E 经皂化处理后，将其不可皂化部分提取至有机溶剂中。用高效液相色谱法 C_{18} 反相柱将维生素 A 和维生素 E 分离，经紫外检测器检测，并用内标法定量测定。

该法最小检出量分别如下，维生素 A：0.8ng；α - 维生素 E：91.8ng；γ - 维生素 E：36.6ng；δ - 维生素 E：20.6ng。

三、器材与试剂

1. 器材

高效液相色谱仪带紫外分光检测器、旋转蒸发器、高速离心机、小离心管（1.5 ～ 3.0mL 具盖塑料离心管，与高速离心机配套）、高纯氮气、恒温水浴锅、紫外分光光度计。

2. 试剂

(1) 无水硫酸钠。

(2) 500g/L 氢氧化钾溶液。

(3) 100g/L 抗坏血酸溶液，临用前配制。

(4) pH 1 ～ 14 试纸。实验用水为蒸馏水，试剂不加说明为分析纯。

(5) 无水乙醚：重蒸，不含有过氧化物。过氧化物检查方法：用 5mL 乙醚加 1mL 10% 碘化钾溶液，振摇 1min。如有过氧化物则放出游离碘，水层呈黄色或加 4 滴 0.5% 淀粉液，水层呈蓝色。去除过氧化物的方法：瓶中放入纯铁丝或铁屑少许，重蒸乙醚。弃去 10% 初馏液和 10% 残馏液。

(6) 无水乙醇：重蒸，不含有醛类物质。检查方法：取 2mL 银氨溶液于试管中，加入少量乙醇，摇匀，再加入 10% 氢氧化钠溶液，加热，放置冷却后，若有银镜反应则表示乙醇中有醛。

（7）银氨溶液：加氨水至 5% 硝酸银溶液中，直至生成的沉淀重新溶解为止，再加 10% 氢氧化钠溶液数滴，如发生沉淀，再加氨水直至溶解。

（8）脱醛方法：将 2g 硝酸银溶于少量水中，4g 氢氧化钠溶于温乙醇中，然后将两者倾入 1L 乙醇中，振摇后，放置暗处两天（不时摇动，促进反应），过滤，置蒸馏瓶中蒸馏，弃去初蒸出的 50mL。当乙醇中含醛较多时，硝酸银用量适当增加。

（9）甲醇：色谱纯或分析纯重蒸后使用。

（10）重蒸水：蒸馏水中加少量高锰酸钾，临用前重蒸。

（11）维生素 A 标准液：视黄醇（纯度 85%）或视黄醇乙酸酯（纯度 90%）经皂化处理后使用。用脱醛乙醇溶解维生素 A 标准品，使其浓度大约为 1mL 相当于 1mg 视黄醇。临用前用紫外分光光度法标定其准确浓度。

（12）维生素 E 标准液：含 α – 生育酚（纯度 95%）、γ – 生育酚（纯度 95%）、δ – 生育酚（纯度 95%）。用脱醛乙醇分别溶解以上三种维生素 E 标准品，使其浓度约为 1mg/mL。临用前用紫外分光光度法分别标定此三种维生素 E 的准确浓度。

（13）内标溶液：称取苯并芘（纯度 98%），用脱醛乙醇配制成 $5\mu g/mL$ 苯并芘的内标溶液。

四、操作步骤

1. 样品处理

（1）皂化。称取 1 ～ 10g 样品（含维生素 A 约 3ng，维生素 E 各异构体约 40ng）于皂化瓶中，加 30mL 无水乙醇，进行搅拌，直到颗粒物分散均匀为止。加 10% 抗坏血酸 5mL、苯并芘标准液 2mL，混匀。再加 50% 氢氧化钾溶液 10mL，混匀，于沸水浴回流 30min 使皂化完全。皂化后立即放入冰水中冷却。

（2）提取。将皂化后的样品移入分液漏斗中，用 50mL 水分 2 ～ 3 次冲洗皂化瓶，洗液并入分液漏斗中。用约 100mL 乙醚分两次洗皂化瓶及其残渣，乙醚液并入分液漏斗中。轻轻振摇分液漏斗 2min，静置分层，弃去水层。

（3）洗涤。用约 100mL 水分次洗分液漏斗中的乙醚层，直至 pH 试纸检验水层不显碱性（最初水洗轻摇，振摇强度可逐次增加）。

（4）浓缩。将乙醚提取液经过无水硫酸钠（约 5g）滤入 250 ～ 300mL 旋转蒸发瓶内，用约 50mL 乙醚冲洗分液漏斗及无水硫酸钠 3 次，并入蒸发瓶内，并将其接至旋转蒸发器上，于 55℃ 水浴中减压蒸馏并回收乙醚，待瓶中剩下约 2mL 乙醚时，取下蒸发瓶，立即用氮气吹掉乙醚，加入 2mL 乙醇，充分混合，溶解提取物。

（5）离心。将乙醇液移入小塑料离心管中，3 000r/min 离心 5min。上清液供色谱分析。如果样品中维生素含量过少，可用氮气将乙醇液吹干后，再用乙醇重新定容，并记下体积比。

2. 标准曲线的绘制

（1）维生素 A 和维生素 E 标准浓度的标定方法。取维生素 A 和维生素 E 标准液各若干微升，分别稀释至5mL乙醇中，并分别按给定波长测定各维生素的吸光值。用比吸光系数计算出该维生素的浓度。测定条件如下表所示。

标准	视黄醇	α – 维生素 E	γ – 维生素 E	δ – 维生素 E
比吸光系数	1835	71	92.8	91.2
波长/nm	325	294	298	298

浓度计算：

$$\rho = \frac{A}{E} \times \frac{1}{100} \times \frac{5.00}{V \times 10^{-3}}$$

式中　ρ——某种维生素浓度，mg/mL；

A——维生素的平均紫外吸光值；

V——加入标准的体积，μL；

E——某种维生素1%比吸光系数；

5.00/（$V \times 10^{-3}$）——标准液稀释倍数。

（2）标准曲线的绘制。本方法采用内标法定量。将一定量的维生素A、α – 生育酚、β – 生育酚、δ – 生育酚及内标苯并芘液混合均匀，选择合适灵敏度，使上述物质的各峰高约为满量程70%，为高浓度点，高浓度的1/2为低浓度点（其内标苯并芘的浓度值不变）。用此种浓度的混合标准进行色谱分析。维生素标准曲线绘制是以维生素峰面积与内标物峰面积之比为纵坐标，维生素浓度为横坐标绘制，或计算直线回归方程。如有微处理机装置，则按仪器说明用二点内标法进行定量。

本方法不能将β – 维生素 E 和γ – 维生素 E 分开，故γ – 维生素 E 峰中包含β – 维生素 E 峰。

3. **高效液相色谱分析**

（1）色谱条件（推荐条件）如下，预柱：ultrasphere ODS 10μm，4mm×4.5cm；分析柱：ultrasphere ODS 5μm，4.6mm×25cm；流动相: 甲醇:水 = 98:2，混匀，于临用前脱气；紫外检测器波长：300nm；量程0.02；进样量：20μL；流速：1.65 ~ 1.70mL/min。

（2）样品分析。

取样品浓缩液20μL，待绘制出色谱图及色谱参数后，再进行定性和定量。

定性：用标准物色谱峰的保留时间定性。

定量：根据色谱图求出某种维生素峰面积与内标物峰面积的比值，以此值在标准曲线上查到其含量，或用回归方程求出其含量。

五、结果计算

$$X = \frac{\rho \times V \times 100}{m \times 1\,000}$$

式中　X——某种维生素的含量，mg/100g；

ρ——由标准曲线上查到某种维生素含量，μg/mL；

V——样品浓缩定容体积，mL；

m——样品质量，g。

用微处理机二点内标法进行计算时，按其计算公式计算或由微机直接给出结果。结果的允许测定相对偏差绝对值≤10%。

六、思考题

（1）高效液相色谱法测定脂溶性维生素的条件是如何确定的？

（2）脂溶性维生素的种类及其生理功能。

实验六 叶绿素含量测定

一、实验目的

掌握分光光度法测定叶绿素含量的原理和方法。

二、实验原理

叶绿素含量测定是植物生理研究常做的实验之一，测定结果可为农作物的科学施肥或其他农业措施以及植物病理的诊断等提供科学依据。叶绿素含量测定可采用目视比色法和分光光度法，两者相比，后者比前者具有更高的精度，而且能在未经分离的情况下分别测定叶绿素 a、b 的含量。叶绿素总量以 Wintermans 及 DeMots（1965）提出的公式（$6.10 \times A_{665} + 20.04 \times A_{649}$）计算。

三、材料、器材与试剂

1. 材料

新鲜植物叶片。

2. 器材

研钵、分光光度计。

3. 试剂

（1）无水乙醇。

（2）95% 乙醇。

（3）50mmol／L 磷酸缓冲溶液（pH 6.8）。

四、实验操作

1. 叶绿素提取

取少量新鲜植物叶片，以 2mL 磷酸缓冲溶液（50mmol／L，pH 6.8）将其研磨成均质。吸取 40μL 上清液，注入 1.5mL Eppendorf 管中，再加入 960μL 无水乙醇，置于 4℃黑暗下 30min。然后于 4℃下以 1 000g 离心 15min，以分光光度计分别测定 665nm 和

649nm 波长处的吸光值，以 95% 乙醇做空白。

五、结果计算

$$叶绿素总量 = 6.10 \times A_{665} + 20.04 \times A_{649}$$

式中　A_{665}——665nm 处的吸光值；

A_{649}——649nm 处的吸光值。

叶绿素含量是以每克鲜重含有叶绿素的毫克数（mg/g）表示。

六、注意事项

叶绿素易被强光和热破坏，实验操作应在黑暗和低温条件下进行。

七、思考题

简述叶绿素在植物光合作用中的作用。

实验七　粗脂肪的提取和测定

一、实验目的

（1）学习和掌握索氏提取器提取脂肪的原理和方法。

（2）学习和掌握用重量分析法对粗脂肪进行定量测定。

二、实验原理

粗脂肪是指包括脂肪、游离脂肪酸、腊、磷脂、固醇及色素等脂溶性物质的总称。这类物质一般溶于乙醚、石油醚、苯及氯仿等，不溶于水或微溶于水。

索氏提取器由提取瓶、提取管、冷凝器三部分组成。索氏提取器装置见上图。提取时，将待测样品包在脱脂滤纸内，放入提取管内。提取管内加入无水乙醚。加热提取瓶，无水乙醚气化，由连接管上升进入冷凝器，凝成液体滴入提取管内，浸提样品中的脂类物质。待提取管内的无水乙醚液面达到一定高度，溶有粗脂肪的无水乙醚经虹吸管流入提取瓶。流入提取瓶的无水乙醚继续被加热气化、上升、冷凝，滴入提取管内，如此循环往复，直到抽提完全为止。

本实验利用乙醚在索氏提取器中提取样品中的脂肪，然后蒸发除去乙醚，干燥、称重，即可得样品中粗脂肪的百分含量。

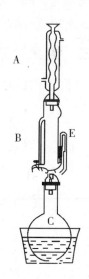

A—冷凝管；B—索氏提取器；C—圆底烧瓶；D—阀门；E—虹吸回流管

索氏提取器装置图

三、材料、器材与试剂

1. 材料
花生仁。

2. 器材
索氏提取器（50mL）、分析天平、烘箱、电加热板、脱脂滤纸、脱脂棉、镊子、烧杯。

3. 试剂
无水乙醚。

四、实验操作

1. 样品处理
将干净的花生仁放在 80 ～ 100℃烘箱中烘 4h。待冷却后，准确称取 2g，置于研钵中研磨细，将样品及擦拭研钵的脱脂棉一并用脱脂滤纸包扎好，勿使样品漏出。

2. 抽提
将洗净的索氏提取瓶在 105℃烘箱内烘干至恒重，记录重量。将无水乙醚加到提取瓶内，为瓶容积的 1/2 ～ 2/3，将样品包放入提取管内。把提取器各部分连接后，接口处不能漏气。用电热板加热回馏 2 ～ 4h。控制电热板的温度，每小时回馏 3 ～ 5 次为宜。直到滤纸检验提取管中的乙醚液无油迹为止。

提取完毕，取出滤纸包，再回馏一次，洗涤提取管。当提取管中的无水乙醚液面接近虹吸管口时，倒出无水乙醚。若提取瓶中仍有乙醚，继续蒸馏，直至提取瓶中无水乙醚完全蒸完。取下提取瓶，用吹风机在通风橱中将剩下的乙醚吹尽，再置入 105℃烘箱中烘干至恒重，记录重量。

五、结果计算

按下式计算样品中粗脂肪的百分含量：

$$粗脂肪的含量（\%）= \frac{(W - W_0)}{样品重量} \times 100\%$$

式中　W_0——接收瓶重；

　　　W——提取脂肪干燥后接收瓶重。

六、注意事项

（1）乙醚易燃、易爆，应注意规范操作。

（2）待测样品若是液体，应将一定体积的样品滴在脱脂滤纸上，在 60 ～ 80℃烘箱中烘干后，放入提取管内。

七、思考题

（1）做好本实验应注意哪些事项？

（2）索氏提取法为什么又称游离脂肪酸定量测定法？

实验八 中药杏仁脂质成分的定量测定

一、实验目的

掌握粗脂肪的定量测定法 —— 索氏提取法。

二、实验原理

杏仁是常用的止咳化痰中药,它是蔷薇科植物杏或山杏的干燥种子,味苦,其有效成分为苦杏仁苷,并含有约 50% 的脂肪。脂肪能溶于脂溶性有机溶剂。本实验用重量法,利用脂肪能溶于脂溶性溶剂这一特性,用脂溶性溶剂将脂肪提取出来,借蒸发除去脂溶性溶剂后称量。整个提取过程均在索氏提取器中进行。通常使用的脂溶性溶剂为乙醚或沸点为 30 ～ 60℃ 的石油醚。用此法提取的脂溶性物质除脂肪外,还含有游离脂肪酸、磷酸、固醇、芳香油及某些色素等,故称为"粗脂肪"。

有时为了观察某单味中药中脂溶性成分的生理功能,也用本装置来进行分离抽提。

三、材料、器材与试剂

1. 材料
中药杏仁。

2. 器材
粗脂肪测定仪、干燥箱和研钵。

3. 试剂
乙醚。

四、实验操作

(1)操作前准备。抽提筒用蒸馏水洗净,置干燥箱在 105℃ 下烘 1h,取出移入干燥缸内,冷却后称重,编号备用。

(2)样品准备。样品磨碎,称取 2 ～ 5g 在 105℃ 下烘 30min,趁热倒入研钵中,加入约 2g 脱脂细砂一同研磨。将试样和细砂研到出油状后,全部置入滤纸筒内(筒底塞一层脱脂棉,并在 105℃ 下烘 30min),用脱脂棉蘸少量乙醚拭净研钵上的试样和脂肪,并入滤纸筒内,最后再用脱脂棉塞入上部,压住试样。

(3)移动滑动球,把滤纸筒置入抽提筒内,使磁钢把过滤筒吸住,并观察滤纸筒是否在抽提筒上口对准下压紧圈的圆柱孔,两者平面须保持良好接触。

(4)在抽提筒内注入无水乙醚约 50mL,然后将抽提筒移至加热板上,调节位置使抽提筒上口对准下压紧圈的圆柱孔,两者平面须保持良好接触。

(5)开启电源,根据所需加热温度调节电加热旋钮到 60℃,显示屏上直接显示加热温度值。

（6）移动滑动球（上滑）使试样置入抽提筒内，此时滤纸筒底与抽提筒底接触，做到不使滤纸筒脱落，使试样完全浸入溶剂内浸泡。

（7）从溶剂挥发开始浸泡适当时间，然后将纸筒升高5cm进行抽提，约1h后再将滤纸筒提升1cm（最高位置），同时将冷凝管调旋塞完全关闭（即旋塞手柄位置与水平面平行），进行溶剂回收。

（8）将抽提筒从加热板上取出，置入恒温箱内，烘干水分，然后移入干燥缸内冷却后称重，计算含油量。

（9）使用完毕关闭电源，并保持机内干净。

五、实验记录

根据下表将实验结果分别填入并计算样品的粗脂肪百分含量。

样品重量/g	抽提筒重/g	抽提筒及脂肪重/g	脂肪重/g	粗脂肪含量/%

六、注意事项

（1）乙醚为易燃有机溶剂，实验室应保持通风并禁止任何明火。

（2）在抽提器的烧瓶中投入碎瓷片或玻璃珠数粒，以防止在抽提时暴沸。

（3）乙醚的沸点34.6℃，应控制电热器的温度不能过高，否则蒸发太快，易引起火灾。夏天该实验的溶剂最好改为石油醚（沸点为30～120℃）或乙醇（沸点为78.5℃），并且一定要在水浴锅上加热。

（4）蒸干乙醚要在特制的橱窗中进行，以免乙醚蒸气在空气中逸散太多。

（5）抽提后的溶剂要回收。

七、思考题

（1）本实验制备得到的是粗脂肪，若要制备单一组分的脂类成分，可用什么方法进一步处理？

（2）本实验样品制备时烘干为什么要避免过热？

（3）乙醚为什么不能蒸发太快？

实验九 脂肪的碱水解及组分鉴定

一、实验目的

（1）掌握脂肪的碱水解及组分鉴定方法。

（2）加深对脂肪组成的认识。

二、实验原理

中性脂肪为脂肪酸和甘油形成的酯。在酸、碱或酯酶的作用下可发生水解。如以碱作催化剂，产物是甘油和能溶于水的盐类（即皂），此过程即为皂化作用。皂用酸水解可产生不溶于水的脂肪酸。甘油与脱水剂（诸如 P_2O_5、$CaCl_2$、$KHSO_4$、无水 Na_2SO_4）共热，或单独加热到 450℃ 以上时可脱水形成丙烯醛，它具有特殊气味，可辨别。丙烯醛可将银离子还原成金属银。

化学反应式如下：

$$
\begin{array}{l}
CH_2-O-\overset{\displaystyle O}{\overset{\displaystyle \|}{C}}-R^1 \\
CH_2-O-\overset{\displaystyle O}{\overset{\displaystyle \|}{C}}-R^2 \quad +3NaNO \longrightarrow \quad
\begin{array}{l} CH_2-OH \\ CH_2-OH \\ CH_2-OH \end{array}
\; + \;
\left\{
\begin{array}{l} R^1COONa \\ R^2COONa \\ R^3COONa \end{array}
\right. \\
CH_2-O-\overset{\displaystyle O}{\overset{\displaystyle \|}{C}}-R^3
\end{array}
$$

$$RCOONa + HCl \longrightarrow R-COOH + NaCl$$

$$
\begin{array}{l} CH_2-OH \\ CH_2-OH \\ CH_2-OH \end{array}
\xrightarrow[\Delta]{KHSO_4}
\begin{array}{l} CHO \\ CH \\ CH \end{array}
\uparrow \; + 2H_2O
$$

三、材料、器材与试剂

1. 材料

脂肪（猪油或其他脂肪）。

2. 器材

漏斗、锥形瓶、蒸发皿、沸水浴锅。

3. 试剂

（1）95% 乙醇。

（2）浓盐酸。

（3）乙醚。

（4）苯。

（5）氯化钙。

（6）甘油。

（7）400g／L NaOH 溶液。

（8）$AgNO_3$ 溶液。

（9）石蕊试纸。

（10）0.5mol／L NaOH – 乙醇溶液：将 2g NaOH 溶于 100mL 无水乙醇。

四、操作方法

1. 皂化作用

取 0.7g 猪油（液体约 30 滴）于 100mL 锥形瓶中，加 10mL 0.5mol/L NaOH-乙醇溶液，在瓶口上插一小漏斗，漏斗上再盖一块玻璃，然后在沸水浴中加热约 1h。反应完成后移去漏斗，继续加热除去乙醇。再加入 10mL 蒸馏水，加热，使皂化物溶解成混合液。

2. 脂肪酸与甘油的分离

在上述溶液中加浓盐酸（约 5mL）使之呈酸性，加热，可见脂肪酸呈油状浮于上层时，用分液漏斗分开上下层。上层用热水重复洗涤三次，每次用水 100mL，除去混杂于脂肪中的无机盐、甘油、盐酸等，静置澄清，上清液即为脂肪酸。

下层（即水层）置蒸发皿中于蒸汽浴上蒸干，加入少量乙醇（5～10mL），再蒸干，残留物大部分为 NaCl 及少量甘油，用 35mL 乙醇分 3 次提取并略加热以助提取完全，合并 3 次所得提取液，置蒸发皿内，在水浴上蒸发至浆状。

3. 甘油的鉴定及脂肪酸的性质

取分离出的甘油少许于试管中，加少量 $CaCl_2$ 或 $KHSO_4$ 混匀。小心加热，注意气味变化。或取一滤纸条，滴上数滴 $AgNO_3$ 液及数滴氨水，将滤纸条挂在试管口，注意气味及滤纸的变化。取分离出的脂肪酸置烘箱中于 90～95℃ 干燥，检验脂肪酸在水、乙醚及苯中的溶解度。再取一点脂肪酸用 95% 乙醇溶解，用石蕊试纸检验其酸碱性。

五、思考题

还有哪些方法可用于脂肪的水解和组成的鉴定？试设计两种其他不同的方法。

实验十　脂肪酸值的测定——碱滴定法

一、实验目的

学习并掌握脂肪酸值的测定原理和方法。

二、实验原理

在室温下用无水乙醇提取玉米中的脂肪酸，用标准 KOH 溶液滴定，计算脂肪酸值。脂肪酸值以中和 100g 干物质试样中游离脂肪酸所需 KOH 毫克数表示。

三、器材与试剂

1. 器材

具塞磨口锥形瓶（250mL）、移液管（50mL，25mL）、微量滴定管（5mL，10mL）、天平（感量为 0.01g 以上）、振荡器、粉碎机（锤式旋风磨，具有风门可调和自清理功能，以避免样品残留和出样管堵塞）、电动粉筛（按 GB/T 5507 要求）、玻璃短颈漏斗、中速定性滤纸、锥形瓶（150mL）。

2. **试剂**（仅使用分析纯试剂）。

（1）无水乙醇。

（2）酚酞 - 乙醇溶液（10g/L）：1.0g 酚酞溶于 100mL 95% 的乙醇中。

（3）不含 CO_2 的蒸馏水：将蒸馏水烧沸，加盖冷却。

（4）0.5mol/L 的 KOH 标准储备液的配制：称取 28g KOH，置于聚乙烯容器中，先加入少量无 CO_2 的蒸馏水（约 20mL）溶解，再将其稀释至 1000mL，密闭放置 24h。吸取上层清液至另一聚乙烯瓶中备用。

（5）0.5mol/L 的 KOH 标准储备液的标定：称取在 105℃下烘干 2h 并在干燥器中冷却后的邻苯二钾酸氢钾 2.04g（精确到 0.0 001g），溶于 50mL 不含 CO_2 的蒸馏水中，滴加酚酞 - 乙醇指示剂 3 ~ 5 滴，用配制的 KOH 标准储备液滴定至微红色，以 30s 不褪色为终点，记下所耗 KOH 标准储备液的毫升数（V_1），同时做空白试验（不加邻苯二钾酸氢钾，同上操作），记下所耗 KOH 标准储备液的毫升数（V_0），按下式计算 KOH 标准储备液浓度（KOH 标准储备液按要求定时复标）：

$$c \text{（KOH）} = \frac{1000 \times m}{(V_1 - V_0) \times 204.22}$$

式中 c（KOH）——KOH 标准储备液浓度，mol/L；

$\quad\quad m$——称取邻苯二钾酸氢钾的质量，g；

$\quad\quad V_1$——滴定所耗 KOH 标准储备液体积，mL；

$\quad\quad V_0$——滴定空白试验所消耗 KOH 标准储备液体积，mL；

$\quad\quad$数值 204.22——邻苯二钾酸氢钾的摩尔质量，g/mol。

（6）0.01mol/L KOH - 95% 乙醇标准滴定溶液：准确移取 20mL KOH 标准储备液，用 95% 乙醇稀释定容至 1 000mL，盛放于聚乙烯塑料瓶中。邻用前稀释（稀释用的乙醇应事先调整为中性）。

四、操作方法

1. **试样制备**

（1）取混合均匀的玉米样品 80 ~ 100g，用锤式旋风磨粉碎，要求粉碎细度能一次达到 95% 以上，过 CQ16（相当于 40 目）筛，粉碎样品充分混合后（筛下的筛分样品）装入磨口瓶中备用。

（2）称取制备试样约 10g（精确到 0.01g），放于 250mL 具塞磨口锥形瓶中，并用移液管准确加入 50mL 无水乙醇后，置往返式振荡器上振摇 30min，振荡频率为 100 次/min。静置 1 ~ 2min，在玻璃漏斗中放入折叠式的滤纸过滤，并加盖滤纸。弃去最初几滴滤液，收集滤液 25mL 以上。

2. **测定**

精确移取 25.0mL 滤液于 150mL 锥形瓶中，加 50mL 不含 CO_2 的蒸馏水，滴加 3 ~ 4 滴酚酞 - 乙醇指示剂后，用 0.01mol/L 的 KOH - 95% 乙醇标准滴定溶液滴定至微红色，以 30s 不褪色为终点，记下耗用的 KOH -95% 乙醇溶液体积（V_1）。

注意：样品提取后一定要及时滴定。滴定应在散射阳光或日光型日光灯下对着光源方向进行；提取液颜色较深，滴定终点不易判定时，可用已加入去 CO_2 蒸馏水后尚未滴定的提取液作参照，当被滴定液颜色与参照液相比有色差时，即可视为已到滴定终点。若参照上述比色法，仍无法准确判定滴定终点时，可在滤纸锥头放入 0.5g 粉末活性炭，褪色后滴定。

3. 空白试验

取 25.0mL 无水乙醇置于 150mL 锥形瓶中，加 50mL 不含 CO_2 的蒸馏水，滴加 3 ～ 4 滴酚酞 - 乙醇指示剂，用 0.01mol /L 的 KOH -95% 乙醇溶液滴定至微红色，以 30s 不褪色为终点，记下耗用的 KOH -95% 乙醇溶液体积（V_0）。

五、结果计算

$$脂肪酸值（KOH\ mg/100g\ 干试样）= （V_1 - V_0）\times c \times 56.1 \times \frac{50}{25} \times \frac{100}{m \times （100 - \omega）} \times 100$$

$$= \frac{11\ 220 \times （V_1 - V_0）\times c}{m} \times \frac{100}{100 - \omega}$$

式中　V_1——滴定试样所耗 KOH -95% 乙醇溶液体积，mL；

　　　V_0——滴定空白试验所耗 KOH -95% 乙醇溶液体积，mL；

　　　c——KOH 的浓度数值，0.01mol /L；

　　　数值 50——提取试样用无水乙醇的体积，mL；

　　　数值 25——用于滴定的滤液的体积，mL；

　　　数值 100——换算为 100g（干）试样的质量，g；

　　　m——试样的质量，g；

　　　ω——试样中水的质量分数，即每 100g 试样中含水分的质量，g。

六、注意事项

（1）用测定脂肪酸值的同一粉碎样品，按 GB/T 5497 中 105℃恒重法测定样品水分含量，计算脂肪酸值干基结果。此水分含量结果不得作为样品水分含量结果报告。

（2）同一分析者对同一试样同时进行两次测定，结果差值应不超过 2 mg 的 KOH/100g。

七、思考题

（1）粉碎样品为什么要选用锤式旋风磨？粉碎样品时合理调节风门大小，并控制进样量，防止和减少出料管留存样品的目的是什么？

（2）脂肪的酸值与油脂样品的质量关系是什么？

（3）实验用水为什么要强调是不含 CO_2 的蒸馏水？

实验十一　脂肪碘值的测定

一、实验目的

（1）掌握测定脂肪碘值的原理和操作方法。

（2）了解测定脂肪碘值的意义。

二、实验原理

不饱和脂肪酸碳链上含有不饱和键，可与卤素（氯、溴、碘）进行加成反应。不饱和键数目越多，加成的卤素量也越多，通常以"碘值"表示。在一定条件下，每100g脂肪所吸收碘的克数称为该脂肪的"碘值"。碘值越高，表明不饱和脂肪酸的浓度越高，它是鉴定和鉴别油脂的一个重要常数。

碘与脂肪的加成反应很慢，而氯及溴与脂肪的加成反应快，但常有取代和氧化等副反应。本实验使用溴化碘（IBr）进行碘值的测定，这种试剂稳定，测定的结果接近理论值。IBr的一部分与油脂的不饱和脂肪酸起加成作用，剩余部分与碘化钾作用放出碘，放出的碘用硫代硫酸钠滴定。实验时取样多少取决于油脂样品的碘值。可参考表1与表2。

表1　样品最适量和碘值的关系

碘值/g	<30	30～60	60～100	100～140	140～160	160～210
样品数/g	约1.1	0.5～0.6	0.3～0.4	0.2～0.3	0.15～0.26	0.13～0.15
作用时间/h	0.5	0.5	0.5	1.0	1.0	1.0

表2　几种油脂的碘值

名称	亚麻籽油	鱼肝油	棉籽油	花生油	猪油	牛油
碘值/g	175～210	154～170	104～110	85～100	48～64	25～41

三、材料、器材与试剂

1. 材料

花生油或猪油。

2. 器材

碘瓶（或带玻璃塞的锥形瓶）、棕色和无色滴定管各1支、吸量管、量筒、分析天平。

3. 试剂

（1）溴化碘溶液：称取12.2g碘，放入1 500mL锥形瓶内，缓慢加入1 000mL冰乙酸（99.5%），边加边摇，同时略温热，使碘溶解。冷却后，加溴约3mL。

注意：所用冰乙酸不应含有还原性物质。检查方法：取2mL冰乙酸，加少许重铬酸钾及硫酸，若呈绿色，则证明有还原性物质存在。

（2）0.1 mol/L标准硫代硫酸钠溶液：取结晶硫代硫酸钠50g，溶在经煮沸后冷却的蒸馏水（无CO_2存在）中。添加硼砂7.6g或氢氧化钠1.6g（硫代硫酸钠溶液在pH 9～10时最稳定）。稀释到2000mL后，用标准0.05mol/L碘酸钾溶液按下法标定：准确量取0.05mol/L碘酸钾溶液20mL、10%碘化钾溶液10mL和0.5mol/L硫酸20mL，混合均匀。以1%淀粉溶液作指示剂，用硫代硫酸钠溶液进行标定。按下面所列反应式计算硫代硫酸钠溶液的浓度。

$$3H_2SO_4 + 5KI + KIO_3 \Longrightarrow 3K_2SO_4 + 3H_2O + 3I_2$$
$$I_2 + 2Na_2S_2O_3 \Longrightarrow 2NaI + Na_2S_4O_6$$

（3）纯四氯化碳。

（4）1%淀粉溶液（溶于饱和氯化钠溶液中）。

（5）10%碘化钾溶液。

四、实验操作

（1）准确称取0.3～0.4g花生油（或者约0.5g猪油）两份，置于两个干燥的碘瓶内，切勿使油粘在瓶颈或壁上。加入10 mL四氯化碳，轻轻摇动，使油全部溶解。用滴定管仔细地加入25 mL溴化碘溶液，封闭缝隙，以防止碘升华溢出造成测定误差。然后，在20～30℃暗处放置30min。根据经验，测定碘值在110以下的油脂时放置30min，碘值高于此值时则需放置1h，放置温度应保持在20℃以上，若温度过低，放置时间应增至2h。放置期间应不时轻轻摇动。卤素的加成反应是可逆反应，只有在卤素绝对过量时，该反应才能进行完全。所以油吸收的碘量不应超过溴化碘溶液所含之碘量的一半，若瓶内混合物的颜色很浅，表示花生油用量过多，应再称取少量的油，重做。

（2）放置30min后，立刻小心打开玻璃塞，使塞旁碘化钾溶液流入瓶内，切勿丢失。用新配制的10%碘化钾10 mL和蒸馏水50 mL把玻璃塞上和瓶颈上的液体冲入瓶内，混匀。用0.1mol/L $Na_2S_2O_3$溶液迅速滴定至瓶内溶液呈浅黄色。加入1%淀粉约1 mL，继续滴定。接近终点时，用力振荡，使碘由四氯化碳全部进入水溶液内。再滴至蓝色消失为止，即达到滴定终点。

（3）滴定完毕放置一些时间后，滴定液应返回蓝色，否则就表示滴定过量（为什么？）。

（4）另做两份空白对照，除不加油样品外，其余操作同上。滴定后，将废液倒入废液瓶，以便回收四氯化碳。

五、结果计算

碘值表示100g脂肪所能吸收的碘的质量，因此样品的碘值计算如下：

$$碘值 = \frac{(V_1 - V_2) \times T \times 100}{m}$$

式中　V_1——滴定空白用去的硫代硫酸钠溶液的体积，mL；

　　　V_2——滴定样品用去的硫代硫酸钠溶液的体积，mL；

　　　m——样品质量，g；

　　　T——与 1mL 0.1mol/L $Na_2S_2O_3$ 溶液相当的碘的质量，g。

在本实验中

$$T = \frac{0.1 \times 126.9}{1\,000} = 0.01\,269 \ （g/mL）$$

测定脂肪酸和其他脂类物质的碘值时，操作方法完全相同。

六、注意事项

（1）碘瓶必须洁净、干燥，否则瓶中含有水分，会引起反应不完全。

（2）加碘试剂后，如发现碘瓶中颜色变为浅褐色时，表明试剂不够，必须再添加 10～15 mL 试剂。

（3）如加入碘试剂后，液体变浊，这表明油脂在四氯化碳中溶解不完全，可再加些四氯化碳。

（4）将近滴定终点时，用力振荡是滴定成败的关键之一，否则容易滴过头或不足。如果振荡不够，四氯化碳层呈现紫色或红色，此时需继续用力振荡使碘全部进入水层。

（5）淀粉溶液不宜加得过早，否则滴定值偏高。

实验十二　血清胆固醇的测定

Ⅰ　化学比色法

一、实验目的

学习胆固醇的测定方法和原理。

二、实验原理

总胆固醇（包括游离胆固醇和胆固醇酯）测定有化学比色法和酶法两类，本实验采用化学比色法。血清经无水乙醇处理后，蛋白质被沉淀，胆固醇则溶于其中。在乙醇提取液中加磷硫铁试剂，胆固醇与磷硫铁试剂产生紫红色化合物，颜色的深浅与胆固醇总量成正比，可用分光光度法测定。

三、器材与试剂

1. 器材
离心机、离心管、试管、刻度吸量管（1mL，5mL）、分光光度计。

2. 试剂
（1）10% 的三氯化铁溶液：将 10g $FeCl_3 \cdot 6H_2O$ 溶于磷酸中，定容至 100mL，储存

于棕色瓶中进行冷藏，可使用一年。

（2）磷硫铁试剂（P-S-Fe试剂）：取10%的氯化铁溶液1.5mL于100mL棕色容量瓶内，加浓硫酸定容至刻度。

（3）胆固醇标准储备液：准确称取胆固醇80mg，溶于无水乙醇中，定容至100mL。

（4）胆固醇标准溶液：将储备液用无水乙醇稀释10倍。此标准液每毫升含0.08mg胆固醇。

四、实验操作

（1）吸取0.1mL血清置于干燥的离心管中，先加无水乙醇0.4mL，摇匀后再加无水乙醇2.0mL摇匀，10min后离心（3000r/min，5min），取上层清液备用。

（2）取3支干燥试管，编号，分别加入无水乙醇1.0mL（空白管）、胆固醇标准液1.0mL（标准管）、上述乙醇提取液1.0mL（样品管），各管皆加入磷硫铁试剂1.0mL，摇匀，10min后，分别转移至0.5cm光径的比色皿内，用分光光度计在560nm波长下比色。

五、结果计算

$$100g\ 样品中血清胆固醇含量 = \frac{A_2}{A_1} \times \frac{0.08 \times 100}{0.04} = \frac{A_2}{A_1} \times 200$$

式中　A_1——标准液的吸光度；

　　　A_2——样品液的吸光度。

人血清胆固醇的正常含量为110～220mg/dL（2.8～5.7mmol/L）。

六、思考题

计算公式中的0.08和0.04各代表什么意义？

Ⅱ　酶法

一、实验目的

（1）了解胆固醇氧化酶法测定血清胆固醇的原理，能进行血清胆固醇测定的操作。

（2）掌握血清胆固醇测定的临床意义。

二、实验原理

血清中总胆固醇（TC）包括胆固醇酯（CE）和游离胆固醇（FC），其中胆固醇酯占70%，游离型胆固醇占30%。胆固醇酯酶（CEH）先将胆固醇酯水解为胆固醇和游离脂肪酸（FFA），胆固醇在胆固醇氧化酶（COD）的作用下氧化生成Δ4-胆甾烯酮和过氧化氢。过氧化氢经过氧化物酶（POD）催化与4-氨基安替比林（4-AAP）和苯酚反应，生成红色的醌亚胺，其颜色深浅与胆固醇的含量成正比，在500nm波长处测定吸光度，与标准管比较可计算出血清胆固醇的含量。其反应式如下：

$$胆固醇酯 \xrightarrow{CEH} 胆固醇 + 脂肪酸$$

$$胆固醇 + O_2 \xrightarrow{COD} \Delta4 - 胆甾烯酮 + H_2O_2$$

$$2H_2O_2 + 4 - 氨基安替比林 + 苯酚 \xrightarrow{POD} 醌亚胺$$

三、器材与试剂

1. 器材

试管、刻度吸量管（2mL）、试管架、微量加样器、恒温水浴箱、分光光度计等。

2. 试剂

酶法测定胆固醇多采用市售试剂盒。

（1）酶应用液。胆固醇酶试剂的组成为：pH 为 6.7 的磷酸盐缓冲液（50 mmol /L）、胆固醇酯酶（≥200 U/L）、胆固醇氧化酶（≥100 U/L）、过氧化物酶（≥3000 U/L）、4 - 氨基安替比林（0.3 mol /L）、苯酚（5 mmol /L）。此外还含有胆酸钠和 Triton X - 100，胆酸钠是胆固醇酯酶的激活剂，表面活性剂 Triton X - 100 能促进脂蛋白释放胆固醇和胆固醇酯，有利于胆固醇酯的水解。

（2）5.17mmol /L（200mg /dL）胆固醇标准液。精确称取胆固醇 200mg 溶于无水乙醇，移入 100mL 容量瓶中，用无水乙醇稀释至刻度（也可用异丙醇等配制）。

四、操作方法

（1）取试管 3 支，编号，按下表操作。

加入物	测定管	标准管	空白管
血清/mL	0.02	—	—
胆固醇标准液/mL	—	0.02	—
蒸馏水/mL	—	—	0.02
酶应用液/mL	2.00	2.00	2.00

（2）混匀后，在 37℃ 水浴保温 15min，在 500nm 波长处比色，以空白管调零，读取各管的吸光度。

五、结果计算

$$血清胆固醇（mmol /L）= \frac{测定管吸光度}{标准管吸光度} \times 5.17$$

六、思考题

实验中需要哪几种酶参与，各有什么作用？

实验十三　蛋白质的基本性质

Ⅰ　蛋白质的两性反应和等电点的测定

一、实验目的

（1）了解蛋白质的两性解离性质。

（2）学习测定蛋白质等电点的方法。

二、实验原理

蛋白质分子是由氨基酸组成的，而氨基酸带有可解离的氨基（—NH$_3^+$）和羧基（—COOH$^-$），是典型的两性电解质。蛋白质分子中虽然绝大多数的氨基与羧基成肽键结合，但总有一定数量自由的氨基与羧基，以及酚基、胍基、咪唑基等酸碱基团。因此，蛋白质和氨基酸一样是两性电解质，在一定的 pH 条件下就会解离而带电。带电的性质和多少取决于蛋白质分子的性质、溶液的 pH 和离子强度。在蛋白质溶液中存在下列平衡：

$$\underset{\substack{\text{阳离子}\\ \text{pH} < \text{pI}}}{\begin{array}{c}\text{COOH}\\ | \\ H_3N^+\!\!-\!\!C\!\!-\!\!H \\ | \\ R\end{array}} \underset{\overrightarrow{OH^-}}{\overset{H^+}{\rightleftharpoons}} \underset{\substack{\text{两性离子}\\ \text{pH} = \text{pI}}}{\begin{array}{c}\text{COO}^-\\ | \\ H_3N^+\!\!-\!\!C\!\!-\!\!H \\ | \\ R\end{array}} \underset{\overrightarrow{OH^-}}{\overset{H^+}{\rightleftharpoons}} \underset{\substack{\text{阴离子}\\ \text{pH} > \text{pI}}}{\begin{array}{c}\text{COO}^-\\ | \\ H_3N^+\!\!-\!\!C\!\!-\!\!H \\ | \\ R\end{array}}$$

电场中：　　　移向阴极　　　　　　　不移动　　　　　　　移向阳极

蛋白质分子的解离状态和解离程度受溶液的酸碱度影响。当调节溶液的 pH 达到一定的数值时，蛋白质分子所带正、负电荷的数目相等，以兼性离子状态存在，在电场中，该蛋白质分子既不向阴极移动，也不向阳极移动，此时溶液的 pH 称为该蛋白质的等电点（pI）。当溶液的 pH 低于蛋白质的等电点时，蛋白质分子带正电荷，为阳离子；当溶液的 pH 高于蛋白质的等电点时，蛋白质分子带负电荷，为阴离子。

在等电点，蛋白质的物理性质如导电性、溶解度、黏度、渗透压等都降低，可利用这些性质的变化测定各种蛋白质的等电点，最常用的方法是测其溶解度最低时的溶液 pH。本实验采用蛋白质在不同 pH 溶液中形成的溶解度变化和指示剂显色变化观察其两性解离现象，并从所形成的蛋白质溶液混浊度来确定其等电点，即混浊度最大时的 pH 即为该种蛋白质的等电点值。

不同蛋白质各有其特异的等电点，其中偏酸性的较多，如牛乳蛋白的等电点是 4.7～4.8；血红蛋白质的等电点为 6.7～6.8；胰岛素的等电点是 5.3～5.4；鱼精蛋白是一个典型的碱性蛋白，其等电点在 12.0～12.4 之间。

三、材料、器材与试剂

1. 材料

酪蛋白。

2. 器材

试管及试管架、滴管、吸量管。

3. 试剂

（1）0.5% 的酪蛋白溶液（以 0.01mol/L NaOH 溶液做溶剂）。

（2）酪蛋白乙酸钠溶液：称取酪蛋白 3g，放在烧杯中，加入 0.1mol/L NaOH 溶液 10mL，微热搅拌直到蛋白质完全溶解为止。将溶解好的蛋白质溶液转移到 500mL 的容量瓶中，并用少量蒸馏水洗净烧杯，一并倒入容量瓶中，再加入 1.0mol/L 乙酸 50mL，摇匀，用蒸馏水定容至 500mL，塞紧瓶塞，混匀，溶液略呈混浊，此液即为溶解于 0.1mol/L 乙酸钠溶液中的酪蛋白胶体。

（3）0.01% 溴甲酚绿指示剂（变色 pH 范围：3.6～5.2）。

（4）0.02mol/L HCl 溶液。

（5）0.02mol/L NaOH 溶液；1.0mol/L NaOH 溶液。

（6）0.01mol/L 乙酸溶液；0.1mol/L 乙酸溶液；1.0mol/L 乙酸溶液。

四、实验操作

1. 蛋白质的两性反应

（1）取 1 支试管，加 0.5% 酪蛋白溶液 20 滴和 0.01% 溴甲酚绿指示剂 5～7 滴，混匀，观察溶液呈现的颜色，并说明原因。

（2）用细滴管缓慢加入 0.02mol/L HCl 溶液，随滴随摇，直至有明显的大量沉淀产生，此时溶液的 pH 接近酪蛋白的等电点，观察溶液颜色变化。

（3）继续滴入 0.02mol/L HCl 溶液，观察沉淀和溶液颜色的变化，并说明原因。

（4）再滴入 0.02mol/L NaOH 溶液进行中和，观察是否出现沉淀，解释原因；继续滴入 0.02mol/L NaOH 溶液，观察现象和溶液的颜色变化，并说明原因。

2. 蛋白质等电点的测定

取 5 支试管，按下表顺序依次向各管中加入试剂（注意要准确），加入后立即摇匀。观察各管产生的混浊度，并根据混浊度来判断酪蛋白的等电点，混浊度可用 +，＋＋，＋＋＋ 表示。

（用量：mL）

管号	酪蛋白乙酸钠溶液	H₂O	0.01mol/L 乙酸溶液	0.1mol/L 乙酸溶液	1.0mol/L 乙酸溶液	pH	混浊程度
1	1.00	3.38	0.62			5.9	
2	1.00	3.75		0.25		5.3	
3	1.00	3.00		1.00		4.7	
4	1.00			4.00		4.1	
5	1.00	2.40			1.60	3.5	

五、思考题

做好本实验的关键是什么?

Ⅱ　蛋白质的沉淀、变性反应

一、实验目的

(1) 了解蛋白质的沉淀反应、变性作用和凝固作用的原理及它们的相互关系。
(2) 学习盐析和透析等生物化学操作技术。

二、实验原理

蛋白质分子在水溶液中,由于其表面形成了水化层和双电层而成为稳定的胶体颗粒,所以蛋白质溶液和其他亲水胶体溶液相似。但是,在一定的物理化学因素影响下,由于蛋白质胶体颗粒的稳定条件被破坏,如失去电荷、脱水,甚至变性,而以固态形式从溶液中析出,这个过程称为蛋白质的沉淀反应。这种反应分为可逆沉淀反应和不可逆沉淀反应两种类型。

可逆沉淀反应——蛋白质虽然已经沉淀析出,但它的分子内部结构并未发生显著变化,如果把引起沉淀的因素去除后,沉淀的蛋白质能重新溶于原来的溶剂中,并保持其原有的天然结构和性质。利用蛋白质的盐析作用和等电点作用,以及在低温下,乙醇、丙酮短时间对蛋白质的作用产生的蛋白质沉淀都属于这一类沉淀反应。

不可逆沉淀反应——蛋白质发生沉淀时,其分子内部结构空间构象遭到破坏,蛋白质分子由规则性的结构变为无秩序的伸展肽链,使原有的天然性丧失,这时蛋白质已发生变性。这种变性蛋白质的沉淀已不能再溶解于原来的溶剂中。

引起蛋白质变性的因素有重金属盐、植物碱试剂、强酸、强碱、有机溶剂等化学因素,以及加热、振荡、超声波、紫外线、X-射线等物理因素。它们都能因破坏了蛋白质的氢键、离子键等次级键而使蛋白质发生不可逆沉淀反应。

天然蛋白质变性后,变性蛋白质分子相互凝聚或相互穿插缠绕在一起的现象称为蛋白质凝固。凝固作用分为两个阶段:首先是变性;其次是失去规律性的肽链聚集缠绕在一起而凝固或结絮。几乎所有的蛋白质都会因加热变性而凝固变成不可逆的不溶状态。

三、材料、器材与试剂

1. 材料
鸡蛋或鸭蛋。

2. 器材
试管及试管架、小玻璃漏斗、滤纸、透析袋、玻璃棒、烧杯、量筒、100℃恒温水浴锅、线绳或透析袋夹。

3. 试剂
(1) 蛋白质溶液:取5mL鸡蛋清或鸭蛋清,用蒸馏水稀释至100mL,搅拌均匀后用 4 ～ 6 层纱布过滤，新鲜配制。

（2）蛋白质氯化钠溶液：取 20mL 蛋清，加蒸馏水 200mL 和饱和氯化钠溶液 100mL，充分搅匀后，以纱布滤去不溶物（加入氯化钠的目的是溶解球蛋白）。

（3）硫酸铵粉末。

（4）饱和硫酸铵溶液。

（5）3% 硝酸银溶液。

（6）0.5% 乙酸铅溶液。

（7）10% 三氯乙酸溶液。

（8）浓盐酸。

（9）浓硫酸。

（10）浓硝酸。

（11）5% 磺基水杨酸溶液。

（12）0.1% 硫酸铜溶液。

（13）饱和硫酸铜溶液。

（14）0.1% 乙酸溶液。

（15）10% 乙酸溶液。

（16）饱和氯化钠溶液。

（17）10% 氢氧化钠溶液。

（18）95% 乙醇。

四、实验操作

1. 蛋白质的盐析作用

用大量中性盐使蛋白质从溶液中沉淀析出的过程称为蛋白质的盐析作用。蛋白质是亲水胶体，蛋白质溶液在高浓度中性盐的影响下，蛋白质分子被中性盐脱去水化层，同时所带的电荷被中和，结果蛋白质的胶体稳定性遭到破坏而沉淀析出。析出的蛋白质仍保持其天然性质，当降低盐的浓度时，还能溶解。因此，蛋白质的盐析作用是可逆的过程。

沉淀不同的蛋白质所需中性盐的浓度不同；而沉淀相同蛋白质，因使用中性盐不同所需的盐浓度也有差异。例如，向含有清蛋白和球蛋白的鸡蛋清溶液中加入硫酸镁和氯化钠至饱和，则球蛋白沉淀析出；加硫酸铵至饱和，则清蛋白沉淀析出。另外，在等电点时，清蛋白可被饱和硫酸镁或氯化钠或半饱和的硫酸铵溶液沉淀析出。所以不同条件下，用不同浓度的盐类可将各种蛋白质从混合溶液中分别沉淀析出，该法称为蛋白质的分级盐析，并在提纯蛋白质时常被应用。

取 1 支试管，加入 3mL 蛋白质氯化钠溶液和 3mL 饱和硫酸铵溶液，混匀，静置约 10min，则球蛋白沉淀析出，过滤后滤液中加入硫酸铵粉末，边加边用玻璃棒搅拌，直至粉末不再溶解，达到饱和为止，此时析出的沉淀为清蛋白。静置，倒去上部清液，取出部分清蛋白沉淀，加水稀释，观察它是否溶解，留存部分做透析用。

2. 重金属盐沉淀蛋白质

重金属盐类易与蛋白质结合成稳定的沉淀而析出。蛋白质在水溶液中是酸碱两性电解质，在碱性溶液中（对蛋白质的等电点而言），蛋白质分子带负电荷，能与带正电荷的金属离子结合成蛋白质盐，当加入汞、铅、铜、银等重金属盐时，蛋白质形成不溶性的盐类而沉淀，并且这种蛋白质沉淀不再溶解于水中，说明它已经发生了变性。

重金属盐类沉淀蛋白质的反应通常很完全，因此在生化分析中，常用重金属盐除去体液中的蛋白质；在临床上用蛋白质解除重金属盐的食物性中毒。但应注意，使用乙酸铅或硫酸铜沉淀蛋白质时，试剂不可加过量，否则会使沉淀析出的蛋白质重新溶解。

取 3 支试管，各加入约 1mL 蛋白质溶液，分别加入 3% 硝酸银溶液 3～4 滴，0.5% 乙酸铅溶液 1～3 滴和 0.1% 硫酸铜溶液 3～4 滴，观察沉淀的生成。第 1 支试管的沉淀留作透析用，向第 2、3 支试管再分别加入过量的乙酸铅和饱和硫酸铜溶液，观察沉淀的再溶解。

3. 无机酸沉淀蛋白质

浓无机酸（除磷酸外）都能使蛋白质发生不可逆沉淀反应。这种沉淀作用可能是蛋白质颗粒脱水的结果。过量的无机酸（硝酸除外）可使沉淀出的蛋白质重新溶解。临床诊断上，常利用硝酸沉淀蛋白质的反应检查尿中蛋白质的存在。

取 3 支试管，分别加入浓盐酸 15 滴，浓硫酸、浓硝酸各 10 滴。小心地向 3 支试管中沿管壁加入蛋白质溶液 6 滴，不要摇动，观察各管内两液面处有白色环状蛋白质沉淀出现。然后，摇动每个试管，蛋白质沉淀应在过量的盐酸及硫酸中溶解。在含硝酸的试管中，虽经振荡，蛋白质沉淀也不溶解。

4. 有机酸沉淀蛋白质

有机酸能沉淀蛋白质。在酸性溶液中（对蛋白质的等电点而言），蛋白质分子带正电荷，能与带负电荷的酸根结合，生成不溶性蛋白质盐复合物而沉淀。三氯乙酸和磺基水杨酸是沉淀蛋白质最有效的两种有机酸。

取 2 支试管，各加入蛋白质溶液约 0.5mL，然后分别滴加 10% 三氯乙酸溶液和 5% 磺基水杨酸溶液各数滴，观察蛋白质的沉淀。

5. 有机溶剂沉淀蛋白质

乙醇、丙酮都是脱水剂，能破坏蛋白质胶体颗粒的水化层，而使蛋白质沉淀。低温时，用乙醇（或丙酮）短时间对蛋白质的作用，还可保持蛋白质原有的生物活性；但用乙醇进行较长时间的脱水会使蛋白质变性沉淀。

取 1 支试管，加入蛋白质氯化钠溶液 1mL，再加入 95% 乙醇 2mL，混匀，观察蛋白质的沉淀。

6. 加热沉淀蛋白质

蛋白质可因加热变性而凝固，然而盐浓度和氢离子浓度对蛋白质加热凝固有着重要影响。少量盐类能促进蛋白质的加热凝固；当蛋白质处于等电点时，加热凝固最完全、最迅速；在酸性或碱性溶液中，蛋白质分子带有正电荷或负电荷，虽加热蛋白质也不会凝固；若同时有足量的中性盐存在，则蛋白质可因加热而凝固。

取 5 支试管，编号，按下表加入有关试剂。

（单位：滴）

管号 \ 试剂	蛋白质溶液	0.1% 乙酸溶液	10%乙酸溶液	饱和氯化钠溶液	10%氯化钠溶液	蒸馏水
1	10	—	—	—	—	7
2	10	5	—	—	—	2
3	10	—	5	—	—	2
4	10	—	5	2	—	—
5	10	—	—	—	2	5

　　将第3、4、5号管继续分别加入过量的酸或碱，观察它们发生的现象。然后，用过量的酸或碱中和第3、5号管，100℃水浴保温10min，观察沉淀变化，检查这种沉淀是否溶于过量的酸或碱中，并解释实验结果。

　　7. 蛋白质可逆沉淀与不可逆沉淀的比较

　　（1）在蛋白质可逆沉淀反应中，将用硫酸铵盐所得的清蛋白沉淀倒入透析袋内，用线绳或透析袋夹将透析袋口扎紧，把透析袋浸入盛有蒸馏水的烧杯中进行透析，并经常用玻璃棒搅拌，每隔15min换一次水，仔细观察透析袋中蛋白质沉淀变化情况。

　　（2）在蛋白质不可逆沉淀反应中，将用硝酸银沉淀所得到的蛋白质沉淀倒入透析袋内，如前法进行透析，并观察透析现象。

　　透析1h左右，比较以上两个透析袋中蛋白质沉淀所发生的变化，并加以解释。

五、思考题

　　（1）在蛋白质可逆沉淀反应实验中，为什么用蛋白质氯化钠溶液？
　　（2）高浓度的硫酸铵对蛋白质溶解度有何影响，为什么？
　　（3）蛋白质分子中的哪些基团可以与重金属离子作用而使蛋白质沉淀？
　　（4）鸡蛋清为什么可用作铅中毒或汞中毒的解毒剂？
　　（5）蛋白质分子中的哪些基团可以与有机酸、无机酸作用而使蛋白质沉淀？
　　（6）在加热沉淀蛋白质的实验过程中应注意哪些问题？

实验十四　蛋白质含量的测定

Ⅰ　微量凯氏定氮法

一、实验目的

　　（1）学习微量凯氏定氮法的基本原理。
　　（2）掌握微量凯氏定氮法的操作方法。

二、实验原理

生物材料含氮量的测定在生物化学研究中具有一定意义，如蛋白质的含氮量约为16%，测出含氮量则可推知蛋白含量。生物材料总氮量的测定，通常采用微量凯氏定氮法。凯氏定氮法由于具有测定准确度高，可测定各种不同形态样品等两大优点，因而被公认为是测定食品、饲料、种子、生物制品、药品中蛋白质含量的标准分析方法。其原理如下：

1. 消化

有机物与浓硫酸共热，使有机氮全部转化为无机氮——硫酸铵。为加快反应，添加硫酸铜和硫酸钾的混合物，前者为催化剂，后者可提高硫酸沸点。这一步需 30min ～ 1h，视样品的性质而定。反应式如下：

有机物（C、H、O、N、P、S）$+ H_2SO_4 \longrightarrow (NH_4)_2SO_4 + CO_2 \uparrow + SO_2 \uparrow + H_3PO_4$

2. 加碱蒸馏

硫酸铵与 NaOH（浓）作用生成（NH$_4$）OH，加热后生成 NH$_3$，通过蒸馏导入过量酸中和生成 NH$_4$Cl 而被吸收。

$$(NH_4)_2SO_4 + 2NaOH \longrightarrow 2(NH_4)OH + Na_2SO_4$$

$$(NH_4)OH \longrightarrow NH_3 \uparrow + H_2O$$

$$NH_3 + HCl \longrightarrow NH_4Cl$$

3. 滴定

用过量标准 HCl 吸收 NH$_3$，剩余的酸可用标准 NaOH 滴定，由所用的 HCl 摩尔数减去滴定耗去的 NaOH 摩尔数，即为被吸收的 NH$_3$ 摩尔数。此法为回滴法，采用甲基红指示剂。

$$HCl + NaOH \longrightarrow NaCl + H_2O$$

本法适用于 0.2 ～ 2.0mg 的氮量测定。

微量凯氏蒸馏示意图，见下图。

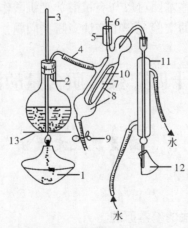

1—热源；2—烧瓶；3—玻璃管；4—橡皮管；5—玻璃杯；6—棒状玻璃塞；7—反应室；
8—反应室外壳；9—夹子；10—反应室中插管；11—冷凝管；12—锥形瓶；13—石棉网

微量凯氏蒸馏装置示意图

三、材料、器材与试剂

1. 材料

牛血清白蛋白。

2. 器材

微量凯氏定氮仪、移液管 1mL（×3）、2mL（×1）、微量滴定管 5mL（×1）、烧杯 200mL（×2）、量筒 10mL（×1）、三角烧瓶 150mL（×4）、凯氏烧瓶 50mL（×4）、吸耳球（×1）、电炉、分析天平。

3. 试剂

（1）浓硫酸。

（2）30% 过氧化氢溶液。

（3）10mL 氢氧化钠。

（4）0.01mol/L 的标准盐酸。

（5）标准硫酸铵（0.3mL 氮/mL）。

（6）催化剂：按质量比硫酸铜∶硫酸钾＝1∶4 混合，研细。

（7）指示剂：0.1% 甲基红乙醇溶液。

四、实验操作

1. 样品处理

称取牛血清白蛋白 50mg，加入两个凯氏烧瓶中，另外两个凯氏烧瓶为空白对照，不加样品。分别在每个凯氏烧瓶中加入约 500mg 硫酸钾－硫酸铜混合物，再加 5mL 浓硫酸。

2. 消化

将以上 4 个凯氏烧瓶置于通风橱中电炉上加热。在消化开始时应控制火力，不要使液体冲到瓶颈。待瓶内水汽蒸完，硫酸开始分解并放出 SO_2 白烟后，适当加强火力，继续消化，使瓶内液体微微沸腾，维持 2～3h。待消化液变成褐色后，为了加速完成消化，可将烧瓶取下，稍冷，将 30% 过氧化氢溶液 1～2 滴加到烧瓶底部消化液中，再继续消化，直到消化液由淡黄色变成透明淡绿色，消化即告完成。冷却后将消化液倒入 50mL 容量瓶中，并以蒸馏水洗涤烧瓶数次，将洗液并入容量瓶中，定容备用。

3. 蒸馏

（1）蒸馏器的洗涤。蒸气发生器中盛有加入数滴 H_2SO_4 的蒸馏水和数粒沸石。加热后，产生的蒸汽经贮液管、反应室至冷凝管，冷凝液体流入接收瓶。每次使用前，需用蒸汽洗涤 10min 左右（此时可用一小烧杯承接冷凝水）。将一只盛有 5mL 2% 硼酸液和 1～2 滴指示剂的锥形瓶置于冷凝管下端，使冷凝管管口插入液体中，继续蒸馏 1～2min，如硼酸液颜色不变，表明仪器已洗净。

（2）消化样品及空白对照的蒸馏。取 50mL 锥形瓶数个，各加 25mL 0.01mol/L 标准 HCl 和 1～2 滴指示剂，用表面皿覆盖备用。取 2mL 稀释消化液，由小漏斗加入反应室。将一个装有 0.01mol/L 标准 HCl 和指示剂的锥形瓶放在冷凝管下，使冷凝器管口下端浸没在液体内。用小量筒量取 5mL 10mol/L NaOH 溶液，倒入小漏斗，让 NaOH 溶液缓慢流入反应室。尚未完全流尽时，夹紧夹子，向小漏斗加入约 5mL 蒸馏水，同样缓慢放入反应室，并留少量水在漏斗内作水封。加热水蒸气发生器，沸腾后，关闭收集器活塞。使蒸汽冲入蒸馏瓶内，反应生成的 NH_3 逸出被吸收。待氨已蒸馏完全，移动锥形瓶使液面离开冷凝管口约 1cm，并用少量蒸馏水冷凝管口。取下锥形瓶，以 0.01mol/L NaOH 标准液滴定。记下所耗去的体积。

（3）蒸馏后蒸馏器的洗涤。蒸馏完毕后，移取热源，夹紧蒸汽发生器和收集器间的橡皮管，此时由于收集器温度突然下降，即可将反应室残液吸收至收集器。

（4）标准样品的测定。在蒸馏样品及空白对照前，为了练习蒸馏和滴定操作，可用标准硫酸铵试做实验 2 ～ 3 次。标准硫酸铵的含氮量是 0.3mg/mL，每次实验取 2.0mL。

五、结果计算

$$样品的含氮量（mg/mL） = \frac{(A - B) \times 0.01 \times 14 \times N}{V}$$

若测定的蛋白质含氮部分只是蛋白质（如血清），则

$$样品中蛋白质含量（mg/mL） = \frac{(A - B) \times 0.01 \times 14 \times 6.25 \times N}{V}$$

式中　A——滴定空白用去的 NaOH 平均 mL 数；

　　　B——滴定样品用去的 NaOH 平均 mL 数；

　　　V——样品的 mL 数；

　　　0.01——NaOH 的摩尔数；

　　　14——氮的相对原子质量；

　　　6.25——系数（蛋白质的平均含量为 16%，由凯氏定氮法测出含氮量，再乘以系数 6.25 即为蛋白质质量）；

　　　N——样品的稀释倍数。

六、注意事项

（1）必须仔细检查凯氏定氮仪的各个连接处，保证不漏气。

（2）凯氏定氮仪必须事先反复清洗，保证洁净。

（3）小心加样，切勿使样品玷污凯氏定氮仪口部、颈部。

（4）消化时，须斜放凯氏烧瓶（45°左右）。火力先小后大，避免黑色消化物溅到瓶口、瓶颈壁上。

（5）蒸馏时，小心加入消化液。加样时最好将火力拧小或撤去。蒸馏时，切忌火力不稳，否则将发生倒吸现象。

（6）蒸馏后应及时清洗定氮仪。

七、思考题

（1）测定标准硫酸铵和空白对照的目的是什么？
（2）如何证明蒸馏器已洗涤干净？
（3）在实验中加入硫酸钾－硫酸铜混合物的作用是什么？

Ⅱ 双缩脲法

一、实验目的

（1）学习双缩脲法的基本原理及操作。
（2）通过实验加深对 Lambert-Beer 定律的认识，学会制作标准曲线。

二、实验原理

具有两个或两个以上肽键的化合物皆有双缩脲反应。在碱性溶液中双缩脲与铜离子结合形成复杂的紫红色复合物。而蛋白质及多肽的肽键与双缩脲的结构类似，也能与 Cu^{2+} 形成紫红色配位化合物，其最大光吸收在 540nm 处。其颜色深浅与蛋白质浓度成正比，而与蛋白质的相对分子质量及氨基酸的组成无关，该法测定蛋白质的浓度范围适于 $1\sim10mg/mL$。双缩脲法常用于蛋白质的快速测定。

三、器材与试剂

1. 器材
10mL 容量瓶、刻度吸管、试管、分光光度计。

2. 试剂
（1）双缩脲试剂：取五水硫酸铜（$CuSO_4 \cdot 5H_2O$）1.5g 和酒石酸钾钠（$NaKC_4H_4O_6 \cdot 4H_2O$）6.0g 以少量水溶解，再加入 2.5mol/L 氢氧化钠溶液 300mL、KI 1.0g，然后加水到 1000mL。装入棕色瓶，避光可长期保存。如有暗红色沉淀出现则不能使用。

（2）标准蛋白溶液：2mg/mL 结晶牛血清白蛋白溶液或相同浓度的酪蛋白溶液（用 0.05mol/L 氢氧化钠溶液配制）。作为标准用的蛋白质要预先用微量凯氏定氮法测定蛋白质含量，再根据其纯度称量，配制成标准溶液。

四、实验操作

1. 标准曲线的绘制
取 6 个 10mL 容量瓶编号，各瓶依次分别加入 2mg/mL 的卵清蛋白液 1mL，2mL，3mL，4mL，5mL，6mL，然后各瓶均稀释至刻度，即得 0.2mg/mL，0.4mg/mL，0.6mg/mL，0.8mg/mL，1.0mg/mL，1.2mg/mL 的 6 种不同浓度的蛋白质溶液。

取中试管 7 支，编号，按下表依次向各管中加入不同浓度的标准蛋白液。

（用量：mL）

试剂	1	2	3	4	5	6	7	8
蒸馏水	0	0	0	0	0	0	3.0	0
不同浓度的蛋白质溶液	0.2	0.4	0.6	0.8	1.0	1.2	0	3.0
双缩脲试剂	3.0	3.0	3.0	3.0	3.0	3.0	3.0	3.0
混匀，37℃水浴中放置30min								
A_{540}							0	

在 540nm 处以 7 号管调零，测定各管的吸光度，以吸光度为纵坐标，蛋白质浓度为横坐标绘制标准曲线。

2. 样品测定

取未知浓度的蛋白质溶液 3.0mL 置于 8 号试管中，加入双缩脲试剂 3.0mL，混匀，测定其 540nm 处的吸光度，查标准曲线求得样品的浓度。

五、注意事项

（1）标准曲线绘制和样品测定应使用同一台分光光度计。

（2）必须于显色后 30min 内比色测定，各管由显色到比色的时间应尽可能一致。

六、思考题

干扰本次实验的因素有哪些？

Ⅲ　Folin - 酚法

一、实验目的

学习 Folin - 酚法测定蛋白质含量的原理和方法。

二、实验原理

Folin - 酚试剂法最早是由 Lowry 确定的测定蛋白质浓度的基本方法，以后在生物化学领域得到广泛的应用。此法的显色原理与双缩脲方法是相同的，只是加入了第二种试剂，即 Folin - 酚试剂，以增加显色量，从而提高了检测蛋白质的灵敏度。这个方法的优点是灵敏度高，比双缩脲法灵敏得多，缺点是费时较长，要严格控制操作时间，标准曲线也不是严格的直线形式，且专一性较差，干扰物较多。凡干扰双缩脲反应的基团，如—CO—NH$_2$，—CH$_2$—NH$_2$，CS—NH$_2$ 以及 Tris 缓冲液、蔗糖、硫酸铵、巯基化合物均可干扰 Folin - 酚反应，而且对后者的影响还要大得多。此外，酚类、柠檬酸对此反应也有干扰作用。

Folin - 酚试剂由甲试剂和乙试剂组成。甲试剂由碳酸钠、氢氧化钠、硫酸铜及酒石酸钾钠组成。蛋白质中的肽键在碱性条件下，与酒石酸钾钠铜盐溶液起作用，生成紫红色配位化合物。乙试剂是由磷钼酸和磷钨酸、硫酸、溴等组成。此试剂在碱性条件下，易被蛋白质中酪氨酸的酚基还原呈蓝色反应，其色泽深浅与蛋白质含量成正比。此法也适用于测定酪氨酸和色氨酸的含量。

本法可测定范围是 25～250μg 蛋白质。

三、材料、器材与试剂

1. 材料

待测蛋白质溶液，人血清，使用前稀释 150 倍。

2. 器材

试管 1.5cm×15cm（×6）、试管架、移液管 0.5mL（×2）、1mL（×2）、5mL（×1）、恒温水浴锅、分光光度计。

3. 试剂

（1）Folin – 酚甲试剂：①4% 碳酸钠溶液；②0.2mol/L 氢氧化钠溶液；③1% 硫酸铜溶液；④2% 酒石酸钾钠溶液。

临用前将①和②等体积配制成碳酸钠 – 氢氧化钠溶液。③与④等体积配制成硫酸铜 – 酒石酸钾钠溶液。然后这两种试剂按 50∶1 的体积比比例配合，即成 Folin – 酚甲试剂。此试剂临用前配制，一天内有效。

（2）Folin – 酚乙试剂：称取钨酸钠（$Na_2WO_2 \cdot 2H_2O$）100g，钼酸钠（$Na_2MoO_4 \cdot 2H_2O$）25g 置于 2 000mL 磨口回流装置内，加蒸馏水 700mL、85% 磷酸 50mL 和浓硫酸 100mL。充分混匀，使其溶解。小火加热，回流 10h（烧瓶内加小玻璃珠数颗，以防溶液溢出），再加入硫酸锂（Li_2SO_4）150g，蒸馏水 50mL 及液溴数滴。在通风橱中开口煮沸 15min，以除去多余的溴。冷却后定容至 1 000mL，过滤即成 Folin – 酚试剂乙贮存液，此液应为鲜黄色，不带任何绿色。置棕色瓶中，可在冰箱中长期保存。若此贮存液使用过久，颜色由黄变绿，可加几滴液溴，煮沸几分钟，恢复原色仍可继续使用。

试剂乙贮存液在使用前应确定其酸度。用此贮存液滴定标准氢氧化钠溶液（1mol/L 左右），以酚酞为指示剂，当溶液颜色由红→紫红→紫灰→墨绿时即为滴定终点。该试剂的酸度应为 2mol/L 左右，将之稀释至相当于 1mol/L 酸度应用。

（3）标准蛋白质溶液：结晶牛血清白蛋白或酪蛋白，预先经微量凯氏定氮法测定蛋白质含量，根据其纯度配制成 150μg/mL 蛋白溶液。

四、实验操作

1. 制作标准曲线

取 7 支试管，按下表平行操作。

（用量：mL）

试剂	1	2	3	4	5	6	7
标准蛋白质溶液	0	0.1	0.2	0.4	0.6	0.8	1.0
蒸馏水	1.0	0.9	0.8	0.6	0.4	0.2	0
Folin – 酚试剂	5.0	5.0	5.0	5.0	5.0	5.0	5.0
迅速摇匀，30℃（或室温 20～25℃）水浴中保温 30min，以蒸馏水为空白，在 640nm 处比色							
A_{640}							0

绘制标准曲线：以 A_{640} 值为纵坐标，标准蛋白含量为横坐标，在坐标纸上绘制标准曲线。

2. 未知样品蛋白质浓度测定

取 2 支试管，按下表做平行操作。

（用量：mL）

试剂处理＼试管编号	空白管 1	空白管 2	样品管 3	样品管 4
血清稀释液	0	0	0.2	0.2
蒸馏水	1.0	1.0	0.8	0.8
Folin – 酚试剂	5.0	5.0	5.0	5.0
摇匀，于 20～25℃放置 10min				
Folin – 酚试剂	0.5	0.5	0.5	0.5
迅速摇匀，30℃（或室温 20～25℃）水浴中保温 30min，以蒸馏水为空白，在 640nm 处比色				
A_{640}				

五、结果计算

$$蛋白质（g）/100mL\ 血清 = \frac{A_{640}\ 值对应标准曲线蛋白质含量 \times 10^{-6}}{测定时用稀释血清的\ mL\ 数} \times 血清稀释倍数 \times 100$$

六、注意事项

（1）Folin – 酚乙试剂在酸性条件下较稳定，而 Folin – 酚甲试剂在碱性条件下与蛋白质作用生成碱性的铜 – 蛋白质溶液。当 Folin – 酚乙试剂加入后，应迅速摇匀（加一管摇一管），使还原反应产生在磷钼酸 – 磷钨酸试剂被破坏之前。

（2）血清稀释的倍数应使蛋白质含量在标准曲线范围之内，若超过此范围则需将血清酌情稀释。

七、思考题

（1）Folin – 酚法测定蛋白质的原理是什么？

（2）有哪些因素可干扰 Folin – 酚测定蛋白含量？

Ⅳ　紫外（UV）吸收测定法

一、实验目的

（1）了解紫外吸收法测定蛋白质含量的原理。

（2）掌握紫外分光光度计的使用方法。

二、实验原理

蛋白质分子中所含酪氨酸和色氨酸残基的苯环含有共轭双键，使蛋白质在 280nm 波长处有最大吸收值。在一定浓度范围内，蛋白质溶液的光吸收值（A_{280}）与其含量成正比关系，可用做定量测定。

紫外线吸收法测定蛋白质含量的优点是迅速、简便，不消耗样品，低浓度盐类不干扰其测定。因此，广泛应用在柱层析分离中蛋白质洗脱情况的检测。此法的缺点是：① 对于测定那些与标准蛋白质中酪氨酸和色氨酸含量差异较大的蛋白质，有一定误差；② 若样品中含有核酸等吸收紫外线的物质，会出现较大的干扰。

不同的蛋白质和核酸的紫外线吸收是不同的，即使经过校正，测定结果也还存在一定的误差，但是可作为初步定量的依据。该法可测定蛋白质范围应在 0.1 ～ 1.0mg／mL。

三、材料、器材与试剂

1. 材料

待测蛋白质溶液，人血清，使用前稀释 100 倍。

2. 器材

试管 1.5cm×15cm（×9）、试管架、移液管 1mL（×3）、2mL（×2）、5mL（×2）、分光光度计。

3. 试剂

标准蛋白质溶液：结晶牛血清蛋白，预先经微量凯氏定氮法测定蛋白质氮含量，根据其纯度配制成 1mg／mL 蛋白溶液。

四、实验操作

1. 制作标准曲线

取 8 支试管编号，按下表分别向每支试管中加入各种试剂，摇匀。选用光程为 1cm 的石英比色杯，在 280nm 波长处分别测定各管的吸收值。以 A_{280} 值为纵坐标，蛋白质浓度为横坐标，绘制标准曲线。

（用量：mL）

试剂	1	2	3	4	5	6	7	8
标准蛋白质溶液	0	0.5	1.0	1.5	2.0	2.5	3.0	4.0
蒸馏水	4.0	3.5	3.0	2.5	2.0	1.5	1.0	0
蛋白质浓度/（mg·mL^{-1}）	0	0.125	0.250	0.375	0.500	0.625	0.750	1.00
A_{280}								

2. 样品测定

取待测蛋白质溶液 1mL，加入蒸馏水 3mL，摇匀，按上述方法在 280nm 波长处测定吸收值，并从标准曲线上查出待测蛋白质的浓度。

五、注意事项

由于各种蛋白质含有不同量的酪氨酸和苯丙氨酸，显色的深浅往往随不同的蛋白质而变化。因而此测定法通常只适用于测定蛋白质的相对浓度（相对于标准蛋白质）。此外，蛋白溶液中存在核酸或核苷酸时也会影响紫外吸收法测定蛋白质含量的准确性。

六、思考题

若样品中含有核酸类杂质，应该如何校正实验结果？

V 考马斯亮蓝染色法

一、实验目的

学习考马斯亮蓝（Coomassie brilliant blue）染色法测定蛋白质浓度的原理和方法。

二、实验原理

考马斯亮蓝染色法测定蛋白质浓度是利用蛋白质－染料结合的原理，定量地测定微量蛋白浓度的快速而灵敏的方法。这种蛋白测定法具有超过其他几种方法的突出优点，因而正在得到广泛应用。这一方法是目前灵敏度最高的蛋白质测定法。

考马斯亮蓝 G－250 染料在酸性溶液中与蛋白质结合，使染料的最大吸收峰（λ_{max}）的位置由 465nm 变为 595nm，溶液的颜色也由棕黑色变为蓝色。通过测定 595nm 处光吸收的增加量可知与其结合的蛋白质的量。研究发现，染料主要是与蛋白质中的碱性氨基酸（特别是精氨酸）和芳香族氨基酸残基相结合。

考马斯亮蓝染色法的突出优点是：

（1）灵敏度高，据估计比 Lowry 法高 4 倍，其最低蛋白质检测可达 1μg。这是因为蛋白质与染料结合后产生的颜色变化很大，蛋白质－染料复合物有更高的消光系数，因而光吸收值随蛋白质浓度的变化比 Lowry 法要大得多。

（2）测定快速、简便，只需加一种试剂。完成一个样品的测定，只需要 5min 左右。

由于染料与蛋白质结合的过程,大约只要 2min 即可完成,其颜色可以在 1h 内保持稳定,且在 5 ～ 20min 之间,颜色的稳定性最好。因而像 Lowry 法的 K^+、Na^+、Mg^{2+}、Tris 缓冲液、糖和蔗糖、甘油、巯基乙醇、EDTA 等均不干扰此测定法。

此法的缺点是:

(1) 由于各种蛋白质中的精氨酸和芳香族氨基酸的含量不同,因此考马斯亮蓝染色法用于不同蛋白质测定时有较大的偏差,在制作标准曲线时通常选用 γ - 球蛋白为标准蛋白质,以减少误差。

(2) 仍有一些物质干扰此法的测定,主要的干扰物质有去污剂、Triton X - 100、十二烷基硫酸钠(SDS)等。

三、材料、器材与试剂

1. 材料

待测蛋白质溶液,人血清,使用前用 0.15mol/L NaCl 稀释 200 倍。

2. 器材

试管 1.5cm×15cm(×6)、试管架、移液管 0.5mL(×2)、1mL(×2)、5mL(×1)、恒温水浴锅、分光光度计。

3. 试剂

(1) 考马斯亮蓝试剂:考马斯亮蓝 G - 250 100mg 溶于 50mL 95% 乙醇中,加入 100mL 85% 磷酸,用蒸馏水稀释至 1 000mL。

(2) 标准蛋白质溶液:结晶牛血清蛋白,预先经微量凯氏定氮法测定蛋白质氮含量,根据其纯度用 0.15mol/L NaCl 配制成 1mg/mL 蛋白溶液。

四、实验操作

1. 制作标准曲线

取 7 支试管,按下表平行操作。

(用量:mL)

试剂	1	2	3	4	5	6	7
标准蛋白质溶液	0	0.01	0.02	0.03	0.04	0.05	0.06
0.15mol/L NaCl	1.0	0.09	0.08	0.07	0.06	0.05	0.04
考马斯亮蓝试剂	5.0	5.0	5.0	5.0	5.0	5.0	5.0
摇匀,1h 以内以 1 号管为空白对照,在 595nm 处比色							
A_{595}							

绘制标准曲线:以 A_{595} 为纵坐标,标准蛋白含量为横坐标,在坐标纸上绘制标准曲线。

2. 未知样品蛋白质浓度测定

测定方法同上,取适量的未知样品,使其测定值在标准曲线的直线范围内。根据测

定的 A_{595} 值，在标准曲线上查出其相当于标准蛋白的量，从而计算出未知样品的蛋白质浓度（mg/mL）。

五、注意事项

（1）在试剂加入后的 5～20min 内测定光吸收，因为在这段时间内颜色是最稳定的。

（2）测定中，蛋白质-染料复合物会有少部分吸附于比色杯壁上，测定完后可用乙醇将蓝色的比色杯洗干净。

六、思考题

（1）试比较该法与其他几种常用的蛋白质定量测定方法的优缺点。

（2）根据下列所给出的条件和要求，选择一种或几种常用的蛋白质定量方法测定蛋白质的浓度：

①样品不易溶解，但要求结果较准确；

②要求在短时间内测定大量的样品；

③要求很迅速地测定一系列试管中溶液的蛋白质浓度。

实验十五　凝胶色谱法测定蛋白质的相对分子质量

一、实验目的

掌握凝胶色谱法测定蛋白质相对分子质量的原理和方法。

二、实验原理

凝胶色谱法是按照溶质分子的大小不同而进行分离的色谱技术。测定生物大分子的相对分子质量是凝胶色谱法的重要用途之一。用于相对分子质量测定的凝胶有交联葡萄糖、琼脂糖和聚丙烯酰胺凝胶等。

根据凝胶色谱的原理，对同一类型化合物的洗脱特征与组分的相对分子质量有关。流过凝胶柱时，按分子大小顺序流出，相对分子质量大的在前面。实验研究表明，在凝胶分离范围之内，蛋白质相对分子质量与洗脱位置之间存在线性对应关系。洗脱体积 V_e 是该物质相对分子质量对数的线性函数，可用下式表示：

$$V_e = k_1 - k_2 \lg M_r$$

式中　k_1，k_2——常数；

　　　M_r——相对分子质量。

测定方法有两种，一种是上柱样品中一次包括几个标准蛋白质，洗脱后分出相应的几个峰。根据峰顶端对应的洗脱体积算出各标准蛋白质的 V_e，这样一次过柱就可以制作标准曲线。将已知的标准蛋白质走完后，再在已知标准混合样品中加入未知样品，过柱后出现的新峰就属于未知样品，测出未知样品的 V_e，通过标准曲线找出相应的相对分子质量，这种方法叫作内插法。另一种方法是一个标准蛋白过一次柱，经几次过柱后得到对应的 V_e，画出标准曲线。将已知的标准蛋白质走完后，再测未知样品 V_e，求出对应的相对分子质量，这种方法叫作外插法。

本实验使用 Sephadex G－75，采用内插法进行。

三、器材与试剂

1. 器材
色谱柱（1.2cm×100cm）、紫外分光光度计、部分收集器、沸水浴锅、真空泵、试管、烧杯。

2. 试剂
（1）蛋白质标准样品混合液：分别称取牛血清白蛋白（$M_r = 67\,000$），鸡卵清蛋白（$M_r = 43\,000$），胰凝乳蛋白酶原 A（$M_r = 25\,000$），结晶牛胰岛素（pH 2 ～ 6 时为二聚体，$M_r = 12\,000$），各 3.0mg 共同溶于 1mL 0.025mol／L KCl － 0.2mol／L HAc 溶液中。

（2）未知蛋白质样品：Sephadex G－75。

（3）洗脱液：0.025mol／L KCl－0.2mol／L HAc。

四、实验操作

1. 凝胶预处理
（1）称取凝胶干粉 12g，放入 250mL 烧杯中，加入过量的水，室温浸泡 24h，或沸水浴浸泡 3h。

（2）溶胀平衡后的凝胶用倾泻法除去细颗粒。具体操作是用搅拌棒将凝胶搅匀（注意不要过分搅拌，以防止颗粒破碎），放置数分钟，将未沉淀的细颗粒随上层水倒掉，浮洗 3 ～ 5 次，直至上层没有细颗粒为止。

（3）将浸泡后的凝胶抽干，用 300mL 洗脱液平衡 1h，减压抽气 10min 以除去气泡。

2. 装柱
（1）将色谱柱垂直装好，在柱内先注入 1/4 ～ 1/5 的水，底部滤板下段全部充满水，不留气泡，关闭柱出口，出口处接上一根长约 1.5cm，直径 2mm 细塑管，塑管另一端固定在柱的上端约 45cm 处。

（2）插入一根直径稍小的长玻棒，一直到柱的底部。轻轻搅动凝胶（切勿搅动太快，以免空气再逸入），使其形成均一的薄胶浆，并立即沿玻棒倒入色谱柱内，一边灌凝胶，提升玻棒，直至充满整个柱时将玻棒抽出。待底面上积起 1 ～ 2cm 的凝胶床后，打开柱出口。

（3）随着下面水的流出，上面不断加凝胶，使形成的凝胶床面上有凝胶的连续下降（如果凝胶床面上不再有凝胶颗粒下降，应该用搅拌棒均匀地将凝胶床搅起数厘米高，然后再加凝胶，不然就会形成界面，不利于以后的工作）。

（4）当凝胶沉淀到柱的顶端约 6cm 处，可停止装柱。

（5）用眼睛观察柱内凝胶是否均匀，有否"纹路"或气泡。若色谱柱不均一，必须重新装柱。

3. 平衡

柱装好后，使色谱床稳定 15 ～ 20min，然后连接恒压洗脱瓶出口和色谱柱顶端，用 3 ～ 5 倍体积的洗脱液平衡色谱柱，平衡过程中维持操作压在 45cm 水柱，如下图所示。

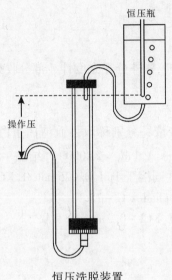

恒压洗脱装置

4. 上样与洗脱

（1）上样前先检查凝胶床面是否平整，如果倾斜不平整，可用玻棒将床面搅浑，让凝胶自然下降，形成水平状态的床面。用毛细吸管小心吸去大部分清液，然后让液面自然下降，直至几乎露出床面。

（2）用吸管将样品非常小心地滴加到凝胶床面上，注意不要将床面凝胶冲起。加完后再打开底端出口，使样品流至床表面。用少量洗脱液同样小心清洗表面 1 ～ 2 次，然后将洗脱液在柱内约加至 4cm 高。

（3）连接恒压瓶、色谱柱、部分收集器，让洗脱液恒压（50cm 水柱）洗脱，用部分收集器按每管 3mL 收集洗脱流出液，各收集管于 280nm 处检测 A_{280} 值。

五、结果计算

（1）以管号（或洗脱液体积）为横坐标，相应管的 A_{280} 为纵坐标，绘制洗脱曲线。

（2）根据洗脱峰位置量出每种蛋白质的洗脱体积 V_e，然后以蛋白质相对分子质量的对数值（$\lg M_r$）为横坐标，V_e 为纵坐标，作出相对分子质量标准曲线。

（3）样品完全按照标准曲线的条件操作，根据紫外检测获得的洗脱体积，从相对分子质量标准曲线查出相应的相对分子质量。

实验十六　　醋酸纤维薄膜电泳法分离血清蛋白质

一、实验目的

掌握醋酸纤维薄膜电泳法分离蛋白质的原理和方法。

二、实验原理

蛋白质是两性电解质。在 pH 小于其等电点的溶液中，蛋白质为正离子，在电场中向阴极移动；在 pH 大于其等电点的溶液中，蛋白质为负离子，在电场中向阳极移动。血清中含有数种蛋白质，它们所具有的可解离基团不同，在同一 pH 的溶液中，所带净电荷不同，因此在电场中移动速度不同，故可利用电泳法将它们分离。

血清中含有白蛋白、α-球蛋白、β-球蛋白、γ-球蛋白等，各种蛋白质由于氨基酸组分、立体构象、相对分子质量、等电点及形状的不同（见下表），在电极中移动速度不同。由表可知，血清中 5 种蛋白质的等电点大部分低于pH 7.0，所以在缓冲液（pH 8.6）中，它们都电离成负离子，在电场中向阳极移动。

人血清中各种蛋白质的等电点及相对分子质量

蛋白质名称	等电点/p I	相对分子质量/M_r
白蛋白	4.88	69000
α_1-球蛋白	5.06	200000
α_2-球蛋白	5.06	300000
β-球蛋白	5.12	90000～150000
γ-球蛋白	6.85～7.50	156000～300000

在一定范围内，蛋白质的含量与结合的染料量成正比，故可将各蛋白质区带剪下，分别用 0.4mol/L NaOH 溶液浸洗下来，进行比色，测定其相对含量。也可以将染色后的薄膜直接用光密度计扫描，测定其相对含量。

肾病、弥漫性肝损害、肝硬化、原发性肝癌、多发性骨髓瘤、慢性炎症、妊娠等都可使蛋白质下降。肾病时 α_1、α_2、β 球蛋白升高，γ-球蛋白降低。肝硬化时，α_2、β-球蛋白降低，而 α_1、γ-球蛋白升高。

三、材料、器材与试剂

1. 材料

人血清（新鲜、无溶血现象）。

2. 器材

醋酸纤维薄膜（2cm×8cm，厚度 120μm，浙江黄岩化学试验厂）、培养皿 φ10cm

（×5）、点样器（或载玻片）、直尺、单面刀片、竹镊子、玻璃棒、电吹风、试管1.5cm×1.5cm（×8）、吸管5.0mL、水浴锅、电泳槽、直流稳压电泳仪、722型（或7220型）分光光度计、剪刀、pH计。

3. 试剂

（1）巴比妥－巴比妥钠缓冲液（pH 8.6，离子强度0.06mol/L）：称取巴比妥钠（A.R.）12.76g和巴比妥（A.R.）1.66g，溶于蒸馏水并稀释至1000mL。用pH计校正后使用。

（2）染色液：氨基黑10B 0.5g、甲醇（A.R.）50mL、冰乙酸（A.R.）10mL，加蒸馏水40mL，混匀即可。

（3）漂洗液：乙醇（A.R.）45mL、冰乙酸（A.R.）5mL，加蒸馏水50mL，混匀即可。

（4）浸出液：0.4mol/L NaOH溶液（A.R.）。

（5）透明液：冰乙酸（A.R.）25mL、无水乙醇75mL，混匀即得。

四、实验操作

1. 准备和点样

取一条大小为2cm×8cm的醋酸纤维薄膜（可根据需要选择薄膜的大小），浸入缓冲液中，完全浸透后，用镊子轻轻取出，将薄膜无光泽的一面向上，平放在干净的滤纸上，薄膜上再放一张干净滤纸，吸去多余的缓冲液。

用玻璃棒蘸取少量血清，将此血清均匀地涂在载玻片的一端截面上（玻片宽度应小于薄膜），然后轻轻与距纤维薄膜一端1.5cm处接触，样品即呈一条状涂于纤维膜上。待血清透入膜内，移去载玻片，将薄膜平贴于已放在电泳槽上并已浸透缓冲液的纱布上，点样端为阴极。

2. 电泳

接通电源，进行电泳。电泳条件：电压90～110V，电流0.4～0.6mA（不同的电泳仪所需电压、电流可能不同，应灵活掌握），通电45～60min（冬季电泳时间需适当延长）。

3. 染色

电泳完毕，将薄膜浸于染色液中5～10min，取出，用漂洗液漂至背景无色（4～5次），再浸于蒸馏水中。

4. 定量

有以下两种方法：

（1）将上述漂净的薄膜用滤纸吸干，剪下薄膜上各条蛋白质色带，另取一条与各区带近似宽度的无蛋白附着的空白薄膜，分别浸于4.0mL 0.4mol/L NaOH溶液中，37℃水浴5～10min，色泽浸出后，用722分光光度计在590nm处比色，以空白膜条洗出液为空白调零，测定各管的吸光度。

设各部分吸光度分别为：$A_白$、A_{α_1}、A_{α_2}、A_β、A_γ，则吸光度总和（$A_总$）为：

$$A_总 = A_白 + A_{\alpha_1} + A_{\alpha_2} + A_\beta + A_\gamma$$

$$w_{蛋白质}（\%）=\frac{A_白}{A_总}\times100\%,\quad w_{\alpha_1}（\%）=\frac{A_{\alpha_1}}{A_总}\times100\%,$$

$$w_{\alpha_2}（\%）=\frac{A_{\alpha_2}}{A_总}\times100\%,\quad w_\beta（\%）=\frac{A_\beta}{A_总}\times100\%,$$

$$w_\gamma（\%）=\frac{A_\gamma}{A_总}\times100\%。$$

（2）待薄膜完全干燥后，浸入透明液中 10～20min，取出，平贴于干净玻璃片上，干燥，即得背景透明的电泳图谱，可用光密度计测定各蛋白斑点。此图谱可长期保存。

本法测得的血清蛋白各组分正常值为：

白蛋白（%）=67.24%（61.2%～74.5%）；

α_1 – 球蛋白 + α_2 – 球蛋白 + β – 球蛋白（%）=16.92%（11.2%～22%）；

γ – 球蛋白（%）=15.84%（10.4%～20.6%）。

五、注意事项

（1）可直接用点样器进行点样。

（2）亦可用双层滤纸代替。

实验十七　蛋白质印迹（Western-blotting）

一、实验目的

（1）学习蛋白质印迹的基本原理。

（2）掌握蛋白质印迹的操作技术。

二、实验原理

蛋白质印迹（Western-blotting）是把电泳分离的蛋白质转移到固定基质上，然后利用灵敏的抗原抗体反应来检测特异性的蛋白质分子的技术。蛋白质印迹包括三部分实验：SDS – 聚丙烯酰胺凝胶电泳、蛋白质的电泳转移、免疫印迹分析。

1. SDS – 聚丙烯酰胺凝胶电泳（SDS – PAGE）

SDS – PAGE 作为 PAGE 的一种特殊形式，主要用于测定蛋白质的相对分子质量，其基本原理如下。

SDS（十二烷基硫酸钠，sodium dodecyl sulfate，简称 SDS）是阴离子去污剂，它能断裂蛋白质分子内和分子间的氢键，使分子去折叠，破坏其高级结构。另外，它可与蛋白质结合形成蛋白质 – SDS 复合物。SDS 与大多数蛋白质的结合比为 1.4 g SDS/1g 蛋白质，由于 SDS 带大量负电荷，当其与蛋白质结合时，所带的负电荷大大超过了蛋白质原有的电荷量，因而掩盖或消除了不同种类蛋白质间原有的电荷差别，使各种蛋白质带有相同密度的负电荷。蛋白质 – SDS 复合物在水溶液中的形状近似于雪茄烟形的长椭圆棒，不同的蛋白质 – SDS 复合物的短轴长度都一样，约为 1.8 nm，但长轴的长度则与亚基相对分子质量的大小成正比。综合以上两点，蛋白质 – SDS 复合物在电泳凝胶中的迁移率不再受蛋白质原有电荷和分子形状的影响，而只与椭圆棒长度（即蛋白质相对分子质量）有关。SDS – PAGE 中蛋白迁移率与蛋白质相对分子质量的对数呈线性关系，因此，利用相对分子质量标准蛋白质所作的标准曲线，可以求算出未知蛋白质的相对分子质量。

2. 蛋白质的电转移

SDS – PAGE 有很好的分辨率和广泛的应用，但进一步对凝胶上蛋白质进行免疫检测分析会受到限制，因为电泳后大部分蛋白质分子被嵌在凝胶介质中，探针分子很难通过凝胶孔到达它的目标分子，如果将蛋白质从凝胶转移到固定基质上可以克服这些问题。

常用的蛋白质转移为电转移。方法有两种：①水平半干式转移。将凝胶和固定基质似"三明治"样夹在缓冲液润湿的滤纸中间，通电 10 ~ 30min 可完成转移。②垂直湿式转移。将凝胶和固定基质夹在滤纸中间，浸在转移装置的缓冲液中，通电 2 ~ 4h 或过夜可完成转移。其中水平半干式转移节省缓冲液而且转移时间短，是目前常用的方法。

固定基质通常有硝酸纤维素膜（NC 膜）、聚偏二氟乙烯膜（PVDF）和尼龙膜。其中 NC 膜是首先用于蛋白质印迹的转移介质，至今仍被广泛使用。

3. 免疫印迹分析

蛋白质转移到固定化膜上以后，可以通过丽春红 S 等蛋白质染料来检测膜上的总蛋白，验证转移是否成功。但若想检测出其中的抗原蛋白，则须用抗体作为探针进行特异性的免疫反应，这种方法称为免疫印迹分析。典型的免疫印迹分析实验包括 4 个步骤，如图 1 所示。

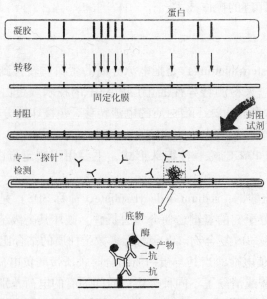

图 1　蛋白质印迹（Western-blotting）示意图

（1）封阻。用非特异性、非反应活性分子封阻固定化膜上未吸附蛋白质的自由结合区域，以防止作为探针的抗体结合到膜上，出现检测时的高背景。

（2）靶蛋白与一抗的反应。固定化膜用专一性的一抗温育，使一抗与膜上的抗原蛋白分子特异性结合。

（3）酶标二抗与一抗的特异性结合。

（4）显色。加入酶底物，适当保温后，膜上产生可见的、不溶解的颜色反应，抗原蛋白区带被检测出来。

三、器材与试剂

1. 器材

垂直板电泳槽、电泳仪、真空干燥器、真空泵、水平半干式转移装置或垂直湿式转移装置、水平摇床、移液器、移液管、微量加样器、细长头滴管。培养皿（φ12～16 cm）、烧杯、剪刀、镊子、刀片、NC膜、滤纸、乳胶手套。

2. 试剂

（1）SDS－PAGE试剂。

①低分子质量标准蛋白质。

②凝胶贮存液：称取丙烯酰胺（Acr）29.2g和甲叉双丙烯酸胺（Bis）0.8 g，溶于重蒸水，并定容至100mL。滤去不溶物，滤液置棕色试剂瓶中，4℃冰箱保存。

③分离胶缓冲液：三羟甲基氨基甲烷（Tris）18.15 g溶于约80mL重蒸水中，用1mol/L HCl调pH至8.8；然后取SDS 0.4g溶于此缓冲液，定容至100 mL，4℃冰箱保存。

④浓缩胶缓冲液：Tris 6.0 g溶于约60 mL重蒸水中，用1mol/L HCl调pH至6.8；然后取SDS 0.4 g溶于此缓冲液，定容至100 mL，4℃冰箱保存。

⑤2×样品溶解液［62.5 mmol/L Tris－HCl、pH 6.8，2% SDS、5% β－巯基乙醇、10%甘油，0.01%溴酚蓝］。

⑥电泳缓冲液［25mmol/L Tris、192 mmol/L甘氨酸、0.1% SDS，pH 8.3］：取Tris 3.0 g、SDS 1.0 g、甘氨酸14.4 g，溶于重蒸水并定容至1000 mL。

⑦10%过硫酸铵（APS）溶液：过硫酸铵1.0g，加重蒸水至10mL，现配现用。

⑧N，N，N′，N′－四甲基乙二胺（TEMED），避光保存。

⑨染色液［0.1%考马斯亮蓝R－250］：称取考马斯亮蓝R－250 0.25 g溶于125 mL甲醇，再加入冰乙酸25 mL和蒸馏水100 mL至总体积250 mL。

⑩脱色液：甲醇25 mL，冰乙酸25 mL和蒸馏水200 mL混合。

（2）蛋白质的电转移试剂。

①水平半干式电转移：阳极转移液为电泳缓冲液、甲醇、重蒸水以体积比7∶2∶1的比例配制；阴极转移液为电泳缓冲液、重蒸水以体积比1∶9的比例配制。

②垂直湿式电转移缓冲液：25 mmol/L Tris、192 mmol/L甘氨酸、20%甲醇。

（3）免疫印迹分析试剂

①10×TBS缓冲液（0.2mol/L Tris，0.68 mol/L NaCl）：称取Tris 24.2g，NaCl

40.0g 溶于 800 mL 重蒸水，用 1mol/L HCl 调 pH 至 7.6，然后定容至 1000 mL。灭菌后室温放置，用前稀释 10 倍。

②丽春红 S 染色液：称取丽春红 S 0.2g、三氯乙酸 3.0g 和磺基水杨酸 3.0g，溶于蒸馏水并定容至 100 mL。

③丽春红 S 脱色液：称取 NaCl 0.8g、KCl 0.02g、$Na_2HPO_4 \cdot 12H_2O$ 0.25g、KH_2PO_4 0.02g、Tween - 20 0.1mL，溶于蒸馏水并定容至 100 mL。

④阻断液：牛血清白蛋白（BSA）溶于 TBS 缓冲液至浓度为 3%。

⑤漂洗液：Tween - 20 溶于 TBS 缓冲液至浓度为 1%。

⑥一抗。

⑦酶标二抗。

⑧显色液（新鲜配制）：称取二氨基联苯胺（简称 DAB）60mg，溶于 90mL 0.01 mol/L Tis - HCl（pH 7.6）缓冲液中，加 0.3% $CoCl_2$ 溶液 10 mL，过滤除去沉淀，临用前加 30% H_2O_2 溶液 100μL。

四、实验操作

1. SDS - PAGE

（1）安装垂直板电泳槽。

参照产品说明书安装电泳槽。

（2）SDS - 不连续体系凝胶板的制备。

①分离胶的制备：依据表 1，配制 19.47 mL 12.5% 浓度的分离胶。将配制好的分离胶液混匀后迅速倒入胶槽中，待胶液加至距短玻璃板顶端约 2cm 处，停止灌胶。检查是否有气泡，若有气泡用滤纸条吸出。然后在胶液界面上小心加入蒸馏水进行水封。15～30 min 后，凝胶和水封层界面清晰，说明胶已聚合完全。待分离胶聚合完全后，用滤纸吸去水封层，注意滤纸勿接触到凝胶面。

表 1 SDS - PAGE 凝胶的配制

试 剂	电 泳 胶	
	12.5% 分离胶	5.5% 浓缩胶
V（凝胶贮存液）/mL	8.08	2.73
V（分离胶缓冲液）/mL	4.86	—
V（浓缩胶缓冲胶）/mL	—	3.75
V（双蒸水）/mL	6.46	8.52
V（TEMED）/mL	0.02	0.03
	抽气 5min	
V（APS 溶液）/mL	0.05	0.20
总体积/mL	19.47	15.23

②浓缩胶的制备：按表 1 配制 15.23 mL 5.5% 浓度的浓缩胶。将配制好的浓缩胶灌

注在分离胶之上，直至短玻璃板的顶端，插入样品槽梳子。室温下浓缩胶的聚合需要 20 ~ 30min。

③蛋白质样品的处理：未知蛋白质样品溶于样品溶解液，终浓度为 0.5 ~ 1mg /mL。然后转移到带塞小离心管中，轻轻盖上盖子（不要塞紧，以免加热时液体进出），在 100℃沸水浴中加热 3 min，取出冷却后备用。如果处理好的样品暂时不用，可以放在 −20℃冰箱中长期保存，使用前在 100℃沸水浴中加热 3 min，以除去亚稳聚合态物质。

（3）加样。

小心拔去样品槽梳子，倒入电极缓冲液，缓冲液应没过短板约 0.5cm 以上，若样品槽中有气泡，可用注射器针头挑除。用微量加样器按顺序向凝胶样品槽中加入标准蛋白质和未知蛋白质样品，一般加样体积为 10 ~ 30μL。加样时，将微量注射器的针头通过电极缓冲液深入到加样槽内，尽量接近底部（注意针头勿碰破凹形胶面），轻轻推动微量注射器，注入样品。由于样品溶解液中含有比重较大的甘油，因此样品溶液会自动沉降在凝胶表面形成样品层。注意记录蛋白质样品的顺序。

（4）电泳。

加样完毕，上槽接阴极，下槽接阳极，打开直流稳压电源，设定电压为 100 V，待溴酚蓝指示剂迁移到距凝胶下沿 1cm 时停止电泳。

2. 样品的电转移（可以选用水平半干式或垂直湿式）

（1）水平半干式电转移。

①准备滤纸，戴乳胶手套裁剪滤纸 6 张，滤纸长与宽比 SDS − PAGE 胶各边大 1cm。

②裁剪与 SDS − PAGE 胶长宽相等的 NC 膜。

③将 3 张滤纸和电泳完毕的 SDS − PAGE 凝胶浸在阴极转移液中待用。

④将另 3 张滤纸和 NC 转移膜浸在阳极转移液中待用。

⑤按图 2 所示，将步骤③中的滤纸取出，尽量少带液体，置于转移槽阴极上（下方的石墨电极板上），然后在阴极滤纸上依次铺放 SDS − PAGE 凝胶、NC 膜、3 张用阳极转移液饱和的滤纸。要注意排除凝胶和湿滤纸、NC 膜和凝胶、湿滤纸和 NC 膜之间的所有气泡，因为气泡会产生高阻抗点，形成低效印迹区，即所谓"秃斑"。

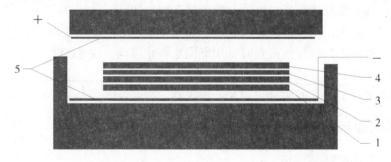

1—滤纸；2—凝胶；3—NC 膜；4—滤纸；5—电极
图 2　水平半干式电转移装置

⑥盖上石墨阳极板（上极），设定 50mA 恒流，转移 15min（6cm ×8cm SDS − PAGE 凝胶的工作条件）。

（2）垂直湿式转移。

①凝胶片的平衡：把上述 SDS – PAGE 分离后的凝胶从玻璃板上小心地转移至盛有适量转移缓冲液的大培养皿中，浸泡 30min ～ 1h，以除去胶中的 SDS，使其 pH 及离子强度和印迹缓冲液相一致，以防止凝胶发生膨胀或皱缩。

②将转移缓冲液冷却至 4℃。

③准备 NC 膜和滤纸：戴乳胶手套裁剪大小与需要印迹的凝胶大小相同的 NC 膜和 4 张滤纸。用转移缓冲液浸润 NC 膜和滤纸 15min，直到没有气泡。

④将海绵在转移缓冲液中充分浸湿。

⑤打开蛋白质转移槽的转移夹，依次放入：ⓐ浸湿的海绵；ⓑ两张用转移缓冲液饱和的滤纸；ⓒ用转移缓冲液浸泡过的胶；ⓓNC 膜；ⓔ两张用转移缓冲液饱和的滤纸；ⓕ浸湿的海绵。然后小心地合上转移夹（上述操作中的注意事项见半干式转移）。

⑥转移槽中倒入转移缓冲液，然后将转移夹垂直置于槽中，凝胶靠近阴极，NC 膜靠近阳极。

⑦将转移槽放到 4℃ 冰箱内，接通电源。

⑧电转移条件：恒流 80 mA，4h。

3. 免疫印迹分析

（1）NC 膜上总蛋白的染色和脱色。

电泳转移完毕，用镊子小心取出 NC 膜，放置于培养皿中。用丽春红 S 染色 3 min 后，用铅笔轻轻标出标准蛋白带的位置，以备计算特异性蛋白质相对分子质量所需。然后，用丽春红 S 脱色液轻轻漂洗数次至红色消失。

（2）特异性抗体检测。

①脱色后的 NC 膜置于培养皿中，加入阻断液，并在水平摇床上不断振摇，室温下封闭 2h 以上。

②倒出阻断液，加入漂洗液，在水平摇床上不断振摇，洗膜 3 次，每次 5min。

③漂洗完毕，将膜转移到稀释的特异性一抗中，室温放置 2h。

④利用水平摇床，用漂洗液洗膜 3 次，每次 5min。

⑤将膜转移到稀释的酶标二抗中，在室温下孵育 30min。

⑥利用水平摇床，用漂洗液洗膜 3 次，每次 5min。

⑦用显色液显色，到显色清晰时，用蒸馏水终止反应。注意控制好显色时间，过短可能检测不到信号，而过长会引起高背景。

⑧用吸水纸吸干膜上的水分，避光干燥保存。

五、要点提示

1. SDS – PAGE 要点

（1）制备凝胶应选用高纯度的试剂，否则会影响凝胶聚合与电泳效果。

（2）据未知样品的估计相对分子质量选择凝胶浓度，不同浓度的凝胶用于分离不同相对分子质量的蛋白（见表 2）。

表2　蛋白质相对分子质量范围与凝胶浓度的关系

蛋白质相对分子质量范围	适用的凝胶浓度/%
$< 10^4$	$20 \sim 30$
$1 \times 10^4 \sim 4 \times 10^4$	$15 \sim 20$
$4 \times 10^4 \sim 1 \times 10^5$	$10 \sim 15$
$1 \times 10^5 \sim 5 \times 10^5$	$5 \sim 10$
$> 5 \times 10^5$	$2 \sim 5$

（3）蛋白质液体中的 β – 巯基乙醇为强还原剂，能还原二硫键，使蛋白质解离成亚基。因此，对于多亚基蛋白或含多条肽链的蛋白，SDS – PAGE 只能测定它们的亚基或单条肽链的相对分子质量。

（4）不是所有的蛋白质都能用 SDS – PAGE 测定其相对分子质量。已发现电荷异常或构象异常的蛋白质、带有较大辅基的蛋白质（如某些糖蛋白）以及一些结构蛋白（如胶原蛋白等）用这种方法测定出的相对分子质量是不可靠的。

2. 蛋白质的电泳转移实验要点

（1）固定化膜的选择是影响电转移效率的重要因素。固定化膜种类比较多，不同的膜与蛋白质的结合效率不同，对免疫印迹分析的灵敏度和背景信号影响也很大。PVDF 膜在用于蛋白质印迹时，载样量大，灵敏度和分辨率都较高，蛋白质转移到 PVDF 膜后可以直接进行蛋白质微量序列分析。但与 NC 膜相比价格昂贵。

（2）电场强度不同、蛋白质种类不同，需要的转移时间也不同。电转移的效果可以通过以下方法检查：①对电转移后的凝胶染色，检查是否还有蛋白质存留；②染色 NC 膜，检查是否吸附了蛋白质；③电转移时将两片 NC 膜叠放，转移后染色，检查是否有蛋白质穿过第一层膜，吸附在第二层膜上。

（3）如检测大分子质量的蛋白质，应该使用低浓度的 SDS – PAGE，这样可以提高蛋白质电转移的效率。

3. 免疫反应实验要点

（1）用于 NC 膜上总蛋白染色的染料很多，如丽春红 S、印度墨水、氨基黑和胶体金等，其中丽春红 S 染色十分方便，因为丽春红 S 染色是短暂可逆的，染色后很容易褪色，不影响随后的免疫显色反应。

（2）实验中若发现背景过高，可以用以下方法解决：①延长 NC 膜封阻时间；②使用更有效的阻断剂，如卵清蛋白、脱脂奶粉、明胶和其他动物的血清等；③降低一抗和二抗工作浓度。

（3）抗体的浓度对实验结果影响比较大。可根据一抗和酶标二抗的效价，调整抗体的使用浓度。

（4）二抗的种类很多，目前常用的酶标二抗有：碱性磷酸酶（AP）标记 1gG、辣根过氧化物酶（HRP）标记 1gG、AP 或 HRP 标记 Biotin – Avidin 复合体系、酶标 Protein A 或 Protein G 体系以及 ^{125}I 标记 IgG 等。复杂的体系具备较高的灵敏度，但可能产生非特异性反应，可根据印迹要求进行选择。

（5）针对不同的酶标体系使用不同的显色底物，如 AP 底物为 NBT/BCIP，HRP 底物为 DAB。目前还有化学发光底物，灵敏度非常高，许多实验已经开始使用。

（6）蛋白质印迹分析中必须设计对照实验，严格鉴别假阳性反应。具体方法是使用免疫前血清为阴性对照；如果使用单克隆抗体，应该以无关的单克隆抗体为阴性对照，同时要以抗原为绝对的阳性对照，准确确定阳性条带的位置。

六、思考题

（1）简述 SDS – PAGE 测定蛋白质相对分子质量的原理。
（2）综合分析影响 NC 膜上特异性谱带检测结果的因素。
（3）如何严格地设计蛋白质印迹中的对照实验？如何判断假阳性？

实验十八　大蒜细胞 SOD 的提取与分离

一、实验目的
掌握超氧化物歧化酶的提取方法。

二、实验原理
超氧化物歧化酶（SOD）是一种具有抗氧化、抗衰老、抗辐射和消炎作用的药用酶。它可催化超氧负离子（O_2^-）进行歧化反应，生成氧和过氧化氢：$2O_2^- + H_2 = O_2 + H_2O_2$。大蒜蒜瓣和悬浮培养的大蒜细胞中含有较丰富的 SOD，通过组织或细胞破碎后，可用 pH 7.8 的磷酸缓冲液提取。由于 SOD 不溶于丙酮，可用丙酮将其沉淀析出。

三、材料、器材与试剂

1. 材料
新鲜蒜瓣，市售；大蒜细胞，通过细胞培养技术获取。

2. 器材
研磨器、离心机、水浴锅、小试管。

3. 试剂
（1）磷酸缓冲液（0.05mol/L，pH 7.8）：0.2mol/L Na$_2$HPO$_4$ 溶液 91.5mL 和 0.2mol/L NaH$_2$PO$_4$ 溶液 8.5 mL；
（2）氯仿与无水乙醇的体积比为 3∶5；
（3）丙酮，用前冷却至 4～10℃；
（4）碳酸盐缓冲液，0.05mol/L，pH 10.2；
（5）EDTA 溶液，0.1mol/L；

（6）肾上腺素液，2mmol/L。

四、实验操作

1. 组织或细胞破碎
称取 5g 左右的大蒜蒜瓣或适量大蒜细胞，置于研磨器中研磨，使组织或细胞破碎。

2. SOD 的提取
将上述破碎的组织或细胞，加入 2～3 倍体积的 0.05mol/L，pH 7.8 的磷酸缓冲液，继续研磨搅拌 20min，使 SOD 充分溶解到缓冲液中，然后 5000r/min 离心 15min，弃沉淀，得提取液。

3. 除杂蛋白
提取液加入 0.25 倍体积的氯仿 - 乙醇混合溶剂搅拌 15min，5000r/min 离心 15min，去杂蛋白沉淀，得粗酶液。

4. SOD 的沉淀分离
将上述粗酶液加入等体积的冷丙酮，搅拌 15min，5000r/min 离心 15min，得到 SOD 沉淀。

将 SOD 沉淀溶于 0.05mol/L，pH 7.8 的磷酸缓冲液中，于 55～60℃热处理 15min，离心弃沉淀，得到 SOD 酶液。

将上述提取液、粗酶液和酶液分别取样，测定各自的 SOD 活力。

5. SOD 活力测定
取 3 支试管，各加入碳酸盐缓冲液 5mL，EDTA 溶液 0.5mL，再按下表操作。

SOD 活力测定加样

试剂/mL	空白管	对照管	样品管
碳酸盐缓冲液	5.0	5.0	5.0
EDTA 溶液	0.5	0.5	0.5
蒸馏水	0.5	0.5	—
样品液	—	—	0.5
混合均匀			
肾上腺素液	—	0.5	0.5

在加入肾上腺素前，充分摇匀并在 30℃水浴锅中预热 5min 至恒温。加入肾上腺素（空白管不加），继续保温反应 2min，然后立即测定各管在 480nm 处的吸光度。对照管与样品管的吸光度值分别为 A 和 B。

在上述条件下，SOD 抑制肾上腺素自氧化的 50% 所需的酶量定义为一个酶活力单位。即

$$酶活力（U）＝\frac{2\times(A-B)\times N}{A}$$

式中　N——样品稀释倍数；

　　　2——抑制肾上腺素自氧化50%的换算系数（100%/50%）。

若以每毫升样品液的单位数表示，则按下式计算：

$$酶活力（U/mL）= \frac{2 \times (A-B) \times N}{A} \times \frac{V}{V_1} = \frac{26 \times (A-B) \times N}{A}$$

式中　V——反应液体积（6.5mL）；

　　　V_1——样品液体积（0.5mL）。

最后，根据提取液、粗酶液和酶液的酶活力和体积，计算收得率。

五、注意事项

在用丙酮沉淀SOD时，温度不宜过高，否则容易引起酶的变性失活，而且沉淀析出后须尽快分离，尽量减少有机溶剂的影响。

六、思考题

举出几种常用于分离提纯的有机溶剂，并说明有机溶剂沉淀分离物质时应注意哪些问题。

实验十九　淀粉的提取及性质实验

一、实验目的

(1) 掌握淀粉的提取方法。

(2) 熟悉淀粉与碘的反应和淀粉水解生成葡萄糖的反应。

二、实验原理

淀粉主要是由直链淀粉（约占20%）和支链淀粉（约占80%）组成。直链淀粉能溶于热水，跟碘作用显现蓝色。支链淀粉不溶于水，但能在水中胀大而润湿、跟碘作用显现紫红色。酸性氯化钙溶液与磨细的含淀粉样品共煮，可使淀粉轻度水解；同时钙离子与淀粉分子上的羟基络合，使得淀粉分子充分地分散到溶液中，成为淀粉溶液。淀粉在稀酸作用下能发生水解，生成一系列产物，最后得到葡萄糖。

三、器材与试剂

1. 器材

植物样品粉碎机、离心机、分析天平、粗天平、量筒、锥形瓶、分样筛（100目）、布氏漏斗、抽滤瓶及真空泵、离心管、电炉、烧杯、三脚架、石棉网、滴管。

2. 试剂

(1) 乙醚。

（2）80%乙醇。

（3）30% $ZnSO_4$。

（4）15% $K_4Fe(CN)_6$。

（5）95%乙醇。

（6）淀粉。

（7）稀硫酸。

（8）碳酸钠。

（9）红色石蕊试纸。

（10）氢氧化钠溶液（5%）。

（11）硫酸铜溶液（2%）。

（12）费林试剂。

（13）含有氯化汞的乙醇溶液：取氯化汞2g，加60%乙醇至100mL。

（14）乙醇-氯化钙溶液：取500g氯化钙溶于600mL蒸馏水中，过滤至澄清，用密度计在20℃条件下调节相对密度至约1.3，再滴加冰醋酸调pH为2.3。

（15）碘溶液：称取5g碘、10g碘化钾溶于100mL蒸馏水中。

四、实验操作

1. 淀粉的提取

（1）样品准备。

①称取样品：将样品风干、研磨、通过100目筛，精确称取约2.5g样品细粉（要求含淀粉约2g），置于离心管内。

②脱脂：加乙醚数毫升到离心管内，用细玻璃棒充分搅拌，然后离心。倾去上清液并收集以备回收乙醚。重复脱脂数次，以去除大部分油脂、色素等（因油脂的存在会使以后淀粉溶液的过滤困难。大多数谷物样品含脂肪较少，可免去这个脱脂手续）。

③抑制酶活性：加含有氯化汞的乙醇溶液10mL到离心管中，充分搅拌，然后离心，倾去上清液，得到残余物。

④脱糖：加80%乙醇10mL到离心管中，充分搅拌以洗涤残余物（每次都用同一玻璃棒），离心，倾去下清液。重复洗涤数次以去除可溶性糖分。

（2）溶提淀粉。

①加乙酸-氯化钙：先加乙酸-氯化钙溶液约10mL到离心管中，搅拌后全部倾入250mL锥形瓶内，再用乙酸-氯化钙溶液50mL分数次洗涤离心管，洗涤液并入锥形瓶内，搅拌玻璃棒也转移到锥形瓶内。

②煮沸溶解：先用蜡笔标记液面高度，直接置于加有石棉网的小电炉上，在4～5min内迅速煮沸，保持沸腾15～17min，立即将锥形瓶取下，置流水中冷却。煮沸过程中要注意搅拌和调节温度，防止烧焦和泡沫涌出瓶外，必要时加水保持液面高度。

（3）沉淀杂质和定容。

①加沉淀剂：将锥形瓶内的水解液转入100mL容量瓶，用乙酸-氯化钙溶液充分洗涤锥形瓶，并入容量瓶内，加30% $ZnSO_4$ 1mL混合后，再加15% $K_4Fe(CN)_6$ 1mL，

用水稀释至接近刻度时，加95%乙醇一滴以破坏泡沫，然后稀释到刻度，充分混合，静置，以使蛋白充分沉淀。

②过滤：用布氏漏斗（加一层滤纸）吸气过滤。先倒入上清液约10mL于漏斗滤纸上，使其完全湿润，让溶液流干后，弃去滤液，再倒入上清液进行过滤，用干燥的容器接收此滤液，收集约50mL，供测定时用。

2. 淀粉性质的测定

（1）淀粉与碘的反应。在一个试管里加入1mL制备好的淀粉溶液，然后加入1滴碘液，淀粉溶液立即会显深蓝色。加热，颜色退去，冷却，蓝色又出现。

（2）淀粉的水解。加40mL淀粉溶液于烧杯中，再加稀硫酸1mL，煮沸5min，取出1mL热溶液放在试管里，使其迅速冷却，滴入1滴碘液，出现蓝紫色。以后每隔2min取一次试样检验，共计五次，可以看到不同大小的糊精颗粒对碘液显现紫红色、橙红色、橙黄色及黄色。

（3）把已经水解的淀粉溶液用碳酸钠中和硫酸，使溶液略显碱性。取出1mL，加入盛有费林试剂（甲液和乙液各3mL混合）的试管里，混合均匀，加热煮沸，即有红色氧化亚铜沉淀生成。

五、思考题

为什么加入稀硫酸的淀粉溶液在不同的温度与碘反应会呈现不同的颜色？

实验二十　淀粉与纤维素的测定

Ⅰ　淀粉含量的测定（旋光法）

一、实验目的

（1）熟悉旋光仪的使用方法。

（2）了解旋光仪测定淀粉的原理并掌握其具体方法。

二、实验原理

淀粉是植物的主要能量贮藏物质，主要存在于种子、块根和块茎中。淀粉不仅是重要的营养物质，而且在工业上的应用也很广泛。

将磨细的含淀粉样品与酸性氯化钙溶液共煮，可使样品中淀粉轻度水解，同时由于钙离子与淀粉分子上的羟基络合，使淀粉分子充分地分散到溶液中，成为淀粉溶液。淀粉分子具有不对称碳原子，因而具有旋光性，利用旋光仪测定淀粉溶液的旋光度 α，旋光度的大小与淀粉的浓度成正比，据此可以求出淀粉含量。

应注意的是，酸性氯化钙溶液必须保持 pH 为 2.3，相对密度为 1.30，加入时间的长短也要控制在一定范围，以保证各种不同来源的淀粉溶液的比旋光度 $[\alpha]$ 恒定不变

（20℃）。样品中其他旋光性物质（如糖分）必须预先除去。

三、材料、器材与试剂

1. 材料

面粉或其他风干样品。

2. 器材

植物样品粉碎机、离心机、分析天平、粗天平、旋光仪及附件、锥形瓶、分样筛（100 目）、布氏漏斗、抽滤瓶及真空泵、离心管、小电炉。

3. 试剂

（1）30% $ZnSO_4$ 溶液。

（2）15% $K_4Fe(CN)_6$ 溶液。

（3）乙醇－氯化钙溶液：取 500g 氯化钙溶于 600mL 蒸馏水中，过滤至澄清，用密度计在 20℃ 条件下调节相对密度至约 1.3，再滴加冰醋酸调 pH 为 2.3。

（4）含有氯化汞的乙醇溶液：取氯化汞 2g，加 60% 乙醇至 100mL。

四、实验操作

1. 样品滤液的制备

（1）样品准备。同实验十九。

（2）溶提淀粉。同实验十九。

（3）沉淀杂质和定容。同实验十九。

2. 测定旋光度

以空白液〔乙酸－氯化钙、蒸馏水的体积比为 6∶4〕调旋光仪至零点，再将旋光仪测定管装满滤液，小心地按照旋光仪使用说明进行旋光度的测定。

五、结果计算

$$w_{淀粉含量} = \frac{\alpha \times 100}{L \times m \times 203 \times (1 - \omega)} \times 100\%$$

式中　α——用钠光时观测到的旋光度；

　　　203——20℃时淀粉的比旋光度；

　　　L——旋光管长度，dm；

　　　m——样品质量，g；

　　　ω——样品水分含量。

也可以不用上列公式计算，改用工作曲线来求得淀粉含量，这样准确度高些。

六、思考题

过滤时为什么要弃去最初滤液？其对结果会产生什么影响？

Ⅱ　纤维素含量的测定

一、实验目的

（1）学习纤维素标准液的制备方法。
（2）学习用回归方程定量。

二、实验原理

纤维素是植物细胞壁的主要成分之一，纤维素含量的多少，关系到植物细胞机械组织发达与否，因而影响作物的抗倒伏、抗病虫害能力的强弱。测定粮食、蔬菜及纤维作物产品中纤维素的含量是鉴定其品质好坏的重要指标。

纤维素是由 β－葡萄糖残基组成的多糖，在酸性条件下加热能分解成 β－葡萄糖。β－葡萄糖在强酸作用下，可脱水生成 β－糠醛类化合物。β－糠醛类化合物与蒽酮脱水缩合，生成黄色的糠醛衍生物，颜色的深浅可间接定量测定纤维素含量。

三、材料、器材与试剂

1. 材料
烘干的米、面粉或风干的棉、麻纤维。

2. 器材
试管、量筒、烧杯、移液管、容量瓶、布氏漏斗、分析天平、水浴锅、电炉和分光光度计。

3. 试剂
（1）60% H_2SO_4 溶液：用浓 H_2SO_4（A. R.）配制。
（2）2% 蒽酮试剂：将 2g 蒽酮溶解于 100mL 乙酸乙酯中，贮放于棕色试剂瓶中。
（3）纤维素标准液：准确称取 100mg 纯纤维素，放入 100mL 容量瓶中，将容量瓶放入冰浴中，然后加入预冷的 60% H_2SO_4 60 ～ 70mL，在冰上消化处理 20 ～ 30min；然后用 60% H_2SO_4 稀释至刻度，摇匀。吸消化液 5.0mL 放入另一 50mL 容量瓶中，将容量瓶放入冰浴中，加蒸馏水稀释至刻度，则每毫升含 100μg 纤维素。

四、实验操作

1. 求纤维素标准液的回归方程
（1）在 6 支小试管中分别加入 0mL, 0.40mL, 0.80mL, 1.20mL, 1.60mL, 2.00mL 纤维素标准液，然后分别加入 2.00mL, 1.60mL, 1.20mL, 0.80mL, 0.40mL, 0mL 蒸馏水，摇匀，则每管依次含纤维素 0μg, 40μg, 80μg, 120μg, 160μg, 200μg。
（2）向每管加 0.5mL 2% 蒽酮试剂，再沿管壁加 5.0mL 浓 H_2SO_4，塞上塞子，摇匀，静置 1min。然后在 620nm 波长下测不同含量纤维素溶液的吸光度。
（3）以测得的吸光度为 y 值，对应的纤维素含量为 x 值，求得 y 随 x 而变的回归方程。

2. 样品纤维素含量的测定
（1）称取风干的棉花纤维 0.2g 于烧杯中，将烧杯置冷水浴中，加入 60% H_2SO_4

60mL，并消化 30min，然后将消化好的纤维素溶液转入 100mL 容量瓶，并用 60%
H_2SO_4 定容至刻度，摇匀后用布氏漏斗过滤于另一烧杯中。

（2）上述滤液 5mL 放入 100mL 容量瓶中，在冷水浴上加蒸馏水稀释至刻度，摇匀
备用。

（3）取（2）中的溶液 2mL 于具塞试管中，加入 0.5mL 2% 蒽酮试剂，并沿管壁加
5mL 浓 H_2SO_4，塞上塞子，摇匀，静置 12min，然后在 620nm 波长下测吸光度。

五、结果计算

根据测得的吸光度按回归方程求出纤维素的含量，然后按下式计算样品中纤维素的
含量：

$$y = x \times 10^{-6} \times A \times 100\% / m$$

式中　y——样品纤维素的含量，%；

x——按回归方程计算出的纤维素含量，μg；

m——样品质量，g；

10^{-6}——将 μg 换算成 g 的系数；

A——样品稀释倍数。

六、思考题

（1）在制备待测液时，为什么要先加 2% 蒽酮试剂而后加入浓 H_2SO_4？

（2）在待测液测定之前，为什么要静置 12min？静置时间过短或者过长对最后的测
定结果会有什么样的影响？

实验二十一　小麦萌发前后淀粉酶活力的比较

一、实验目的

（1）学习分光光度计的原理和使用方法。

（2）学习测定淀粉酶活力的方法。

（3）了解小麦萌发前后淀粉酶活力的比较。

二、实验原理

淀粉是植物主要的贮藏多糖，也是人和动物的重要食物和发酵工业的基本原料。淀粉
经淀粉酶作用后生成葡萄糖、麦芽糖等小分子物质而被机体利用。淀粉酶主要包括 α - 淀
粉酶和 β - 淀粉酶两种。α - 淀粉酶可随机地作用于淀粉中的 α - 1，4 - 糖苷键，生成葡萄
糖、麦芽糖、糊精等还原糖，同时使淀粉的黏度降低，因此又称为液化酶。β - 淀粉酶可
从淀粉的非还原性末端进行水解，每次水解下一分子麦芽糖，又被称为糖化酶。

$$2 (C_6H_{10}O_5)_n + nH_2O \rightarrow nC_{12}H_{12}O_{11}$$

麦芽糖具有还原性，能使3，5－二硝基水杨酸还原成棕色的3－氨基－5－硝基水杨酸，其反应如下：

淀粉酶活力的大小与产生的还原糖的量成正比。用标准浓度的麦芽糖溶液制作标准曲线，可用分光光度法测定淀粉酶作用于淀粉后生成还原糖的量，以单位质量样品在一定时间内生成的麦芽糖的量表示酶活力。

三、材料、器材与仪器

1. 材料
小麦种子600粒左右。

2. 器材
离心管、离心机、分光光度计、恒温水浴锅、研钵、电炉、容量瓶（50mL ×1，100mL ×1）、20mL具塞刻度试管（×12）、试管架、刻度吸管（1mL ×2，2mL ×3，10mL ×1）。

3. 试剂
（1）标准麦芽糖溶液（1mg /mL）：精确称取100mg麦芽糖，用蒸馏水溶解并定容至100mL。

（2）0.02mol /L pH 6.9的磷酸缓冲液：0.2mol /L磷酸二氢钾67.5mL与0.2mol /L磷酸氢二钾82.5mL混合，稀释10倍。

（3）1%淀粉溶液：称取1g淀粉溶于100mL 0.1mol /L pH 5.6的柠檬酸缓冲液中。

（4）3，5－二硝基水杨酸试剂：精确称取3，5－二硝基水杨酸1g，溶于20mL 2mol /L氢氧化钠溶液中，加入50mL蒸馏水，再加入30g酒石酸钾钠，待溶解后用蒸馏水定容至100mL。盖紧瓶塞，勿使二氧化碳进入。若溶液混浊可过滤后使用。

（5）1%氯化钠溶液。

（6）0.4mol /L氢氧化钠溶液。

（7）石英砂若干（干净河沙）。

四、实验操作

1. 材料的准备
根据小麦萌发前后淀粉酶活力的变化规律，让学生准备实验材料：提前3～4天对休眠的小麦进行萌发，麦粒浸泡2～3h后，用干净湿润细砂或湿润纱布掩埋或包裹麦粒，在25～28℃温度下进行萌发，每隔12h换水一次，休眠麦粒在实验前3～4h浸泡即可。

2. 麦芽糖标准曲线的制作
取7支干净的具塞刻度试管，编号，按下表加入试剂，摇匀，置沸水中煮沸5min。

取出后流水冷却，加蒸馏水定容至 20mL。以 1 号试管作为空白调零点，在 540nm 波长下比色测定光密度。以麦芽糖含量为横坐标，光密度为纵坐标，绘制标准曲线。

麦芽糖标准曲线制作

试剂 \ 管号	1	2	3	4	5	6	7
麦芽糖标准液/mL	0	0.2	0.6	1.0	1.4	1.8	2.0
蒸馏水/mL	2.0	1.8	1.4	1.0	0.6	0.2	0
麦芽糖含量/mg	0	0.2	0.6	1.0	1.4	1.8	2.0
3，5 - 二硝基水杨酸试剂/mL	2.0	2.0	2.0	2.0	2.0	2.0	2.0

3. 淀粉酶液的制备

称取 1g 萌发 3 天的小麦种子（芽长约 1cm）置于研钵中，加入少量石英砂（0.2g 左右）和 4mL1% 氯化钠溶液，研磨匀浆。将匀浆倒入离心管中，用 6mL 1% 氯化钠溶液分次将残渣洗入离心管中。提取液在室温下放置提取 15 ～ 20min，每隔数分钟搅动 1 次，使其充分提取。然后在 3 000r/min 转速下离心 10min，将上清液倒入 100mL 容量瓶中，加磷酸缓冲液定容至刻度，摇匀，即为淀粉酶液。

用同样的方法制备干燥种子，萌发 1 天、2 天、4 天的酶提取液（视具体实验而定）。

4. 酶活力的测定

取 4 支干净的具塞试管，编号，分别加入干燥种子（或浸泡 2 ～ 3h 后）的酶提取液，萌发 1 天、2 天、3 天和 4 天的酶提取液各 0.5mL，将 4 支试管置于一个 40 ±0.5℃ 恒温水浴锅中保温 15min，再向各管中加入 40℃ 预热的 1% 淀粉溶液 2mL，摇匀，立即放入 40℃ 恒温水浴锅中，准确计时保温 5min。取出后向测定管迅速加入 4mL 0.4mol /L 氢氧化钠，终止酶活动，各加入 2mL 3，5 - 二硝基水杨酸试剂。以下操作同标准曲线制作。根据样品比色吸光度，从标准曲线计算出麦芽糖含量，最后进行结果计算。

五、结果计算

本实验规定：40℃ 时 5min 的水解淀粉释放出 1mg 麦芽糖所需的酶量为 1 个活力单位。则 1 克麦芽中淀粉酶的总活力单位为释放出的麦芽糖质量（mg）$\times \dfrac{100}{0.5}$。

六、注意事项

（1）样品提取液的定容体积和酶液稀释倍数可根据不同材料酶活性的大小而定。

（2）为了确保酶促反应时间的准确性，在进行保温这一步骤时，可以将各试管每隔一定时间依次放入恒温水浴锅中，准确记录时间，到达 5min 取出试管，立即加入 3，5 - 二硝基水杨酸试剂以终止酶反应，以便尽量减小各试管反应时间不同而引起的误差。同时恒温水浴温度变化应不超过 ±0.5℃。

（3）试剂加入按规定顺序进行。

七、思考题

（1）淀粉酶活性测定原理是什么？应注意什么问题？

（2）酶反应中为什么加入 pH 6.9 的磷酸缓冲液？为什么在 40℃进行保温？

（3）小麦萌发过程中淀粉酶活性升高的原因和意义是什么？

实验二十二　糖的硅胶 G 薄层层析

一、实验目的

了解并掌握吸附层析的原理，学习薄层层析的一般操作及定性鉴定方法。

二、实验原理

薄层层析是一种微量而快速的层析方法。把吸附剂或支持剂均匀地涂布于玻璃板（或涤纶片基）上成一个薄层，把要分析的样品加到薄层上，然后用合适的溶剂进行展开而达到分离、鉴定和定量的目的。因为层析是在吸附剂或支持剂的薄层上进行的，所以称它为薄层层析。

为了使要分析的样品组分得到分离，必须选择合适的吸附剂，常选用硅胶、氧化铝和聚酰胺。由于它们的吸附性能良好，是应用最广泛的吸附剂。硅藻土和纤维素则是分配层析中最常用的支持剂。在吸附剂或支持剂中添加了合适的黏合剂后再涂布，可使薄层粘牢在玻璃板上，硅胶 G 就是已经加入石膏的层析用吸附剂。

硅胶 G 可以把一些物质自溶液中吸附到它的表面上，利用它对各种物质吸附能力的不同，再用适当的溶剂系统层析就可以达到使不同物质分离的目的。薄层层析为低分子量糖的分析提供了一个简便、迅速和灵敏的方法，糖在硅胶 G 薄层上的移动速度与糖的分子量和羟基数有关。经适当溶剂系统展开后样品移动距离如下：戊糖 > 己糖 > 双糖 > 三糖。若采用弱酸盐溶液（如醋酸钠溶液）代替水来调制硅胶 G 制成的薄层，能提高糖的分离效果。

为了控制薄层的厚度以及得到恒定的 R_f 值，必须控制吸附剂颗粒的大小。吸附剂颗粒大小不合适会影响层析的速度和分离的效果，一般无机吸附剂颗粒直径在 0.07 ～ 0.1mm，薄层厚度在 0.25 ～ 1mm 较为适宜；有机吸附剂的颗粒可以略大，直径在 0.1 ～0.2mm，薄层厚度在 1 ～ 2mm 较为适宜。

薄层层析的原理和纸层析、柱层析相似，同时又兼具这两种层析的优点：

（1）观察结构、显色方便，如薄层由无机物制成，可用腐蚀性显色剂；

（2）层析时间短；

（3）微量，0.1μg 至数十微克样品均可分离，比纸层析灵敏度大 10 ～ 100 倍。

若薄层铺得厚些可以进行几百毫克样品的制备；由于这些原因，加之操作方便、设备简单，薄层层析应用很广泛。

三、器材与试剂

1. 器材

烧杯50mL（×1）、玻璃板20cm×5cm（×1）、层析缸（25cm×30cm）、毛细管（0.05mm直径）、玻棒、喷雾器、烘箱、直尺、铅笔。

2. 试剂

（1）0.02mol/L醋酸钠（NaAC，分析纯），pH 8～9。

（2）层析溶剂系统：氯仿、甲醇的体积比为60:40。

（3）苯胺–二苯胺–磷酸显色剂：1g二苯胺、1mL苯胺和5mL 85%磷酸溶于50mL丙酮中。

（4）1%标准糖溶液：木糖、果糖、蔗糖分别用75%乙醇配成1%的溶液。

（5）1%标准糖混合液：上述各种糖取等量混合后以75%的乙醇配制成1%浓度的溶液。

（6）硅胶G（层析用，E·MerCK）。

四、实验操作

1. 硅胶G薄层的制备

制薄层用的玻璃板预先用洗液洗净并烘干，玻璃表面要求光滑，称取2g硅胶G加0.5g淀粉，再加7mL 0.02mol/L醋酸钠。于烧杯中搅拌均匀后倒在玻璃板上，倾斜玻璃板，使硅胶G成为均匀的薄层。置玻璃板于110℃烘箱内烘30min，取出供使用。制成的薄层要求表面平整、厚薄均匀。

2. 点样

距薄板一端2cm处用铅笔画一横线，每距1cm作一记号（用铅笔轻轻点一下，切不可将薄层刺破），共4点。用0.5mm直径的毛细管吸取样品，各样品按下图点1次，样品量在5～50μg内均适用。控制点的直径不超过2mm。

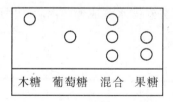

点样图

3. 展开

将薄板点样一端放入盛有100mL层析溶剂的层析缸中，层析溶液液面不得超过点样线。盖上盖进行展层，展层至溶剂前沿距顶端0.5～1cm处时取出薄板，在溶剂前沿处做记号，空气中晾干，除尽溶剂。

4. 显色

将苯胺–二苯胺–磷酸显色剂均匀喷在薄层上，于85℃烘箱内加热至层析斑点显现，此显色剂可使各种糖显现出不同的颜色。根据各标准糖层析后所得斑点的位置确定混合样品中所分离出的各个斑点分别为何种糖。苯胺－二苯胺－磷酸显色剂显色后糖的颜色见下表。计算各斑点的 R_f 值。

苯胺－二苯胺－磷酸显色剂显色后糖的颜色

糖	木糖	葡萄糖	果糖
呈色	黄绿	灰蓝绿	棕红

五、思考题

（1）简述硅胶 G 薄层与纸层析的不同点。
（2）操作时有哪些注意事项？

实验二十三　肝糖原的提取及鉴定

一、实验目的

（1）了解肝糖原的性质并掌握其提取方法。
（2）熟悉肝糖原的鉴定方法。

二、实验原理

糖原属于高分子糖类化合物，是动物体内糖的主要贮存形式，在肝脏内储量较为丰富。糖原在体内的合成与分解代谢对血糖浓度的调节起着重要的作用。

糖原微溶于水，无还原性，与碘作用呈红色。常用的提取肝糖原的方法是将新鲜的肝组织与石英砂共同研磨以破坏肝组织，加入三氯乙酸溶液沉淀其中的蛋白质，离心除去沉淀。上清液中的肝糖原则通过加入乙醇沉淀而得。将沉淀的糖原溶于水，取一部分加入碘观察颜色反应，另一部分经酸水解成葡萄糖后，用班氏试剂（Benedict）检验。

三、材料、器材与试剂

1. 材料
新鲜动物肝脏。

2. 器材
研钵、离心机、离心管、电炉、广泛 pH 试纸、滤纸、试管。

3. 试剂
（1）10% 三氯乙酸溶液。
（2）5% 三氯乙酸溶液。
（3）95% 乙醇，浓盐酸。
（4）20% NaOH 溶液。

（5）碘液：将碘 1g、碘化钾 2g 溶于 500 mL 蒸馏水中。

（6）班氏试剂：将硫酸铜 17.3g 溶于 100 mL 温蒸馏水中，将柠檬酸钠 173g 和无水碳酸钠 100g 溶于 700mL 温蒸馏水中，冷却；将硫酸铜溶液在搅拌下缓缓加入柠檬酸钠混合液中，最后用蒸馏水稀释至 1000 mL。

四、实验操作

1. 肝糖原的提取

称取 1g 左右新鲜动物肝脏至研钵中，加入少许石英砂以及 1mL 10% 三氯乙酸溶液，研磨至糜状，再加入 2mL 5% 三氯乙酸继续研磨片刻，使其成均匀糜浆，转入离心管中，以 2 500r/min 离心 10min。

取上清液于另一离心管中，加入等体积 95% 乙醇，混匀后静置片刻，使糖原呈絮状析出，再放入离心机以 2 500r/min 离心 10min。弃去上清液，将离心管倒置于滤纸上。

2. 肝糖原的鉴定

向肝糖原沉淀中加入 1mL 蒸馏水，用细玻璃棒搅拌至溶解，得糖原溶液。

（1）取试管 2 支，一支加入糖原溶液 10 滴，另一支加入蒸馏水 10 滴，然后两管各加入碘液 2 滴，混匀。观察管中颜色变化，并解释现象。

（2）在剩余糖原溶液内加入浓盐酸 3 滴，放入沸水浴中加热 10min，取出冷却，用 20% NaOH 溶液中和至中性（pH 试纸检验）。加入班氏试剂 2mL，再置沸水浴中加热 5min，取出冷却。观察管中沉淀的生成，并解释现象。

五、思考题

（1）糖原的化学结构是怎样的？为什么与碘作用呈红色？这与淀粉有何不同？

（2）班氏试剂测糖的原理是什么？

实验二十四　蒽酮比色法测定可溶性糖含量

一、实验目的

（1）掌握蒽酮比色法测定可溶性糖含量的原理和方法。

（2）熟悉分光光度计的原理和操作技术。

二、实验原理

在较高温度下，强酸可使糖类脱水生成糠醛，机理如下：

（戊糖）　　　　　　　　　　　　　　　　　　　（糠醛）

（己糖）　　　　　　　　　　　　　　　　　（羟甲基糠醛）

（蒽酮）　　　　　　　　　　　　　　　　　　　（糠醛衍生物）

　　生成的糠醛或羟甲基糠醛与蒽酮脱水缩合，形成糠醛的衍生物，呈蓝绿色，该物质在 620nm 处有最大吸收值。在一定范围内其颜色的深浅与可溶性糖含量成正比。因此可以用比色法定量测定糖含量。

　　蒽酮不仅能与单糖，也能与双糖、糊精、淀粉等直接起作用，样品不必经过水解。此法有很高的灵敏度，糖含量在 30μg 左右就能进行测定，所以可作为微量测糖之用。一般样品少的情况下，采用这一方法比较合适。

三、材料、器材与试剂

1. 材料
苹果。

2. 器材
分光光度计、电子天平、锥形瓶、大试管、试管架及试管夹、漏斗、容量瓶、移液管、恒温水浴锅、组织捣碎机或研钵。

3. 试剂
（1）100μg/mL 葡萄糖标准溶液：准确称取葡萄糖 100mg，用蒸馏水溶解后，置于 1000mL 容量瓶中定容。

（2）浓硫酸。

（3）蒽酮试剂：0.2g 蒽酮溶于 100mL 98% 的浓硫酸中，当日配制使用。

四、操作方法

1. 绘制葡萄糖标准曲线

取 8 支洁净干燥的大试管，编号，按下表的数据进行操作。

葡萄糖标准曲线的绘制

试剂　　　　　　管号	1	2	3	4	5	6	7	8
葡萄糖标准溶液/mL	0	0.1	0.2	0.3	0.4	0.6	0.8	1.0
蒸馏水/mL	1.0	0.9	0.8	0.7	0.6	0.4	0.2	0
蒽酮试剂/mL	4	4	4	4	4	4	4	4
摇匀，盖好管口，沸水浴保温 10min，取出，流水冷却，620nm 下比色								
葡萄糖含量/μg	0	10	20	30	40	60	80	100
A_{620}								

以标准葡萄糖含量（μg）为横坐标，以吸光值 A_{620} 为纵坐标，绘制出标准曲线。

2. 样品中可溶性糖的提取

准确称取 1g 苹果可食部分，捣成匀浆，转移入锥形瓶中，加蒸馏水 10mL，在水浴中加盖煮沸 15min，冷却，通过小漏斗将样品转移至 50mL 容量瓶中，少量蒸馏水冲洗锥形瓶及漏斗，并入容量瓶，用蒸馏水定容。充分振荡混匀，过滤，滤液即为待测液。根据浓度可作适当稀释。

注意：如果样品中蛋白质含量较高，须除蛋白。一般采用 10% 乙酸铅加入滤液（提取液）以沉淀样品中的蛋白质。具体操作方法：将乙酸铅一滴滴加入滤液，待反应完全后，再加入适量草酸钾，以除去过量的乙酸铅，过滤，滤液即为最终待测液。

3. 测定

取 3 支试管，分别吸取样品液 1mL 于大试管中，各加入 4.0mL 蒽酮试剂，以下操作同标准曲线制作。以标准曲线的 1 号管为对照，620nm 处比色，记录吸光值，在标准曲线上查出相应的葡萄糖含量（μg）。

五、结果计算

$$植物样品含糖量（\%）= \frac{查表所得糖量（μg）\times n}{m（g）\times 10^6} \times 100\%$$

式中　m——样品质量，g；

　　　n——稀释倍数。

六、注意事项

（1）应用此法时注意控制待测液含糖量，调整在有效范围内才能获得准确结果。

（2）硫酸要用分析纯（浓度 95.5%），以免影响比色效果。

（3）不同的糖类与蒽酮的显色有差异，稳定性也不同。

（4）由于蒽酮试剂同糖反应的呈色强度随时间变化，反应温度和时间要严格控制，加蒽酮试剂过程最好将所有试管放入冰浴中，加完后一同放入沸水浴，以免影响结果准确性。

（5）蒽酮试剂不稳定，易氧化变为褐色，一般为使用当天配制。添加稳定剂硫脲后，可在冷暗处保存48h。

七．思考题

（1）蒽酮比色法测定样品中可溶性糖含量时应注意什么？

（2）若实验样品中有蛋白质，对实验是否有影响？应怎样除去？

实验二十五　基因组 DNA 的提取与检测

Ⅰ　从植物组织中提取基因组 DNA

一、实验目的

学习从植物中提取基因组 DNA 的一般方法。

二、实验原理

基因组 DNA 的提取通常用于构建基因组文库、Southern 杂交（包括 RFLP）及 PCR 分离基因等。利用基因组 DNA 较长的特性，可以将其与细胞器或质粒等小分子 DNA 分离。加入一定量的异丙醇或乙醇，基因组的大分子 DNA 即沉淀形成纤维状絮团飘浮其中，可用玻棒将其取出，而小分子 DNA 则只形成颗粒状沉淀于壁上及底部，从而达到提取的目的。在提取过程中，染色体会发生机械断裂，产生大小不同的片段，因此分离基因组 DNA 时应尽量在温和的条件下操作，如尽量减少酚/氯仿抽提，混匀过程要轻缓，以保证得到较长的 DNA。

不同生物（植物、动物、微生物）的基因组 DNA 的提取方法有所不同；不同种类或同一种类的不同组织因其细胞结构及所含的成分不同，分离方法也有差异。在提取某种特殊组织的 DNA 时，必须参照文献和经验建立相应的提取方法，以获得可用的 DNA 大分子。尤其是组织中的多糖和酶类物质对随后的酶切、PCR 反应等有较强的抑制作用，因此用富含这类物质的材料提取基因组 DNA 时，应考虑除去多糖和酚类物质。

本实验用水稻幼苗（禾本科）、李（苹果）叶子和大肠杆菌培养物为材料，学习基因组 DNA 提取的一般方法。

三、材料、器材与试剂

1. 材料

水稻幼苗或其他禾本科植物，李（苹果）幼嫩叶子，细菌培养物。

2. 器材

移液器、移液管、高速冷冻离心机、水浴锅、陶瓷研钵、50mL 离心管（有盖）、1.5mL 离心管、5mL 离心管、弯成钩状的小玻棒。

3. 试剂

（1）提取缓冲溶液I：100mmol/L Tris-HCl，pH 8.0，20mmol/L EDTA，500mmol/L NaCl，1.5% SDS。

（2）提取缓冲液Ⅱ：18.6g 葡萄糖，6.9g 二乙基二硫代碳酸钠，6.0g PVP，240μL 巯基乙醇，加水至 300mL。

（3）CTAB/NaCl 溶液：4.1g NaCl 溶解于 80mL H_2O 中，缓慢加入 10g CTAB，加水定容至 100mL。

（4）氯仿-戊醇-乙醇体积比为 80:4:16。

（5）氯仿-异戊醇体积比为 24:1。

（6）酚-氯仿-异戊醇体积比为 25:24:1。

（7）RNase A 液：10μg/mL。

（8）蛋白酶 K（20mg/mL 或粉剂）。

（9）TE 缓冲液：10mmol/L Tris-HCl（pH 8.0），1mmol/L EDTA（pH 8.0）。高压灭菌后储存于 4℃ 冰箱中。

（10）其他试剂：液氮、异丙醇、无水乙醇、70% 乙醇、3mol/L NaAc、10% SDS、5mol/L NaCl。

四、实验操作

1. 水稻幼苗或其他禾本科植物基因组 DNA 提取

（1）在 50mL 离心管中加入 20mL 提取缓冲液I，60℃ 水浴预热。

（2）水稻幼苗或叶子 5～10g，剪碎，在研钵中加液氮磨成粉状后立即倒入预热的离心管中，剧烈摇动混匀，60℃ 水浴保温 30～60min（时间长，DNA 产量高），不时摇动。

（3）加入 20mL 氯仿-戊醇-乙醇溶液，颠倒混匀（需戴手套，防止损伤皮肤），室温下静置 5～10min，使水相和有机相分层（必要时可重新混匀）。

（4）室温下 5000r/min 离心 5min。

（5）仔细移取上清液至另一 50mL 离心管中，加入 1 倍体积异丙醇，混匀，室温下放置片刻即出现絮状 DNA 沉淀。

（6）在 1.5mL Ependorf 管中加入 1mL TE，用钩状玻璃棒捞出 DNA 絮团，在干净吸水纸上吸干，转入含有 TE 的离心管中，DNA 很快溶解于 TE 中。

（7）如 DNA 不形成絮状沉淀，则可用 5000r/min 离心 5min，再将沉淀移入 TE 管中。这样收集的沉淀，往往难溶解于 TE，可在 60℃ 水浴放置 15min 以上，以帮助溶解。

（8）将 DNA 溶液 3000r/min 离心 5min，上清液倒入干净的 5mL 离心管中。

（9）加入 5μL RNase A（10μg/mL），37℃ 保温 10min，除去 RNA（RNA 对 DNA 的操作、分析一般无影响，可省略该步骤）。

（10）加入 1/10 体积的 3mol／L NaAc 及 2 体积的冰乙醇，混匀，－20℃放置 20min 左右，DNA 形成絮状沉淀。

（11）用玻璃棒捞出 DNA 沉淀，70% 乙醇漂洗，再在干净吸水纸上吸干。

（12）将 DNA 重新溶解于 1mL TE，－20℃贮存。

（13）取 2μL DNA 样品在 0.7% 琼脂糖凝胶上电泳，检测 DNA 的分子大小。同时取 15μL 稀释 20 倍，测定 OD_{260}/OD_{280}，检测 DNA 含量及质量。

（注：5g 样品可获得 500μg DNA。）

2. 从李（苹果）叶子中提取基因组 DNA

（1）取 3～5g 嫩叶，加液氮磨成粉状。

（2）加入提取缓冲液 Ⅱ 10mL，再研磨至溶浆状，10000r/min 离心 10min。

（3）去上清液，沉淀加提取液 Ⅰ 20mL，混匀。65℃水浴 30～60min，常摇动。

（4）同第 1 点中（3）～（13）操作。

3. 细菌基因组 DNA 的制备

（1）100mL 细菌过夜培养液，5 000r/min 离心 10min，去上清液。

（2）加 9.5mL TE 悬浮沉淀，并加 0.5mL 10% SDS，50μL 20mg／mL（或 1mg 干粉）蛋白酶 K，混匀，37℃保温 1h。

（3）加入 1.5mL 5mol／L NaCl，混匀。

（4）加 1.5mL CTAB/NaCl 溶液，混匀，65℃保温 20min。

（5）用等体积酚－氯仿－异戊醇（25∶24∶1）抽提，5000r/min 离心 10min，将上清液移至干净离心管。

（6）用等体积氯仿－异戊醇（24∶1）抽提，取上清液移至干净管中。

（7）加 1 倍体积异丙醇，颠倒混合，室温下静置 10min，沉淀 DNA。

（8）用玻棒捞出 DNA 沉淀，70% 乙醇漂洗后，吸干，溶解于 1mL TE 中，－20℃保存。如 DNA 沉淀无法捞出，可 5000r/min 离心，使 DNA 沉淀。

（9）如要除去其中的 RNA，可加 5μL RNase A（10μg/mL），37℃保温 30min 处理。

五、注意事项

叶绿素易被强光和热破坏，实验操作易在黑暗和低温条件下进行。

Ⅱ　从动物组织中提取基因组 DNA

一、实验目的

通过实验掌握从动物组织中提取 DNA 的方法和实验技术。

二、实验原理

在 EDTA 和 SDS 等去污剂存在下，用蛋白酶 K 消化细胞，随后用酚抽提，可以得到哺乳动物基因组 DNA，用此方法得到的 DNA 长度为 100～150kb，适用于 λ 噬菌体构建基因组文库和 DNA 印迹分析。

三、材料、器材与试剂

1. 材料
哺乳动物新鲜组织。

2. 器材
移液管、高速冷冻离心机、台式离心机和恒温水浴箱。

3. 试剂
（1）分离缓冲液：10mmol/L Tris – HCl pH 7.4，10mmol/L NaCl，25mmol/L ED-TA。

（2）其他试剂：10% SDS，蛋白酶 K（20mg/mL 或粉剂），乙醚，酚 – 氯仿 – 异戊醇（体积比为 25:24:1），无水乙醇及 70% 乙醇，5mol/L NaCl，3mol/L 醋酸钠，TE（10mmol/L Tris – HCl pH 8.0，1mmol/L EDTA）。

四、实验操作

（1）切取组织 5g 左右，剔除结缔组织，用吸水纸吸干血液，剪碎放入研钵（越细越好）。

（2）倒入液氮，磨成粉末，加 10mL 分离缓冲液。

（3）加 1mL 10% SDS，混匀，此时样品变得很黏稠。

（4）加 50μL 或 1mg 蛋白酶 K，37℃ 保温 1 ~ 2h，直到组织完全解离。

（5）加 1mL 5mol/L NaCl，混匀，5000r/min 离心 1min。

（6）取上清液于新离心管中，用等体积的酚 – 氯仿 – 异戊醇（体积比为 25:24:1）抽提，待分层后，3000r/min 离心 5min。

（7）取上层水相至干净离心管，加 2 倍体积乙醚抽提（在通风情况下操作）。

（8）移去上层乙醚，保留下层水相。也可以用等体积氯仿 – 异戊醇（24:1）代替乙醚进行操作。

（9）加 1/10 体积 3mol/L 醋酸钠，再加 2 倍体积无水乙醇颠倒混合沉淀 DNA，室温下静置 10 ~ 20min，DNA 沉淀形成白色絮状物。

（10）用玻璃棒钩出 DNA 沉淀，70% 乙醇中漂洗后，在吸水纸上吸干，溶解于 1mL TE 中，－20℃ 保存。

（11）如果 DNA 溶液中有不溶解颗粒，可在 5000r/min 短暂离心，取上清液；如要除去其中的 RNA，可加 5μL RNaseA（10μg/μL），37℃ 保温 30min，用酚抽提后，按步骤（9）和（10）重沉淀 DNA。

五、注意事项

（1）要充分除去 DNA 提取液中的苯酚，否则会影响以后的操作。

（2）用酚 – 氯仿 – 异戊醇（体积比为 25:24:1）抽提后取上清液时不能将中间的蛋白质层扰动，以防蛋白质污染。

（3）酚 – 氯仿 – 异戊醇中的异戊醇是用来消除实验中可能产生的泡沫。

六、思考题

（1）实验操作中的蛋白酶 K 有什么作用？

（2）实验操作中乙醚的作用是什么？

（3）如何除去 DNA 提取物中的 RNA？

Ⅲ　基因组 DNA 的检测

一、实验目的

学习检测基因组 DNA 含量和质量的一般方法。

二、实验原理

上述实验方法得到的 DNA 一般可以用作 Southern 杂交、RFLP、PCR 等分析。由于所用材料的不同，得到的 DNA 产量及质量均不同，有时 DNA 中含有酚类和多糖类物质，会影响酶切和 PCR 效果。所以获得基因组 DNA 后，均需检测 DNA 的产量和质量。DNA 的产量和质量可以用紫外分光光度法进行判断：$1OD_{260}$ 相当于 50mg /mL 双链基因 DNA，纯 DNA 的 OD_{260}/OD_{280} 约为 1.8，样品含杂蛋白则比值下降。琼脂糖凝胶电泳可检测基因组 DNA 的分子大小。酶切检测则可以用来判断提取的 DNA 的质量。

三、器材与试剂

1. 器材
紫外分光光度计、电泳仪、恒温水浴锅、微量移液器。

2. 试剂
（1）限制性内切酶：*Hind* Ⅲ。

（2）琼脂糖凝胶。

（3）TBE 缓冲液（5×）：称取 Tris 54g，硼酸 27.5g，并加入 0.5M EDTA（pH 8.0）20mL，定容至 1000mL。

（4）上样缓冲液（6×）：0.25% 溴酚蓝，40% 蔗糖水溶液。

四、实验操作

（1）将实验 Ⅰ 提取的 DNA 溶液稀释 20 ～ 30 倍后，测定 OD_{260} 和 OD_{260}/OD_{280} 的比值，明确 DNA 的含量和质量。

（2）取 2 ～ 5μL DNA 溶液，在 0.7% 琼脂糖凝胶上电泳，检测 DNA 的分子大小。

（3）取 2 ～ 5μg DNA，用 10 单位（U）*Hind* Ⅲ 酶切过夜，0.7% 琼脂糖凝胶上电泳，检测能否完全酶解（做 RFLP，DNA 必须完全酶解）。

如果 DNA 中所含杂质多，不能完全酶切，或小分子 DNA 多，影响接下来的分析和操作，可以用下列方法处理：

①选用幼嫩植物组织，可减少淀粉类的含量。

②酚－氯仿抽提，去除蛋白质和多糖。

③Sepharose 柱过滤，去除酚类、多糖和小分子 DNA。

④CsCl 梯度离心，去除杂质，分离大片段 DNA。

五、注意事项

如果蛋白质和 RNA 未去除干净，可以重复酚、酚－氯仿、氯仿抽提步骤，继续用 RNaseA 处理，乙醇沉淀，重新溶解于 TE 或双蒸水中，直到基因组 DNA 纯度和质量符合要求。

六、思考题

（1）基因组 DNA 提取过程中，每个步骤的目的和原理是什么？

（2）如何检测和保证 DNA 的质量？

实验二十六　PCR 基因扩增

一、实验目的

通过本实验学习聚合酶链式反应（polymerase chain reaction，简称 PCR）的基本原理与实验技术。

二、实验原理

PCR 的原理类似于 DNA 的天然复制过程。待扩增的 DNA 片段两侧和与其两侧互补的两个寡核苷酸引物经过变性－退火－延伸反复循环后，DNA 扩增 2^n 倍。① 变性：加热使模板 DNA 在高温（94℃）变性，双链间的氢键断裂而形成两条单链；② 退火：突然降温（温度降低到 50 ～ 60℃）后，模板 DNA 与引物按碱基配对原则互补结合，此时，也存在两条模板链之间的结合，但由于引物的高浓度及结构简单等特点，从而使主要的结合发生在模板与引物之间；③延伸：溶液反应温度升至 72℃，耐热 DNA 聚合酶以单链 DNA 为模板，在引物的引导及 Mg^{2+} 的存在下，利用反应混合物中的 4 种脱氧核糖核苷三磷酸（dNTP）；按 5′→ 3′方向复制出互补 DNA。

上述三个步骤为一个循环，即高温变性、低温退火、中温延伸三个阶段。从理论上讲，每经过一个循环，样本中的 DNA 量应该增加一倍，新形成的链又可以成为新一轮循环的模板，经过 25 ～ 30 个循环后，DNA 可扩增 10^6～ 10^9 倍。

基本的 PCR 反应体系由如下组分组成：DNA 模板、反应缓冲液、dNTP、$MgCl_2$、两个合成的 DNA 引物、耐热 Tap 聚合酶。

三、材料、器材与试剂

1. 材料

矿物油或石蜡。

2. 器材

PCR 仪、琼脂糖凝胶电泳系统、EP 管、移液枪、凝胶成像仪。

3. 试剂

（1）10 × 反应缓冲液：500 mmol/L KCl，100 mmol/L Tris – HCl（pH 为 8.3，室温），15 mmol/L $MgCl_2$，0.1% 明胶。

（2）dNTP：2.5 mmol/L dATP，2.5 mmol/L dCTP，2.5 mmol/L dGTP，2.5 mmol/L dTTP。

（3）Taq 酶：1 U/μL。

（4）T_7 启动子引物（19mer）：5′— AATACGACTCACTATAGGG—3′，工作液浓度为 10 pmol/μL。

（5）T_7 终止子引物（19mer）：5′—CTAGTTATTGCTCAGCGGT—3′，工作液浓度为 10 pmol/μL。

（6）DNA 模板 pET – 28a（+）：1 ng/μL。

四、实验操作

（1）在 0.5 mL EP 管内配制 25 μL 反应体系，按下表加入各溶液。混匀，加 25 μL 矿物油（有热盖 PCR 仪可不加矿物油）。

反应物	dd H_2O	10 × PCR 缓冲液	dNTP	25 mmol/L $MgCl_2$	引物 1	引物 2	模板 DNA	Taq 酶
体积/μL	11	2.5	2.0	1.5	1.0	1.0	5	1

（2）按下述程序进行扩增：

94℃预变性 5min→94℃ 变性 1min→52℃ 退火 1min→72℃ 延伸 1min→72℃ 延伸 10min→4℃保存。

五、结果计算

取 10 μL PCR 反应液于 2% 琼脂糖凝胶电泳，电泳结束后，用 EB 染色 15 min，紫外灯下观察结果（或用凝胶成像系统进行拍照），对照 DNA 标准确定扩增片段的大小。

六、注意事项

（1）实验中各温度应严格控制，变性温度高于 97℃ 时 Tap 酶活性下降较多，变性温度低于 90℃ 时，模板 DNA 变性不完全，DNA 双链会很快复性而减少产量。

（2）多聚酶浓度一般为 0.5 ~ 5 个单位之间，酶量少合成产物量低，酶用量高，非特异性产物堆积。

（3）Mg^{2+} 浓度应保持在 0.5 ~ 2.5 mmol/L 之间，Mg^{2+} 浓度可影响到引物退火、产物特异性、引物二聚体生成及酶活性等。

七、思考题

（1）决定 PCR 实验成功的因素有哪些？

（2）引物设计的原则是什么？你知道的引物设计软件有哪些？学会使用软件设计引物。

（3）查阅资料了解 PCR 有多少种类，讨论这些不同 PCR 方法的原理与应用范围。

实验二十七　谷物种子中赖氨酸含量的测定

一、实验目的

学习用分光光度法测定种子蛋白质中赖氨酸含量的原理和方法。

二、实验原理

蛋白质中的赖氨酸具有一个游离的 $\varepsilon - NH_2$，它与茚三酮试剂反应生成蓝紫色物质，其颜色深浅在一定范围内与赖氨酸的含量呈线性关系。因此，用已知浓度的游离氨基酸制作标准曲线，通过测定 530nm 波长下的吸光度可确定样品蛋白质中的赖氨酸含量。

制作标准曲线应该配制赖氨酸标准溶液，但当赖氨酸来源有困难时，也可用亮氨酸代替。因为亮氨酸与赖氨酸的碳原子数目相同，且仅有一个游离氨基（$\alpha - NH_2$），相当于肽链中赖氨酸残基上的 $\varepsilon - NH_2$。但由于这两种氨基酸相对分子质量不同，以亮氨酸为标准计算赖氨酸含量时，应乘以校正系数 1.1515，而且最后还应减去样品中游离氨基酸的含量。

三、材料、器材与试剂

1. 材料

粉碎脱脂的谷物种子。

2. 器材

分光光度计、分析天平、恒温水浴锅、康氏振荡器。

3. 试剂

（1）0.2 mol/L 柠檬酸缓冲液（pH 5.0）：称取 2.10g 柠檬酸和 2.94g 柠檬酸三钠，溶解于 50mL 蒸馏水中，调 pH 至 5.0。

（2）茚三酮试剂：称 1g 茚三酮溶于 25mL 95% 乙醇中，称 40 mg 二氯化锡溶于 25mL 柠檬酸缓冲液中，将两液混合均匀，滤去沉淀，上清液置冰箱中保存备用。

（3）0.02 mol/L HCl：取 12 mol/L 盐酸 1.8 mL，用蒸馏水稀释定容至 1 000 mL。

（4）亮氨酸标准液：准确称取 5mg 亮氨酸，加数滴 0.02mol/L HCl 溶之，然后用蒸馏水稀释定容至 100 mL，则得浓度为 50μg/mL 的标准溶液。

（5）40g/L 碳酸钠：称取 4g 无水碳酸钠，溶于 100 mL 蒸馏水中。

（6）20g/L 碳酸钠：取 40g/L 碳酸钠 25mL，加水定容至 50 mL。

四、实验操作

1. 标准曲线的制作

取 7 支带塞试管编号，按下表添加试剂。

试管编号	0	1	2	3	4	5	6
亮氨酸标准液/mL	0	0.1	0.2	0.4	0.6	0.8	1.0
蒸馏水/mL	2.0	1.9	1.8	1.6	1.4	1.2	1.0
亮氨酸含量/μg	0	5	10	20	30	40	50

再向以上每支试管内加 40g/L 碳酸钠和茚三酮试剂各 2.0mL，摇匀后加塞置 80℃ 水浴中加热 30min，取出后冷却至室温。再向每支试管加 95% 乙醇 3.0 mL，混匀后用 1cm 比色杯在 530nm 波长下比色。以吸光度为纵坐标，亮氨酸含量为横坐标，绘制标准曲线。

2. 样品测定

取 15 mg 粉碎脱脂的谷物样品于具塞干燥试管中，加 20g/L 碳酸钠 4.0mL，于 80℃ 水浴中提取 20min，然后加茚三酮试剂 2.0mL，继续保温显色 30min，冷却后加 95% 乙醇 3.0mL，混匀后过滤，然后在 530nm 波长下比色，记录吸光度。

五、结果计算

赖氨酸含量（%）＝［A（μg）/样品质量（mg）］×样品稀释倍数×10^{-3}×100

式中　A——标准曲线上查得的赖氨酸含量，μg。

六、注意事项

（1）样品需预先脱脂，以免干扰显色且使滤液浑浊而影响比色。可用丙酮或石油醚或用索氏脂肪提取器脱脂。

（2）用亮氨酸标准曲线计算赖氨酸时，乘以校正系数 1.1515，再从最后的计算结果中减去游离氨基酸含量，各种谷物种子中游离氨基酸含量是：玉米 0.01%，小麦 0.05%，水稻 0.01%，高粱 0.04%。

七、思考题

本实验测定赖氨酸含量的原理是什么？

实验二十八　瓦氏呼吸计法测定 L - 谷氨酸的含量

一、实验目的

（1）了解用瓦氏呼吸仪测定气体变化的原理。

（2）掌握用瓦氏呼吸仪测定气体变化的具体操作。

二、实验原理

瓦氏呼吸计法是在一密闭的、定温定体积的系统中进行的，主要是对样品气体的变化进行测定。当气体被吸收时，反应瓶中气体分子减少，压力降低；反之，产生气体时，压力则上升，此压力的变化可在测压计上表现出来，由此可利用气体定律计算出产生二氧化碳或吸收氧气的量。此法可用于细胞、线粒体等耗氧速率和发酵作用的测定，也可进行有关氧气和二氧化碳气体交换的反应，如呼吸作用、光合作用、脱羧酶和氧化酶的活性等。

大肠杆菌菌体内含有 L - 谷氨酸脱羧酶，能专一地催化 L - 谷氨酸脱羧，释放出二氧化碳。利用瓦氏呼吸仪测定并计算出二氧化碳含量后，可进一步求出 L - 谷氨酸的含量。

三、器材与试剂

1. 器材

刻度吸量管（2mL，0.5mL，0.2mL，0.1mL）、注射剂（2mL）、瓦氏呼吸仪 1 套。

2. 试剂

（1）乙酸 - 乙酸钠缓冲液（pH 为 5.0）：A 液为 3mol/L 乙酸钠溶液，称取 $CH_3COONa \cdot 3H_2O$（相对分子质量 136.09）40.8g 溶于蒸馏水中，然后定容至 100mL。B 液为 2mol/L 乙酸溶液，称取 12g 乙酸加蒸馏水定容至 100mL。将 A、B 两液按 7∶3（体积比）混合即得所需溶液，使用时事先用 pH 计校正。

（2）0.5mol/L 乙酸 - 乙酸钠缓冲液（pH 为 5.0）：称取 30g 冰乙酸加入 12g $CH_3COONa \cdot 3H_2O$，溶解后放入 100mL 定量瓶中，用蒸馏水稀释至刻度；也可用 3mol/L乙酸缓冲液稀释制得。

（3）2% 大肠杆菌 - 脱羧酶液：称取 2g 大肠杆菌 - 脱羧酶 - 丙酮粉，用 pH 为 5.0 的 0.5mol/L 的乙酸缓冲液定容至 100mL。

（4）0.05mol/L L - 谷氨酸溶液：准确称取 L - 谷氨酸 0.736g，用蒸馏水定容至 100mL。

（5）减压液（或称布洛氏的溶液）：称取 NaCl 23g，牛胆酸钠 5g，伊文氏蓝 0.1g（相对分子质量 960.83）（如没有，可用 0.1g 甲基蓝或酸性品红代替）。混合后再加麝香草酚蓝酒精溶液数滴（防腐）（1g 麝香草酚蓝溶于 100mL 的 40% 酒精中），用蒸馏水定容至 500mL，相对密度为 1.033，使用前需要校正，若相对密度高于 1.033 时用蒸馏水调制，低时用氯化钠调制。

（6）大肠杆菌－丙酮粉的制备：将大肠杆菌由试管斜面培养接种到 10 支 200mL 茄形瓶培养基上，于 37℃下培养 16 ～ 18h。

（7）培养基的配方：蛋白 10g、牛肉膏浓缩液 5g、琼脂 20g，加蒸馏水至 1000mL。

每支茄形瓶中加入少量 0.9% 的氯化钠溶液，洗下菌体（可洗 2 次），菌体悬液离心（2500r/min），弃去上清液，沉淀（菌体）悬浮于少量生理盐水中，置冰箱中冷却至 －20℃。向已冷却的菌体悬液中加入 10 倍体积的冷丙酮（－10℃），边加边搅拌 10min，静置，待菌体沉淀后，倾去上清液，菌体用布氏漏斗抽滤，并用冷丙酮洗菌体 1 ～ 2 次，滤液置于干燥器内减压干燥，所得大肠杆菌－丙酮粉装于密封瓶内，冰箱内保存，数日内有效（现制备的要放入冰箱 40h 后才能取出备用）。

四、实验操作

（1）将测压管固定于铁架上，放松螺旋压板，用注射器在橡皮管内加入减压液至刻度 50mm 处。

（2）按下表在反应瓶中加入各试剂。反应瓶侧管瓶塞和压力计三通塞均涂以凡士林后塞紧。压力计亦涂上凡士林和反应瓶连接，轻轻转动反应瓶，使封口凡士林呈透明，然后用橡皮筋将反应瓶固定在压力计上。

编号	项目	反应瓶主管			反应瓶侧管
		乙酸－乙酸钠缓冲液	0.05mol /L L－谷氨酸	蒸馏水	酶液
1	对照	0.2mL	0	2mL	0.3mL
2	样品	0.2mL	0.1	1.9mL	0.3mL

（3）在水箱内加入温水至水箱上部 6cm 处，调节水银触点温度计至 37℃。打开电源开关和加热开关，升温至酶反应温度 37℃。

（4）将两副压力计固定在水槽上，使反应瓶进入水浴中。保温振荡 10min（120r/min），当反应瓶内温度与水槽温度平衡后，关闭三通活塞，调节螺旋夹，使左右两侧检测液面高度不同（左侧开口端液面约在 230mm 处），记录液面高度，10min 后检查液面是否发生变化。如无变化，表示测压计不漏气，可以开始检测。

（5）转动三通活塞，使与大气相通，调节螺旋夹，使右侧（闭管，但此时与大气相通）管内液面在 150mm 处（参比点），记录左侧（开口端）液面高度，此为反应前读数，关闭三通活塞。

（6）用左手食指堵住测压管左侧口，取出测压装置，将反应瓶侧管中的酶液倾入主管中，摇匀（注意勿使液体堵住气体出口），立即放回水槽中，并放开食指，将右管液面调节在 150mm 处。

（7）开始振荡 15min 后，将压力计的右管液面调至 150mm 处，记录测压计左管液面高度，继续再振荡几分钟，重复将压力计的右管液面调至 150mm 处，记录测压计左管液面高度，当读数不再变化时，即为终读数。

（8）测量完成后应先打开压力计的三通活塞，再取下压力计和反应瓶，关闭仪器各个开关。

五、结果计算

L – 谷氨酸含量（mg /mL）为

$$\frac{\Delta V \times 147\,130}{22\,400\,000} \times 10 \times n = \frac{\Delta V}{152} \times n$$

式中，$\Delta V = \Delta h_2 \times K_2 - \Delta h_1 \times K_1$；$\Delta h_2 = h_2 - h_1$；$\Delta h_1 = h_2{}' - h_1{}'$；$h_1$ 为样品瓶初读数，mm 液柱；h_2 为样品瓶终读数，mm 液柱；$h_1{}'$ 为对照瓶初读数，mm 液柱；$h_2{}'$ 为对照瓶终读数，mm 液柱；K_1，K_2 为样品反应瓶常数，μL /mm 液柱；n 为样品稀释倍数；数值 147\,130 为谷氨酸的摩尔质量，mL/mol；数值 10 为 0.1mL 样品换算成 1mL；数值 22\,400\,000 为 1mol 谷氨酸脱羧酶放出二氧化碳气体的体积（标准情况下），μL。

注意：减压液注射时要避免液柱内产生气泡。反应瓶与测压管是配套的，使用时勿弄错。

六、思考题

（1）瓦氏呼吸仪的测定原理是什么？
（2）实验过程中为减少实验误差需注意哪些操作？

实验二十九　DNP – 氨基酸的制备和鉴定

一、实验目的

了解并掌握 DNP – 氨基酸的制备和鉴定方法。

二、实验原理

在温和条件下（室温，pH 8.5 ～ 9.0），2，4 – 二硝基氟苯（FDNB）能和氨基酸（多肽或蛋白质）的自由 α – 氨基作用，生成黄色的二硝基苯基 – 氨基酸（简称 DNP – 氨基酸）。

DNP – 氨基酸可用聚酰胺薄膜层析法鉴定，聚酰胺薄膜是将腈纶（尼龙）涂于涤纶片上制成。被分离物质可与薄膜上酰胺基以氢键的形式结合吸附。在适当的溶剂中，被分离物质在聚酰胺表面与溶剂之间的分配系数有明显差异。在展层过程中不断重新分配而将物质的各个成分彼此分离。

必须指出，除自由 α - 氨基外，酪氨酸的酚羟基、组氨酸的咪唑基和赖氨酸的 ε - 氨基亦可与 FDNB 作用，生成相应的 DNP - 衍生物。

三、器材与试剂

1. 器材

聚酰胺薄膜（7 cm × 7 cm，浙江黄岩化学试验厂）、pH 试纸（pH 1 ~ 14）、单面刀片、直尺、黑布、试管 0.1 cm × 7.5 cm（×1）、分液漏斗 ϕ10 cm、真空干燥器、微量点样管 5μL（×1）或毛细管、培养皿 ϕ10 cm（×2）、电吹风、层析缸、玻璃板、废胶卷、烧杯 10 mL（×1）、恒温箱。

2. 试剂

（1）2.5% 2, 4 - 二硝基氟苯乙醇溶液，用无水乙醇配制。

（2）0.01 mol /L HCl。

（3）混合氨基酸溶液：称取甘氨酸、缬氨酸、甲硫氨酸、谷氨酸、组氨酸、亮氨酸、异亮氨酸和色氨酸各 50mg，溶于 0.01 mol /L HCl 并稀释至 10.0 mL。

（4）固体 $NaHCO_3$。

（5）1 mol /L 氢氧化钠。

（6）2mol /L HCl。

（7）乙酸乙酯（A. R.）。

（8）正丁醇（A. R.）。

（9）无水乙醚：需去尽过氧化物，如乙醚中含有少量过氧化物将导致 DNP - 氨基酸分解。去除过氧化物的方法是：向每 500mL 无水乙醚中投入 5 ~ 10g 固体硫酸亚铁（$FeSO_4$），经常振摇，1 ~ 2h 后，滤去固体物即可。

（10）无水丙酮（A. R.）。

（11）层展剂：第I向：V（苯）：V（冰醋酸）= 8∶2；第II向：V（甲酸，85%）∶V（水）= 1∶1。

四、实验操作

1. DNP - 氨基酸的制备

于一小试管中置混合氨基酸溶液 1.0mL（含各种氨基酸 5mg），加入固体 $NaHCO_3$ 少许，使溶液 pH 为 9.0，再加入 2.5% FDNB - 乙醇溶液 1.0mL，用软木塞塞好，并用黑纸将试管包好，振摇 5min，置于 40℃恒温箱中避光保温 1.5h，前 1h 内应经常摇动，使反应充分完成。取出，置真空干燥器内（或用梨形瓶）减压抽去乙醇（试管内溶液减少约一半）。

2. DNP - 氨基酸的抽提

将蒸去乙醇的反应液用 1mol /L NaOH 溶液（1 ~ 2 滴）调至 pH 10，加入等体积无水乙醚，振摇，静置分层，吸去乙醚层（即去除剩余的 FDNB）。再用无水乙醚同样处理 1 次。用 2 mol /L HCl 溶液（1 ~ 2 滴）酸化至 pH 3，此时试管内溶液由橙色变为淡黄色。淡黄色物质即 DNP - 氨基酸。

加入乙酸乙酯1mL，振摇后静置分层，将乙酸乙酯层吸入10mL烧杯中，再用1mL乙酸乙酯抽提一次。合并抽提液。此时，母液中尚有DNP－氨基酸和DNP－赖氨酸，需用少量正丁醇抽提一次，并将正丁醇抽提液与上述乙酸乙酯抽提液合并。将小烧杯置于真空干燥器内，减压抽干，小烧杯内残留物（即DNP－氨基酸），用少量无水丙酮溶解。

3．点样

用点样管将DNP－氨基酸丙酮溶液点在7cm×7cm聚酰胺薄膜的角上，斑点直径不得超过2mm。每点一次，均需用电吹风冷风吹干（切忌用热风），然后再点一次。

（1）第Ⅰ向展层溶剂含水愈少越好，否则，展层时斑点扩散严重，影响第Ⅱ向展层。

（2）在酸性条件下，大多数DNP－氨基酸溶于乙醚，少数溶于水。但在pH 10时，DNP－氨基酸皆不溶于乙醚，只能将剩余的FDNB洗去。

（3）如液样中有精氨酸或半胱氨酸，它们的DNP衍生物也不溶于乙酸乙酯，也需用正丁醇提取。

（4）如作定量测定，用丙酮溶解时需定容。

4．展层

在小培养皿中倾入第Ⅰ向展层溶剂，溶剂厚度约1cm。将薄膜卷成圆筒形，浸立在展层溶剂中，点有样品的一端在下。为了使薄膜保持圆筒形，可用洗去药膜的废胶卷做成的圆筒套在薄膜的外面（见图1）。胶卷不宜太宽，不得与展层剂接触。用钟罩罩好，展层，当溶剂前沿距薄膜上端约0.5cm时（约45min），移去钟罩，取出薄膜，用冷风吹干。

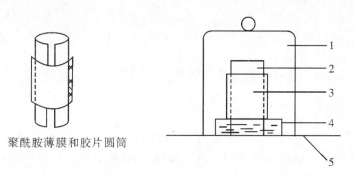

聚酰胺薄膜和胶片圆筒

1—钟罩；2—聚酰胺薄膜；3—胶片圆筒；4—培养皿；5—水平位置

图1　聚酰胺薄膜层析装置

将吹干的薄膜旋转90°，做成圆筒形，浸立在第Ⅱ向展层溶剂中。当溶剂前沿距薄膜顶端约0.5cm时，取出薄膜，用热风吹干，薄膜上即有若干黄色斑点。对照标准谱图，鉴定各斑点系何种DNP－氨基酸（见图2）。

六、注意事项

第Ⅱ向溶剂含水量大，斑点易扩散，用热风可加快吹干速度，减少斑点的扩散。点样及第Ⅰ向展层后，皆不能用热风吹干，因用热风易使薄膜变形，边缘不直，对展层带来不良后果。

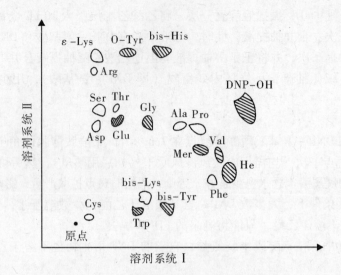

图 2　DNP – 氨基酸聚酰胺薄膜层析图谱

　　ε – Lys 表示 Lys 的 ε – NH₂ DNP 化的产物；O – Tyr 表示 Tyr 的酚羟基 DNP 化的产物；bis 表示 "双" 的意思，如 bis – His 表示 His 的 α – NH₂ 及咪唑基的亚氨基都 DNP 化；bis – Tys 的 α – NH₂ 及酚羟基皆 DNP 化的产物。

实验三十　DNS – 氨基酸的制备和鉴定

一、实验目的

了解并掌握 DNS – 氨基酸的制备和鉴定。

二、实验原理

　　荧光试剂 5 – 二甲基 1 – 萘磺酰氯（5 – dimethylamino – 1 – naphthylene sulfonyl chloride，dansyl chloride，简称 DNS – Cl）在弱碱性（pH 9.0 左右）条件下可与氨基酸的 α – 氨基酸反应，生成带黄绿色荧光的 DNS – 氨基酸。

$$H_2N-CH-COOH + \quad\quad\quad\quad \xrightarrow{pH\ 9.0\sim9.5} \quad\quad\quad\quad + HCl$$

氨基酸　　　　　　　　　　　DNS – Cl　　　　　　　　　　　　　DNS – 氨基酸

　　DNS – 氨基酸可用聚酰胺薄膜层析法分离，所得层析图与 DNS – 标准氨基酸层析图谱相对比，可借此鉴定样品中氨基酸的种类，用此法鉴定蛋白质 N – 端氨基酸比 FDNB 法灵敏 100 倍，仅 $10^{-10} \sim 10^{-9}$ mol 样品即可检出，产物也比 DNP – 氨基酸稳定，且操作简单、快速。

　　DNS – Cl 在 pH 过高时，水解产生副产物 DNS – OH，反应式如下：

　　在 DNS – Cl 过量时，会产生 DNS – NH$_2$，反应式如下：

DNS – NH$_2$

　　在紫外光照射下，DNS – OH 和 DNS – NH$_2$ 产生蓝色荧光，而 DNS – 氨基酸产生黄绿色荧光，可彼此区分开。

三、器材与试剂

1. 器材

　　层析缸、聚酰胺薄膜（7cm×7cm，浙江黄岩化学实验厂）、电吹风、紫外灯（波长 254nm 或 265nm）、微量注射器（或点样管）、吸管 0.50mL（×2）、量筒 100mL（×2）。

2. 试剂

（1）DNS-Cl 丙酮溶液：称取 25mg DNS-Cl 溶于 10mL 丙酮中。

（2）0.2mol/L NaHCO₃。

（3）三乙胺。

（4）展层剂：（Ⅰ）V（甲酸，88%）：V（蒸馏水）= 1.5∶100；（Ⅱ）V（苯）∶V（冰醋酸）= 9∶1。

（5）氨基酸样品：Gly、Phe、His 各 0.5mg。

四、实验操作

1. DNS-氨基酸的制备

称取 Gly、Phe、His 各 0.5mg，加 0.2mol/L NaHCO₃ 0.5mL 溶解，加入 DNS-Cl 丙酮溶液 0.5mL，混匀，用三乙胺调 pH 至 9.0～10.5，加塞，40℃水浴，避光反应 2～3h，用电吹风吹去丙酮后即可点样。

2. 展层

取聚酰胺薄膜（7cm×7cm）一张，在距离相邻边缘各 1.0cm 处用铅笔画一相交直线，作为点样原点。用微量注射器（或点样管）取上述 DNS-氨基酸样品液进行点样，点样直径不得超过 2mm，可分几次点完，每次点后用冷风吹干再点下一次，吹干。光面向外卷曲（两边不相接触）外扎以牛皮筋。直立于盛有 20mL 展层剂的培养皿中，点样端朝下，置于展析缸中展层。

先用展层剂（Ⅱ）进行第Ⅰ向展层（纵向），当展层剂离顶端 0.5cm 时取出吹干。将吹干的薄膜旋转 90°，用展层剂（Ⅰ）作展层剂，走第Ⅱ向（横向），展至距离顶端 0.5m 时取出，吹干。

3. 结果观察

将聚酰胺薄膜置于紫外灯下，观察荧光斑点，区分 DNS-氨基酸，DNS-NH₂ 与 DNS-OH，对照标准图谱找出它们各自相应的位置，用铅笔在斑点边缘轻轻画图做记号（见下图）。

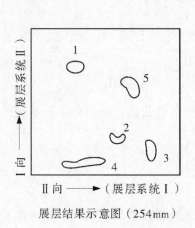

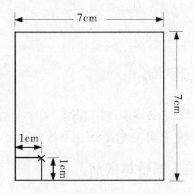

展层结果示意图（254mm）   薄膜大小（×点为点样点）

1—DNS-Phe；2—DNS-Gly；3—DNS-His；4—DNS-OH；5—DN

DNS-氨基酸聚酰胺薄膜层析图

实验三十一　大豆总异黄酮的提取及含量测定

一、实验目的

建立大豆总异黄酮的提取方法及含量测定的方法。

二、实验原理

大豆除含丰富的蛋白质、油脂外，还含许多具有生物活性的物质，大豆异黄酮就是其中一种，它只存在于大豆种子的胚轴及子叶中，含量很低但生物活性较强。由于它的化学结构式与动物体内雌激素极为相似，在体内发挥生物作用时，可与雌激素受体结合，表现为雌激素活性。近年来科学家通过流行病学、临床实验、动物实验和体外实验等各方面，对大豆异黄酮与心血管疾病、乳腺癌、前列腺癌、绝经后骨质疏松、阿尔茨海默病综合征等疾病进行了研究，证明大豆异黄酮对上述激素依赖性疾病有预防作用。目前发现的大豆异黄酮主要由 12 种单体组分构成，分为游离型苷元和结合型糖苷两大类，其中苷元包括染料木素（gentstein）、大豆苷元（daidzein）和黄豆苷元（glycitein）；糖苷为染料木苷（genitin）、大豆苷（daiazin）、丙二酰基染料木苷和丙二酰基大豆苷形式存在。近年来研究表明，大豆异黄酮的生物活性主要体现在 4 种主要单体组分上，即染料木苷、大豆苷、染料木素和大豆苷元，而且不同单体组分的生物活性不同。通过对大豆原料进行处理，达到纯化分离大豆异黄酮单体组分的目的。

本实验以大豆为原料进行有机溶剂提取和柱层析吸附解析，聚酰胺柱层析提取大豆总异黄酮，并用 HPLC 法测定大豆总异黄酮含量。

三、材料、器材与试剂

1. 材料

大豆购于居民区菜市场，研磨后过 60 目筛。

2. 器材

Agilent 1100 高校液相色谱仪。

3. 试剂

（1）染料木苷、大豆苷元等对照品购自 Sigma 公司。

（2）柱层析用聚酰胺（30 ～ 60 目）为化学纯。

（3）甲醇为色谱纯，其他化学试剂均为分析纯。

四、实验操作

1. 大豆总异黄酮提取

取 1 000g 大豆粉用 15 000mL 80% 乙醇溶液分 3 次浸泡提取，合并提取液，过滤除去不溶物，回收乙醇得棕黄色浸膏。用适量 95% 乙醇溶解浸膏后，加入聚酰胺颗粒吸附所有液体，风干乙醇。装柱，用水和乙醇梯度洗脱，收集 60% ～ 90% 乙醇洗脱液，回收乙醇得浸膏。再进行聚酰胺柱层析分离，以氯仿－甲醇梯度洗脱，回收溶剂得大豆总异黄酮。

2. 大豆总异黄酮的定性鉴别

称取大豆总异黄酮 15 mg 于 2 mL 容量瓶中，用乙醇溶解并定容得供试品液。取染料木苷、大豆苷元对照品各 2 mg，分别用乙醇定容至 2 mL，得对照品溶液。吸取供试品液及对照品溶液各 2 μL 分别点于同一块硅胶 GF254 薄层板上，以正己烷－醋酸乙酯－冰乙酸（体积比为 7：3：1）为展开剂，展距约 12 cm。挥发干溶剂后在 254 nm 下观察荧光淬灭斑点，供试品在对照品荧光淬灭斑点同一位置上均会出现相应的荧光淬灭斑点。

3. 含量测定

（1）样品溶液。提取的大豆总异黄酮 100 mg，加约 80 mL 80% 乙醇，超声 30 s，用 80% 乙醇定容至 100 mL，用孔径为 45 μm 的微孔滤膜过滤得 HPLC 样品液。

（2）对照品溶液。分别精确称取大豆苷元 17.5 mg、染料木苷 23.5 mg 于同一容量瓶中，用无水乙醇定容至 50 mL 得对照液。

（3）色谱条件。色谱柱 C18（4.6 mm × 200 mm × 5 μm）。柱温：室温。流动相：甲醇－水－乙醇（体积比为 42：57：1）。流速：1 mL/min。检测波长：260 nm。样品进样量：20 μL。

（4）线性关系。取对照品溶液 5 mL 在量瓶中用甲醇稀释至刻度得第一个对照品应用液。再从上述对照应用液中取 5 mL 在量瓶中用甲醇稀释至刻度得第二个对照品标准应用液。依次配制 5 个对照品应用液。按上述色谱条件进样 2 μL 2 次（见下图），求平均峰面积。分别以大豆苷元、染料木苷的浓度（mg/mL）对峰面积作回归计算，得回归方程。

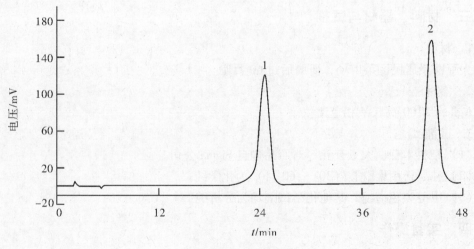

1—大豆苷元；2—染料木苷

对照品溶液 HPLC 图

4. 样品测定

按上述色谱条件进行测定。

五、注意事项

（1）注意色谱条件的调整，一般需要有精密度和回收率试验。

（2）样品荧光淬灭斑点容易受多因素干扰，弥散，不清晰，需多作重复。

六、思考题

根据大豆总异黄酮的提取方法，试建立一种从萎蒿素原粉中提取总异黄酮的方法及其含量测定的方法。

实验三十二　细胞色素 C 的制备及其测定

一、实验目的

掌握细胞色素 C 的制备及其测定方法。

二、实验原理

细胞色素是多种能够传递电子的含铁蛋白质的总称，广泛存在于各种动物、植物组织和微生物中。细胞色素是呼吸链中极重要的电子传递体，细胞色素 C 只是细胞色素中的一种，它主要存在于线粒体中。

细胞色素 C 为铁卟啉的结合蛋白质，相对分子质量约为 13000，蛋白质部分由 104个左右的氨基酸残基组成。它溶于水，在酸性溶液中溶解度更大，故可自酸性溶液中提取，其制品分为氧化型和还原型两种，前者水溶液呈深红色，后者水溶液呈桃红色。细胞色素 C 对热、酸和碱都比较稳定，但三氯乙酸和乙酸可使之变性，引起失活。

吸附剂通常在微酸性（pH 5 ～ 6）或低盐溶液中吸附蛋白质，吸附于吸附剂上的蛋白质在微碱性或较高浓度条件下即可洗脱下来。

本实验用人造沸石从组织浸提液中吸附细胞色素 C，除去杂蛋白，再以高盐溶液从人造沸石上将细胞色素 C 洗脱下来。这样制得的粗制细胞色素 C 再经透析除去盐分子，然后用离子交换剂纯化，即可获得较纯细胞色素 C。

细胞色素 C 分为氧化型和还原型。在水溶液中，氧化型呈深红色，最大吸收峰波长分别为 408nm、530nm 和 550nm，550nm 波长处的摩尔吸光系数为 0.9×10^4 L/（mol·cm）；还原型的水溶液呈桃红色，最大吸收峰波长分别为 415nm、520nm 和 550nm，550nm 波长处的摩尔吸光系数为 2.77×10^4 L/（mol·cm）。其中还原型最稳定，实验中所获得的细胞色素产品是氧化型和还原型的混合物。经氧化剂或还原剂处理，可变为单一种型。测定其中一种的光吸收，根据摩尔吸光系数，即可计算出细胞色素 C 的含量。

细胞色素 C 在动物心肌和酵母中含量丰富，可作为实验材料。本实验以新鲜猪心脏为材料。

三、材料、器材与试剂

1. 材料
新鲜猪心。

2. 器材
捣碎机、离心机、电动搅拌机、可见分光光度计、玻璃柱、透析袋、纱布、1cm × 20cm 色谱柱、绞肉机。

3. 试剂
（1）15mol/L 氢氧化铵。

（2）400g/L 三氯乙酸。

（3）250g/L 硫酸铵。

（4）2g/L 氯化钠。

（5）0.01mol/L 铁氰化钾溶液。

（6）联二亚硫酸钠。

（7）0.145mol/L 三氯乙酸溶液：称取三氯乙酸 23.69g，溶于蒸馏水，最后定容至 1000 mL。

（8）0.065mol/L Na_2HPO_4 - 0.4 ~ 0.45 mol/L NaCl 溶液：称取 21.5g Na_2HPO_4 · $12H_2O$、23.4g NaCl，加蒸馏水使之溶解，定容至 1000 mL。

（9）人造沸石（$Na_2O · Al_2O_3 · xSiO_2 · yH_2O$）：为白色颗粒，不溶于水，溶于浓酸。选用 60 ~ 80 目的颗粒，以水浸没 30min，除去 15s 内不沉淀的细小颗粒，抽干备用。再生方法：使用过的沸石，先用自来水洗去硫酸铵，再用 0.2mol/L NaOH 和 1mol/L NaCl 的等体积混合液洗涤沸石，重复几次直至沸石变白为止。最后用蒸馏水洗涤至 pH 为 7 ~ 8，即可再次使用。

（10）Amberlite IRC－50（H）树脂处理：Amberlite IRC－50（H）以树脂为母体，引入羟基形成弱酸型阳离子交换剂。使用前应先将交换剂转变为 NH_2 型。为此，取一定量的 Amberlite IRC－50（H）（数量根据柱体积而定），用蒸馏水浸泡过夜，倾去水，加入 2 倍体积的 2mol/L HCl 溶液，60℃恒温条件下电磁搅拌约 1h，倾去盐酸溶液，用去离子水洗涤至中性；加入 2 倍体积的 2 mol/L NH_4OH 溶液，60℃恒温条件下搅拌 1h，倾去氨溶液，再用去离子水洗至中性。新树脂需要重复处理两次。若颗粒过大，最后一次在 2 mol/L NH_4OH 存在下，用研钵轻轻研磨，倾去 15s 内不沉降的颗粒，最终颗粒 100 ~ 150 目为好。最后用去离子水洗至中性备用。树脂再生：用过的 Amberlite IRC－50（H）先用去离子水洗，再用 2 mol/L NH_4OH 洗涤，倾去碱水，用去离子水洗至近中性。加 22 mol/L HCl 溶液在 60℃条件下搅拌 20min，倾去酸溶液，用去离子水洗至中性。再用 2 mol/L NH_4OH 溶液浸泡，然后用去离子水洗至中性后即可使用。如长期不用，可用布氏漏斗抽干后保存。

（11）透析袋处理：商品透析袋是用人工合成的半透膜制成的管状袋，规格很多。一般以袋的半径表示其规格，商品透析袋常被金属盐、蛋白酶及核酸酶污染。为了防止被透析的生物大分子物质失活，透析袋最好在碱性 EDTA 溶液（10g／L Na$_2$CO$_3$，1mol／L EDTA）中煮沸 30min，以除去酶和重金属盐，然后用蒸馏水煮沸洗涤 6 ～ 7 次，除去碱和 EDTA 即可使用。经处理的透析袋，只能用清洁的镊子或戴上橡皮手套取拿，不宜用手操作，以防污染。湿的透析袋非常容易长霉，因此保存使用过的透析袋时，最好经水洗涤后煮沸备用或浸泡在含有微量苯甲酸的溶液里。

四、实验操作

1. 细胞色素 C 的制备

（1）材料处理。取新鲜或冰冻猪心，除尽脂肪、血管和韧带，洗尽积血，切成小块，放入捣碎机捣碎。

（2）提取。称取 500g 绞碎的心肌肉放入大烧杯中，加 500mL 0.145mol／L 三氯乙酸溶液用玻璃棒搅匀，室温下放置，不时搅拌，浸提 2h。然后用 4 层纱布分次压滤，收集滤液。用 1mol／L NH$_4$OH 溶液调节滤液 pH 至 6（用 pH 试纸检测，pH 过高或过低将影响以后的过滤速度），再用滤纸过滤一次，收集滤液，此滤液应清亮。

（3）吸附粗分离。将上述所得的清亮滤液，用 1mol／L NH$_4$OH 溶液调节至 pH 7.2（用酸度计检测）。最后量取滤液体积，按 3g/100mL 滤液计算称取沸石，在不断搅拌下加入滤液中，并持续搅拌 1h 左右，使之充分吸附。在此过程中可见沸石由白色逐渐变为粉红色。

吸附完毕，倒去上层液体，余下的沸石先用约 100mL 蒸馏水洗涤 3 ～ 4 次，再用 100mL 2g／L NaCl 溶液分三次洗涤，最后用蒸馏水洗至上层溶液澄清为止，倒去上清液。

（4）洗脱。吸附在沸石上的细胞色素 C 用 25% 硫酸铵溶液即可洗脱下来。洗脱时每次加 10mL 25% 硫酸铵于沸石中反复搅拌，倒出洗脱液，再换新的 25% 硫酸铵溶液，直至沸石变白为止。合并洗脱液，体积约为 120mL。硫酸铵洗脱后的沸石经再生后回收备用。

（5）盐析及浓缩。按每 100mL 洗脱液加 25g 固体硫酸铵计算，称取固体硫酸铵，在不断搅拌下逐步加入洗脱液中，静置 30 ～ 45min。以 3 000r/min 离心 10min，收集上清液并量取体积，转入另一离心管中，弃去沉淀。

在搅拌下，向上清液中慢慢加入 40% 三氯乙酸溶液，直至产生褐色絮状沉淀为止，以 3 000r/min 离心 10min，弃去上清液，将离心管倒置在滤纸上尽量吸去上清液，即得细胞色素 C 粗提物。

（6）透析。所得的细胞色素 C 粗提物中含有大量盐类，在进一步纯化之前应进行脱盐。本实验中用透析法脱盐，为此，在获得的粗提物中加入 2mL 蒸馏水，使之溶解，取一段处理好的、大小合适的透析袋，用夹子或线将一端封闭，装水检查是否漏水。若不漏水，倒出水后将溶解的细胞色素 C 加入透析袋。加入的溶液体积一般为袋的 2/3 左右，过满在透析时容易胀破，装好后应挤压赶出袋中的空气，然后用夹子或线将口封闭，检查封口是否漏液，确认透析袋两端不漏液后，即将透析袋放入蒸馏水中，在电磁搅拌器搅拌下透析。透析是一个物理平衡过程，通常要 5 ～ 6h 才能达到平衡，而且只用蒸馏水透析一次是不可能完成透析的，要更换几次蒸馏水，每次用奈氏试剂检查透析袋外液体，直至无铵离子为止。因透析时间过长，为防止蛋白质变性，透析应在低温（4℃）条件下进行。

（7）纯化。用离子交换色谱法纯化透析后的粗制品。将处理好的 Amberlite IRC – 50（NH_2）装入 $1cm \times 20cm$ 的离子交换柱中，使柱床高 18cm 左右。洗脱瓶中装入去离子水，冲洗离子交换柱，至流出液的 pH 为 7 ～ 8。关闭下口，吸去柱床面上的水，将透析后的粗制品加于柱床表面，打开下口控制流速，使样品慢慢进入离子交换柱，让样品尽可能吸附在柱的上部，越集中越好，这样洗脱时样品易于集中，减少洗脱液体积。样品加完后，柱床面上加一层水，用去离子水继续冲洗 5 ～ 6min，流速为 1mL/min。用试管收集洗脱液，每管 10 滴，直至洗脱液无色为止。合并洗脱液，量取总体积，此即为较纯的细胞色素 C 产品。

洗脱液可进一步在 4℃ 条件下用去离子水透析除盐，用硝酸银溶液检查透析袋外溶液，直至无氯离子为止。透析后如发生沉淀，则离心除去。上清液即为纯的细胞色素 C 溶液，可置冰箱保存，也可低温干燥成固体。

2. 细胞色素 C 的含量测定

制得的细胞色素 C 样品是氧化型分子与还原型分子的混合物，测定其含量时要先用氧化剂（铁氰化钾）将其全部转变为氧化型，或用还原剂（联二亚硫酸钠）将其全部转变为还原型，然后在 550nm 波长处测得光密度值（OD），根据已知氧化型或还原型细胞色素 C 的摩尔消光系数，即可计算出样品中细胞色素 C 的含量。具体操作如下：

取 1mL 标准样品（81mg/mL）用水稀释至 25 mL，从中取 0.2 mL，0.4mL，0.6mL，0.8mL 和 1.0mL 分别放入 5 支试管中，每管补加蒸馏水至 4mL，并加少许联二亚硫酸钠作还原剂，然后在 550nm 波长处测得各管的消光值（A_{550}），计算得到的浓度值为横坐标，A 值为纵坐标，作出标准曲线图。

取样品 1mL 稀释适当倍数，再取此稀释液 1mL，加蒸馏水 3mL 和少许联二亚硫酸钠，然后在波长 550nm 处测得 A_{550} 值。

五、结果计算

根据所测得的 A_{550} 值查标准曲线，得细胞色素 C 的浓度，即可计算出样品原液的浓度。在本实验中，每 100g 猪心碎肉应获得 75mg 以上的细胞色素 C 的粗制品。

六、注意事项

（1）尽量除尽猪心的非心肌组织，包括脂肪、血管、韧带和积血。

（2）提取、中和过程中要注意调节 pH，吸附、洗脱步骤应严格控制流速。

（3）盐析时，加入固体硫酸钠时要边加边搅拌，不要一次快速加入。

（4）逐滴加入三氯乙酸溶液，摇匀，加完后尽快离心处理。

（5）注意要检查透析袋不漏。

七、思考题

在进行生物样品的分离纯化时，为保证样品的活性，需要注意哪些问题？

实验三十三　酶促反应动力学

Ⅰ　pH 对酶活力的影响

一、实验目的

（1）了解 pH 对酶活力的影响。
（2）学习测定酶最适 pH 的方法。

二、实验原理

对环境酸碱度敏感是酶的特性之一。对每一种酶来说，只能在一定的 pH 范围内才表现其活力，否则酶即失活。另外，在这个有限 pH 范围内，酶的活力也随着环境 pH 的改变而有所不同。酶通常在某一 pH 时，才表现最大活力。酶表现最大活力时的 pH 称为酶的最适 pH（见下图）。一般酶的最适 pH 在 4 ～ 8 之间。

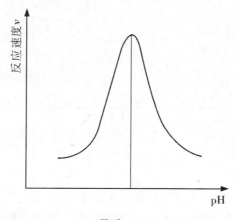

最适 pH

淀粉遇碘呈蓝色。糊精按其分子大小，遇碘可呈蓝色、紫色、暗褐色或红色。最简单的糊精和麦芽糖遇碘不呈色。在不同条件下，淀粉被唾液淀粉酶水解的程度可由水解混合物遇碘呈现的颜色来判断。

本实验观察 pH 对唾液淀粉酶活力的影响，唾液淀粉酶的最适 pH 约为 6.8。

三、材料、器材与试剂

1. 材料

稀释 200 倍的新鲜唾液（在漏斗内塞入少量脱脂棉，下接洁净试管，漱口后收集过滤唾液。取唾液 0.5 mL 放入锥形瓶内，加蒸馏水稀释至 100 mL，充分混匀）。

2. 器材

恒温水浴锅、试管、试管架、锥形瓶（50 mL 或 100 mL）、吸量管（1 mL，2 mL，

5 mL，10 mL)、秒表、白瓷板、pH 试纸。

3. 试剂

（1）新配制的溶于 0.3% NaCl 的 0.5% 淀粉溶液：称取可溶性淀粉 0.5g，先用少量 0.3% NaCl 溶液加热调成糊状，再用热的 0.3% NaCl 溶液稀释至 100 mL。

（2）0.2 mol/L Na_2HPO_4 溶液：称取 $Na_2HPO_4 \cdot 7H_2O$ 53.65g（或 $Na_2HPO_4 \cdot 12H_2O$ 71.7g），溶于少量蒸馏水中，移入 1000 mL 容量瓶，加蒸馏水稀释到刻度。

（3）0.1 mol/L 柠檬酸溶液：称取含一个水分子的柠檬酸 21.01g，溶于少量蒸馏水中，移入 1000 mL 容量瓶，加蒸馏水至刻度。

（4）KI – 碘溶液：将 KI 20g、I_2 10g 溶于 100 mL 水中。使用前稀释 10 倍。

四、实验操作

（1）取 50 mL 锥形瓶 5 个，编号。按下表中的比例，用吸量管准确添加 0.2 mol/L Na_2HPO_4 溶液和 0.1 mol/L 柠檬酸溶液，制备 pH 5.0 ～ 8.0 的 5 种缓冲溶液。

锥形瓶号	试剂		
	0.2 mol/L Na_2HPO_4/mL	0.1 mol/L 柠檬酸/mL	缓冲液 pH
1	5.15	4.85	5.0
2	6.31	3.69	6.0
3	7.72	2.28	6.8
4	9.36	0.64	7.6
5	9.72	0.28	8.0

（2）取干燥试管 6 支，编号。将 5 个锥形瓶中不同 pH 的缓冲液各取 3 mL，分别加入相应号码的试管中。然后，再向每个试管中添加 0.5% 淀粉溶液 2 mL。第 6 号试管与第 3 号试管的内容物相同。

（3）向第 6 号试管中加入稀释 200 倍的唾液 2 mL，摇匀后放入 37℃ 恒温水浴锅中保温。每隔 1 min 由第 6 号试管中取出一滴混合液，置于白瓷板上，加 1 滴 KI – 碘溶液，检验淀粉的水解程度。待结果呈橙黄色时，取出试管，记录保温时间。

（4）以 1 min 的间隔，依次向第 1 至第 5 号试管中加入稀释 200 倍的唾液 2 mL，摇匀，并以 1 min 的间隔依次将 5 支试管放入 37℃ 恒温水浴锅中保温。然后，按照第 6 号试管的保温时间，依次将各管迅速取出，并立即加入 KI – 碘溶液 2 滴，充分摇匀。观察各管呈现的颜色，判断在不同 pH 下淀粉被水解的程度，可以看出 pH 对唾液淀粉酶活力的影响，并确定其最适 pH。

五、注意事项

（1）掌握第 6 号试管的水解程度是本实验成败的关键之一。

（2）淀粉溶液需新鲜配制，并注意配制方法。

（3）严格控制温度。在保温期间，水浴温度不能波动，否则会影响结果。

（4）严格控制反应时间，保证每管的反应时间相同。

Ⅱ　温度对酶活力的影响

一、实验目的

了解温度对酶活力的影响。

二、实验原理

酶的催化作用受温度的影响很大，与一般化学反应一样，提高温度可以增加酶促反应的速度。另一方面，大多数酶是蛋白质，温度过高可引起蛋白质变性，导致酶的失活。因此，反应速度达到最大值以后，随着温度的升高，反应速度反而逐渐下降，以至完全停止反应。反应速度达到最大值时的温度称为酶的最适温度（见下图）。大多数动物酶的最适温度为 37～40℃，大多数植物酶的最适温度为 50～60℃。

最适温度不是酶的特征性物理常数。酶对温度的稳定性与其存在形式有关。低温能降低或抑制酶的活力，但不使酶失活。

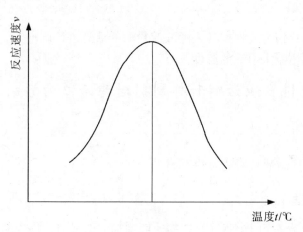

酶的最适温度

淀粉与各级糊精遇碘呈现不同的颜色。最简单的糊精和麦芽糖遇碘不呈色。在不同温度下，唾液淀粉酶对淀粉水解活力的高低可通过水解混合物遇碘呈现颜色的不同来判断。

三、器材与试剂

1. 器材

试管、试管架、恒温水浴锅、冰箱、漏斗、量筒、稀释 200 倍的新鲜唾液。

2. 试剂

（1）新配制的溶于 0.3% NaCl 的 0.5% 淀粉溶液。同实验Ⅰ。

（2）KI – 碘溶液。同实验Ⅰ。

四、实验操作

（1）取试管 3 支，编号后按下表加入试剂。

试剂	试管编号		
	1	2	3
淀粉溶液/mL	1.5	1.5	1.5
稀释唾液/mL	1.0	1.0	—
煮沸过的稀释唾液/mL	—	—	1.0

（2）摇匀后，将 1、3 号试管放入 37℃ 恒温水浴锅中，2 号试管放入冰水中。10 min 后取出（将 2 号管内液体分为两半），用 KI-碘溶液来检验 1、2、3 号管内淀粉被唾液淀粉酶水解的程度。记录并解释结果。将 2 号管剩下的一半溶液放入 37℃ 水浴中继续保温 10 min，再用 KI-碘溶液检验，结果如何？

五、注意事项

（1）唾液的稀释倍数应根据各人唾液淀粉酶的活力进行调整。
（2）严格控制恒温水浴锅的温度。

Ⅲ 激活剂和抑制剂对酶活力的影响

一、实验目的

了解激活剂、抑制剂对酶活力的影响。

二、实验原理

酶的活力受某些物质的影响，有些物质能增加酶的活力，称为酶的激活剂；有些物质则会降低酶的活力，称为酶的抑制剂。例如 Cl^- 为唾液淀粉酶的激活剂，Cu^{2+} 则为该酶的抑制剂。

本实验以 NaCl 和 $CuSO_4$ 对唾液淀粉酶活力的影响，观察酶的激活和抑制，并用 Na_2SO_4 作对照。

将淀粉与酶液相混，作用一定时间后，淀粉被水解，遇碘不产生蓝色。酶的活力强，需时短；酶的活力弱，需时长，故可用时间长短表示酶的活力强弱。

三、器材与试剂

1. 器材
恒温水浴锅、白瓷板、试管、试管架、滴管、吸量管、稀释 20 倍的新鲜唾液。

2. 试剂
（1）0.1% 淀粉液：称取可溶性淀粉 0.1g，先用少量水加热成糊状，再加热水稀释至 100 mL。

（2）1% NaCl 溶液。

（3）1% $CuSO_4$ 溶液。

（4）1% Na_2SO_4 溶液。

（5）稀碘液（于 2% KI 溶液中加入碘至淡黄色）。

四、实验操作

（1）取试管 4 支，按下表编号加入相应试剂。

试管编号	试剂					
	0.1% 淀粉/mL	1% NaCl/mL	1% $CuSO_4$/mL	1% Na_2SO_4/mL	H_2O/mL	1:20 唾液/mL
1	2	1	—	—	—	1
2	2	—	1	—	—	1
3	2	—	—	1	—	1
4	2	—	—	—	1	1

（2）加毕，摇匀，同时置 37℃ 水浴中保温，每隔 2 min 取液体 1 滴置白瓷板上用碘液试之，观察哪支试管内液体最先不呈现蓝色，哪支试管次之，说明原因。

五、注意事项

（1）每管中加入的底物应是不含 NaCl 的 1% 淀粉溶液。

（2）从各管取反应液时，应依次从第 1 管开始，每次取液前应将滴管用蒸馏水洗净。

六、思考题

（1）在 pH 对酶活力的影响实验中需要准确地控制酶与底物的作用时间和温度，你准备用怎样的手段来进行控制？

（2）酶的作用为什么会有最适温度？

（3）在激活剂和抑制剂对酶活力影响的实验中 NaCl 和 $CuSO_4$ 各起什么作用？

实验三十四　碱性磷酸酶的酶学性质分析

一、实验目的

通过本实验，学习和掌握酶学特性分析的实验方法与技术。

二、实验原理

酶作为生物催化剂具有其特定的性质，如酶活性受到其激活剂的激活和抑制剂的特异抑制，酶仅在最适 pH 和温度的条件下才表现出其最大的催化活性，酶对不同底物具有不同的亲和力和催化速率。因此酶在生物体内才具有不同底物特异性和催化的高效性。

三、器材与试剂

1. 器材

分光光度计、恒温水浴锅。

2. 试剂

（1）三羟甲基氨基甲烷（Tris）。

（2）3 -（环己胺）-1 - 丙磺酸（Caps）。

（3）对硝基酚磷酸（pNPP）。

（4）牛血清白蛋白（BSA）。

（5）盐酸（HCl）。

（6）磷酸钠（Na_3PO_4）。

（7）氯化钠（NaCl）。

（8）焦磷酸钠（$Na_4P_2O_7$）。

（9）氯化锌（$ZnCl_2$）。

（10）氯化锰（$MnCl_2$）。

（11）醋酸镁（$MgAc_2$）。

（12）终止液：0.2mol/L Na_3PO_4，5mmol/L EDTA。

（13）测活液：50mmol/L Tris - HCl（pH 8.5），0.2mg/mL BSA，10mmol/L pNPP，2mmol/L $MgAc_2$。

（14）酶稀释液：50mmol/L Tris - HCl（pH 8.5），0.2mg/mL BSA。

（15）测活液母液：50mmol/L Tris - HCl（pH 8.5），0.2mg/mL BSA，20mmol/L pNPP。

（16）测活液母液 I：50mmol/L Tris - HCl（pH 8.5），0.2mg/mL BSA，30mmol/L pNPP，2mmol/L $MgAc_2$。

（17）酶稀释液 I：50mmol/L Tris - HCl（pH 8.5），0.2mg/mL BSA，2mmol/L $MgAc_2$。

（18）激活剂或抑制剂母液：0.2mol/L NaCl、$MnCl_2$、$ZnCl_2$、$MgAc_2$、Na_3PO_4、$Na_4P_2O_7$。

（19）测活液 I：用测活液母液、不同的激活剂（抑制剂）母液和酶稀释液配制，最后测活液中 pNPP 和不同的激活剂（抑制剂）的浓度分别为 10mmol/L 和 2mmol/L。

（20）测活液 II：测活液母液、1mmol/L Na_3PO_4 和酶稀释液配制，最后测活液中 pNPP 浓度为 10mmol/L，Na_3PO_4 的浓度分别为 100mmol/L，40mmol/L，30mmol/L，20mmol/L，15mmol/L，10mmol/L 和 5mmol/L。

（21）测活液 III：用测活液母液 I 和酶稀释液配制，最后测活液中 pNPP 浓度分别为 30mmol/L，20mmol/L，15mmol/L，10mmol/L，5mmol/L，2.5mmol/L，1.25mmol/L，

0.625mmol /L，0.3 125mmol /L 和 0.15 625mmol /L。

（22）测活液Ⅳ：用测活液母液Ⅰ（含 20mmol /L Na$_3$PO$_4$）、1mmol /L Na$_3$PO$_4$ 和酶稀释液Ⅰ配制，最后测活液中 Na$_3$PO$_4$ 浓度为 20mmol /L，pNPP 浓度分别为 30mmol /L，20mmol /L，15mmol /L，10mmol /L，5mmol /L 和 2.5mmol /L。

（23）测活液Ⅴ：50mmol /L Tris－HCl（pH 7.5、pH 8.5、pH 9.5）或 50mmol /L Caps－NaOH（pH 9.5、pH 10.5、pH 11.5），0.2mg /mL BSA，10mmol /L pNPP，2mmol /L MgAc$_2$。

四、实验操作

1. 酶促反应速率曲线

按表 1 测定酶的时间作用曲线，并以 OD$_{410}$ 为纵坐标，时间为横坐标绘制时间曲线，确定反应初速率的时间范围。

表 1　酶的时间作用

管号	1	2	3	4	5	6	7	8	9
测活液/μL	180	180	180	180	180	180	180	180	180
酶/μL	20	20	20	20	20	20	20	20	20
30℃反应时间/min	0	3	6	9	12	15	18	21	24
终止液/mL	1.8	1.8	1.8	1.8	1.8	1.8	1.8	1.8	1.8

以不加酶各管分别作为对照，在 410nm 处比色。

2. 激活剂和抑制剂对酶活性的影响

按表 2 测定激活剂和抑制剂对酶活性的影响，并以 OD$_{410}$ 为纵坐标，不同的离子为横坐标绘制柱状图，比较激活剂和抑制剂对酶活性的影响。

表 2　激活剂和抑制剂对酶活性的影响

管号	1	2	3	4	5	6	7
激活剂或抑制剂	—	NaCl	MnCl$_2$	ZnCl$_2$	MgAc$_2$	Na$_3$PO$_4$	Na$_4$P$_2$O$_7$
测活液Ⅰ/μL	180	180	180	180	180	180	180
酶/μL	20	20	20	20	20	20	20
30℃反应 10min							
终止液/mL	1.8	1.8	1.8	1.8	1.8	1.8	1.8

以不加酶各管分别作为对照，在 410nm 处比色。

3. 抑制剂浓度对酶活性的影响

按表 3 测定不同浓度的抑制剂（Na$_3$PO$_4$）对酶活性的影响，并以 OD$_{410}$ 为纵坐标，抑制剂浓度为横坐标绘制抑制剂的作用曲线，比较酶活性受不同浓度抑制剂的影响。

表 3 抑制剂浓度对酶活性的影响

管号	1	2	3	4	5	6	7	8
Na_3PO_4 浓度/（mmol·L^{-1}）	100	40	30	20	15	10	5	0
测活液 Ⅱ/μL	180	180	180	180	180	180	180	180
酶/μL	20	20	20	20	20	20	20	20
30℃ 反应 10min								
终止液/mL	1.8	1.8	1.8	1.8	1.8	1.8	1.8	1.8

以 8 号管为对照，在 410nm 处比色。

4. 底物浓度对酶活性的影响

按表 4 测定底物浓度对酶活性的影响，并以 1/［S］为横坐标，1/v 为纵坐标作图确定酶的 K_m 和 v_{max} 值。

表 4 底物浓度对酶活性的影响

管号	1	2	3	4	5	6	7
底物浓度/（mmol·L^{-1}）	30	20	15	10	5	2.5	1.25
1/［S］/（L·$mmol^{-1}$）	0.033	0.050	0.067	0.100	0.200	0.400	0.800
测活液 Ⅲ/μL	180	180	180	180	180	180	180
酶/μL	20	20	20	20	20	20	20
30℃ 反应 10min							
终止液/mL	1.8	1.8	1.8	1.8	1.8	1.8	1.8

以不加酶各管分别作为对照，在 410nm 处比色。

5. 抑制剂对酶的动力学参数的影响

按表 5 测定含抑制剂（Na_3PO_4）的底物浓度对酶动力学参数的影响，以 1/［S］为横坐标，1/v 为纵坐标作图确定在有抑制剂时酶的 K_m 和 v_{max} 值，并确定抑制剂的抑制类型。

表 5 抑制剂对酶的动力学参数的影响

管号	1	2	3	4	5	6	7
底物浓度/（mmol·L^{-1}）	30	20	15	10	5	2.5	1.25
1/［S］/（L·$mmol^{-1}$）	0.033	0.050	0.067	0.100	0.200	0.400	0.800
测活液 Ⅳ/μL	180	180	180	180	180	180	180
酶/μL	20	20	20	20	20	20	20
30℃ 反应 10min							
终止液/mL	1.8	1.8	1.8	1.8	1.8	1.8	1.8

以不加酶各管分别作为对照，在410nm处比色。

6. 酶的最适 pH

按表6测定不同 pH 对酶活性的影响，并以 pH 为横坐标，OD_{410} 为纵坐标作图，找出酶的最适 pH。

表6　酶的最适 pH 测定

管号	1	2	3	4	5	6
pH	7.5	8.5	9.5	9.5	10.5	11.5
缓冲对		Tris – HCl			Caps – NaOH	
测活液 V/μL	180	180	180	180	180	180
酶/μL	20	20	20	20	20	20
30℃反应10min						
终止液/mL	1.8	1.8	1.8	1.8	1.8	1.8

以不加酶各管分别作为对照，在410nm处比色。

7. 酶的最适温度

按表7测定不同温度对酶活性的影响，并以温度为横坐标，OD_{410} 为纵坐标作图，找出酶的最适温度。

表7　酶的最适温度测定

管号	1	2	3	4	5	6	7	8
温度/℃	30	40	50	60	70	80	90	100
测活液/μL	180	180	180	180	180	180	180	180
酶/μL	20	20	20	20	20	20	20	20
反应10min								
终止液/mL	1.8	1.8	1.8	1.8	1.8	1.8	1.8	1.8

以不加酶各管分别作为对照，在410nm处比色。

实验三十五　碱性磷酸酶及其突变体的结构与功能研究

一、实验目的

通过本实验学习和掌握酶的分离纯化与特性研究的实验技术与方法，了解测定蛋白质溶液构象的技术方法及其基本原理。

二、实验原理

蛋白质的结构与功能之间存在着特定的相互关系，其氨基酸的改变必将导致其空间构象的细微变化，而最终导致其功能的改变。通过比较分析蛋白质定点突变体的特性变化和溶液构象变化，即可了解其结构与功能之间的联系以及特定氨基酸在该蛋白质中的重要性。

蛋白质分子中含有特定的芳香族氨基酸，其在紫外光的条件下，具有特定的光吸收或特定的内源荧光。蛋白质的结构若发生了细微的变化必将导致这些芳香族氨基酸周围的极性变化，从而导致其内源荧光强度和发射峰位的变化及其紫外吸收强度的变化，因此通过紫外差光谱和内源荧光发射光谱可以监测蛋白质突变体的溶液构象的变化。

三、器材与试剂

1. 器材

恒温摇床、低温离心机、超净工作台、高压灭菌锅、高速冷冻离心机、核酸、蛋白质检测仪、恒流泵、部分收集器、分光光度计、恒温水浴锅、紫外可见双光束分光光度计、荧光光谱仪。

2. 试剂

（1）含野生型及突变型大肠杆菌碱性磷酸酶 pET Blue – 2 表达质粒的表达菌株 Tuner™（DE3）plac Ⅰ。

（2）酵母提取物（yeast extract）。

（3）胰蛋白胨（tryptone）。

（4）氯化钠（NaCl）。

（5）甘油。

（6）异丙基硫代 – β – D – 半乳酸苷（IPTG）。

（7）三羟甲基氨基甲烷（Tris）。

（8）磷酸氢二钠。

（9）磷酸二氢钠。

（10）盐酸（HCl）。

（11）透析袋。

（12）对硝基酚磷酸（pNPP）。

（13）牛血清白蛋白。

（14）醋酸镁。

（15）LB 培养基	100mL
细菌培养用胰蛋白胨（bacto – tryptone）	1.0g
细菌培养用酵母提取物（bacto – yeast extract）	0.5g
NaCl	1.0g

加入 20μL 5mol/L NaOH 调节 pH 至 7.0 ~ 7.4，加入去离子水至总体积为 100mL，121℃ 高压灭菌 20min。

（16）TM 表达培养基　　　　　　　　　　　　　　　　100mL

　　　胰蛋白胨　　　　　　　　　　　　　　　　　　　1.2g

　　　酵母提取物　　　　　　　　　　　　　　　　　　2.4g

　　　氯化钠　　　　　　　　　　　　　　　　　　　　1.0g

　　　50%甘油　　　　　　　　　　　　　　　　　　　1.2mL

加入 1mol/L Tris 0.93mL 调节 pH 至 7.4，加入去离子水至总体积为 100mL，121℃高压灭菌 20min。

（17）40%（400g/L）葡萄糖。

（18）50mg/mL 羧苄西林（Carb）：用灭菌水配制，无菌过滤器过滤，置 -20℃冰箱保存。

（19）34mg/mL 氯霉素（Cam）：溶于乙醇，-20℃冰箱保存。

（20）200mg/mL IPTG：取 2g IPTG 溶于 8mL 去离子水中，再加水补至 10mL，用 0.22μm 滤膜过滤除菌，每份 1mL，贮存于 -20℃。

（21）缓冲液 A（pH8.5）：

50mmol/L Tris-HCl

2mmol/L MgAc$_2$

1mmol/L EDTA

（22）缓冲液 B（pH8.5）：

50mmol/L Tris-HCl

0.2mmol/L NaCl

0.5mmol/L EDTA

（23）缓冲液 C：缓冲液 B + 50% 甘油。

（24）0.5mol/L NaOH。

（25）3-（环己胺）-1-丙磺酸（Caps）。

（26）磷酸钠（Na$_3$PO$_4$）。

（27）焦磷酸钠（Na$_4$P$_2$O$_7$）。

（28）氯化锌（ZnCl$_2$）。

（29）氯化锰（MnCl$_2$）。

（30）终止液：同实验三十四。

（31）测活液：同实验三十四。

（32）酶稀释液：同实验三十四。

（33）测活液母液：同实验三十四。

（34）测活液母液 I：同实验三十四。

（35）酶稀释液 I：同实验三十四。

（36）激活剂或抑制剂母液：同实验三十四。

（37）测活液 I：同实验三十四。

（38）测活液 II：同实验三十四。

（39）测活液 III：同实验三十四。

（40）测活液Ⅳ：同实验三十四。

（41）测活液Ⅴ：同实验三十四。

四、操作方法

1. 野生型及突变型大肠杆菌碱性磷酸酶的表达

（1）预培养。接一含野生型及突变型 pET Blue－2 的表达质粒的单菌落到 3mL 含 50μg/mL Carb、34μg/mL Cam 和 1% 葡萄糖（glucose）的 LB 液体培养基中，37℃、190r/min 振荡培养过夜。

（2）将过夜培养的菌液 2mL 接种于 300mL 含 50μg/mL Carb、34μg/mL Cam 和 1% 葡萄糖（glucose）的 TM 液体培养基中，37℃、250r/min 振荡培养 3h。

（3）向其中加入 IPTG 至终浓度为 50μmol/L，25℃培养 16h。

（4）6000r/min 离心 10min，弃去上清液。

（5）收集菌体细胞沉淀，－20℃冻存。

2. 野生型及突变型大肠杆菌碱性磷酸酶的分离纯化

（1）菌体的破碎。

①向菌体细胞中加入 40mL 缓冲液 A，重悬菌体。

②按下列条件超声破碎菌体：输出功率 1 200W，超声 2s，间隔 10s，超声 40 次。

③12 000r/min 4℃离心 20min。

④取上清液 200μL，加入 200μL 甘油，混匀（Ⅰ号样品，记录体积），－20℃保存备用。

（2）野生型及突变型大肠杆菌碱性磷酸酶的分离纯化。

①上样：将离心上清液以 0.5mL/min 的流速连续地加入已平衡好的 DEAE－FE 层析柱中，每管接收 3mL。

②洗涤：用 40mL 缓冲液 A 洗涤杂蛋白（流速：1mL/min），每管接收 3mL。

③洗脱：用 200mL 缓冲液 A（其中含 0～0.3mol/L 的连续 NaCl 浓度）梯度洗脱目标蛋白质（流速：1mL/min），每管接收 3mL，收集有活性的流出液，取 200μL 收集液，加入 200μL 甘油，混匀（Ⅱ号样品，记录体积），－20℃保存备用。

④将收集液在 80℃水浴保温 30min，12 000r/min 4℃离心 20min。取上清液 200μL，加入 200μL 甘油，混匀（Ⅲ号样品，记录体积），－20℃保存备用。

⑤硫酸铵沉淀：每 100mL 收集的 AKP 溶液中缓慢加入 60g 固体硫酸铵，溶解后静置 10min，10 000r/min 离心 10min，沉淀用尽量少体积的缓冲液 A 溶解，10 000r/min 离心 10min，取 50μL 离心上清液，加入 150μL 缓冲液 B 和 200μL 甘油，混匀（Ⅳ号样品，记录体积），－20℃保存备用。

⑥Sephacryl s－200 HR 分子筛层析：将上述上清液上样，洗脱（缓冲液 B），洗脱流速为 15mL/h，每管接收 2mL。合并光吸收及酶活高的峰管，并用缓冲液 C 对其透析浓缩 4h，分装（Ⅴ号样品，记录体积），－20℃保存备用。

3. 野生型及突变型大肠杆菌碱性磷酸酶的酶学性质比较研究

（1）激活剂和抑制剂对酶活性的影响（参照实验三十四）。

激活剂或抑制剂的浓度分别为 2mmol/L，按表 1 测定它们对野生型及突变型大肠杆菌碱性磷酸酶的酶活性的影响。

表1 激活剂和抑制剂对酶活性的影响

管 号	1	2	3	4	5	6	7
激活剂或抑制剂	无	NaCl	$MnCl_2$	$ZnCl_2$	$MgAc_2$	Na_3PO_4	$Na_4P_2O_7$
测活液 I /μL	180	180	180	180	180	180	180
酶/μL	20	20	20	20	20	20	20
30℃反应 10min							
终止液/mL	1.8	1.8	1.8	1.8	1.8	1.8	1.8

以不加酶各管分别作为对照，在 410nm 处比色。

（2）抑制剂浓度对酶活性的影响（参照实验三十四）。

按表 2 测定抑制剂浓度对野生型及突变型大肠杆菌碱性磷酸酶的酶活性的影响。

表2 抑制剂对酶的动力学参数的影响

管号	1	2	3	4	5	6	7	8
Na_3PO_4 浓度/ (mmol·L^{-1})	100	40	30	20	15	10	5	0
测活液 II /μL	180	180	180	180	180	180	180	180
酶/μL	20	20	20	20	20	20	20	20
30℃反应 10min								
终止液/mL	1.8	1.8	1.8	1.8	1.8	1.8	1.8	1.8

以 8 号管为对照，在 410nm 处比色。

（3）pH 和温度对酶活性的影响（参照实验三十四）。

按表 3 测定 pH 对野生型及突变型大肠杆菌碱性磷酸酶的酶活性的影响。

表3 酶的最适 pH 测定

管号	1	2	3	4	5	6
pH	7.5	8.5	9.5	9.5	10.5	11.5
缓冲对		Tris – HCl			Caps – NaOH	
测活液 V /μL	180	180	180	180	180	180
酶/μL	20	20	20	20	20	20
30℃反应 10min						
终止液/mL	1.8	1.8	1.8	1.8	1.8	1.8

以不加酶各管分别作为对照，在 410nm 处比色。

按表 4 测定温度对野生型及突变型大肠杆菌碱性磷酸酶的酶活性的影响。

表4　酶的最适温度测定

管号	1	2	3	4	5	6	7	8
温度/℃	30	40	50	60	70	80	90	100
测活液/μL	180	180	180	180	180	180	180	180
酶/μL	20	20	20	20	20	20	20	20
反应 10min								
终止液/mL	1.8	1.8	1.8	1.8	1.8	1.8	1.8	1.8

以不加酶各管分别作为对照，在 410nm 处比色。

（4）野生型及突变型大肠杆菌碱性磷酸酶热稳定研究。

将野生型及突变型大肠杆菌碱性磷酸酶分别于 40℃，50℃，60℃，70℃，80℃，90℃温度下保温 30min，然后按表 5 测定它们的酶活性变化。

表5　野生型及突变型大肠杆菌的酶活性测定

管号	测活液/μL	缓冲液/μL	酶/μL		终止液/mL	OD$_{600}$
1	180	20	0	30℃ 反应 10min	1.8	0
2	180	0	20		1.8	

4. 野生型及突变型大肠杆菌碱性磷酸酶的结构比较研究

（1）内源荧光发射光谱测定。

采用激发波长 295nm 测定野生型及突变型大肠杆菌碱性磷酸酶（蛋白质浓度为 50μg/mL）在 300～400nm 范围内的内源荧光发射峰的荧光强度的变化。激发狭缝和发射狭缝分别为 5nm 和 10nm，扫描速度 100nm/min。

（2）紫外差光色谱的测定。

以野生型大肠杆菌碱性磷酸酶为空白对照，用紫外可见双光束分光光度计，测定在 205～350nm 范围内突变型大肠杆菌碱性磷酸酶的差光谱变化（酶浓度 0.5mg/mL）。

第四章　综合实验

实验三十六　超氧化物歧化酶的分离、纯化

超氧化物歧化酶（superoxide dismutase，SOD）是广泛存在于生物体内的含 Cu、Zn、Mn、Fe 的金属类酶。它作为生物体内重要的自由基清除剂，可以清除体内多余的超氧阴离子，在防御生物体氧化损伤方面起着重要作用。超氧阴离子（$O_2^- \cdot$）是人体氧代谢产物，它在体内过量积累会引起炎症、肿瘤、色斑沉淀、衰老等许多疾病的发生和形成。SOD 能专一消除超氧阴离子（$O_2^- \cdot$）而起到保护细胞的作用。SOD 作为一种药用酶，具有广阔的应用前景，并引起国内外医药界、生物界和食品界的极大关注。

超氧化物歧化酶按金属辅基成分的不同可分成三种类型。最常见的一种含有铜锌金属辅基（CuZn – SOD），主要存在于真核细胞的细胞质中，在高等植物的叶绿体基质、类囊体内以及线粒体膜间隙也有存在，CuZn – SOD 酶蛋白的相对分子质量约为 3.2×10^4，纯品呈蓝绿色，每个酶分子由 2 个亚基通过非共价键的疏水基相互作用缔合成二聚体。每个亚基（肽链）含有铜、锌原子各一个，活性中心的核心是铜。第二种含有锰离子（Mn – SOD），主要存在于真核细胞的线粒体和原核细胞中，在植物的叶绿体基质和类囊体膜上也有存在，纯品呈粉红色，由 4 条或 2 条肽链组成。第三种是 Fe – SOD，过去一直认为只存在于原核细胞中，近来发现一些真核藻类甚至某些高等植物中也有存在。Fe – SOD 纯品呈黄色或黄褐色，由 2 条肽链组成，多数情况下每一个二聚体中含有一个 Fe 原子。

I　超氧化物歧化酶的活性测定

一、实验原理

SOD 的活力测定方法很多，常见的有化学法、免疫法和等电点聚焦法，其中化学法应用最普遍。化学法的原理主要是利用有些化合物在自氧化过程中会产生有色中间体和 $O_2^- \cdot$，利用 SOD 分解而间接推算酶活力。在化学方法中，最常用的有黄嘌呤氧化酶法、邻苯三酚法、化学发光法、肾上腺素法、NBT – 还原法、光化学扩增法、Cyte 还原法等。其中改良的邻苯三酚自氧化法简单易行，较为实用。化学发光法和光化学扩增法不适用于测定 Mn – SOD，但对于 Cu/Zn – SOD 反应极灵敏。Cyte 还原法用于 Mn – SOD 活力测定结果稳定，重复性好。但专一性和灵敏度不够理想，而且需要特殊仪器，实际应用受到限制。亚硝酸盐形成法与 CN – 抑制剂或 SDS 处理相结合，应用于 Mn – SOD 测定，灵敏度比 Cyte 还原法提高数倍，而且专一性强、重复性好、操作方便，不需要特

殊仪器和设备，易于实际应用和推广，是目前较好的测定方法之一。

在一般情况下，SOD 酶活性测定只能应用间接活性测定法。本实验采用邻苯三酚自氧化法。邻苯三酚在碱性条件下，能迅速自氧化，释放出 $O_2^-\cdot$，生成带色的中间产物，反应开始后反应液先变成黄棕色，几分钟后转绿，几小时后又转变成黄色，这是生成的中间物不断氧化的结果。这里测定的是邻苯三酚自氧化过程中的初始阶段，中间物的积累在滞留 30 ~ 45s 后与时间呈线性关系，一般线性时间维持在 4min 的范围内，中间物在 420nm 波长处有强烈光吸收。当有 SOD 存在时，由于它能催化 $O_2^-\cdot$ 与 H^+ 结合生成 O_2 和 H_2O_2，从而阻止了中间产物的积累，因此，通过计算即可求出 SOD 的酶活性。

酶活力单位定义：在 25℃ 恒温条件下，每毫升反应液中，每分钟抑制邻苯三酚自氧化率达 50% 的酶量定义为 1 个酶活力单位。

二、器材与试剂

1. 器材

恒温水浴槽、紫外分光光度计、试管、刻度吸管、微量注射器。

2. 试剂

（1）pH 8.2 50mmol/L Tris – HCl：称取 Tris 0.61g，EDTA – 2Na 0.037g，用双蒸水溶解至 80mL 左右，用 HCl 调节 pH 为 8.20（用 pH 计校正），最后定容至 100mL。

（2）10mmol/L HCl，SOD 样液。

（3）50mmol/L 邻苯三酚：称取邻苯三酚 0.063g，用 10mmol/L HCl 溶液溶解，定容至 10mL，避光保存。

三、实验操作

1. 邻苯三酚自氧化速率的测定

取两支试管按表 1 加入 25℃ 预热过的缓冲液，然后加入预热过的邻苯三酚（空白管用 10mmol/L HCl 代替邻苯三酚），迅速摇匀，立即倒入 1cm 比色杯中，在 325nm 波长处测定光吸收值，每隔 30s 读数一次，测定 4min 内每分钟吸收值的变化。要求自氧化速率控制在每分钟的光吸收值为 0.07（可增减邻苯三酚的加入量，以控制光吸收值）。

表 1　邻苯三酚自氧化速率测定试剂配加表

试　剂	空白管/mL	自氧化管/mL
pH 8.2 50mmol/L Tris – HCl	2.98	2.98
10mmol/L HCl	0.02	0.01
50mmol/L 邻苯三酚	—	0.01

2. SOD 样液的活性测定

样品管取代自氧化管。样品管测定时先加入预热的待测酶液，再加邻苯三酚。其余步骤同邻苯三酚自氧化速率的测定（见表2）。

表2 SOD样液活性测定试剂配加表

试 剂	空白管/mL	样品管/mL
pH 8.2 50mmol/L Tris-HCl	2.98	2.98
10mmol/L HCl	0.02	—
SOD样液	—	0.01
50mmol/L邻苯三酚	—	0.01

四、计算酶活性

按下式计算SOD的酶活性：

$$SOD的酶活性（U/mL）= \frac{\dfrac{0.070-样液速率}{0.070}\times100\%}{50\%}\times反应液总体积\times\frac{样液稀释倍数}{样液体积}$$

Ⅱ 动物血中超氧化物歧化酶的提取

一、实验原理

1969年，McCord和Fridovich第一次从牛血中提纯到超氧化物歧化酶。自然界中SOD分布极广，其含量随生物体的不同而不同，即使同一种生物的不同组织或同一组织的不同部位，其SOD的种类和含量也有很大差别。迄今为止人们已从细菌、真菌、原生动物、藻类、昆虫、鱼类、植物和动物等各种生物体内分离得到SOD。为拓宽提取SOD的原料，筛选或开发生产SOD量较高的菌株，目前研究开发最多的资源还是从动物血液、动物组织中制备提纯SOD。

从动物血液材料中制备CuZn-SOD纯化工艺分为三个主要步骤：①原材料的预处理；②粗酶液的制备；③离子交换色谱精制。

国内多采用McCord和Fridovich法，其主要工艺过程为：第一步，乙醇-氯仿除去血红蛋白；第二步，有机溶剂和硫酸铵分级沉淀；第三步，离子交换色谱精制。

二、材料、器材与试剂

1. 材料
猪血。

2. 器材
恒温水浴锅、离心机、布氏漏斗、抽滤瓶、烧杯、量筒、玻璃棒、透析袋。

3. 试剂
（1）3.8%（质量分数）柠檬酸三钠，0.9%（质量分数）氯化钠，95%（体积分数）乙醇，氯仿，丙酮。

（2）pH 7.6 的 2.5 mmol/L $K_2HPO_4 - KH_2PO_4$ 缓冲溶液，DE – AE – SephadexA – 50。

三、实验操作

1. 分离血球

取新鲜猪血，加入到 3.8% 柠檬酸三钠抗凝液中，新鲜猪血与抗凝液的体积比为 3 : 1，轻轻搅拌均匀，4 000r/min 离心 20min，收集红细胞。

2. 除血红蛋白

红细胞用 3 倍体积生理盐水洗涤，4 000r/min 离心 20min，重复三次后向洗净的红细胞加入 1 ~ 1.1 倍体积去离子水，搅拌溶血 30min，再向溶血液中分别缓慢加入 0.25 倍体积的预冷 95% 乙醇和 0.15 倍体积的预冷氯仿，剧烈搅拌 15min 左右，静置 1h 后 4 000r/min 离心 20min，除去变性血红蛋白沉淀，取上清液过滤，收集滤液（记录体积，测酶活性和蛋白浓度）。

3. 热变性

上清液加热到 65℃，保温 10min，然后迅速冷却到室温，3000r/min 离心 20min，弃去沉淀物，收集上清液（记录体积，测酶活性和蛋白浓度）。

4. 沉淀

清液在盐冰浴中冷却，然后在 -5℃ 以下的操作温度下加入 1.5 倍体积的预冷丙酮，边加边搅拌均匀，即有白色沉淀产生，静置 2 ~ 3min，迅速抽滤，弃去滤液得肉色沉淀。沉淀物用少量蒸馏水溶解，4 000r/min 离心 20min，除去不溶物，用 pH 7.6 的 2.5 mmol/L $K_2HPO_4 - KH_2PO_4$ 缓冲溶液透析，即得粗 SOD 溶液（记录体积，测酶活性和蛋白浓度）。

四、结果计算

（1）计算每步操作所得酶液的酶活性、蛋白浓度和比活力。

（2）计算每步操作的酶活性回收率、蛋白回收率和纯化倍数。

Ⅲ 离子交换法分离纯化超氧化物歧化酶

一、实验原理

本实验利用超氧化物歧化酶的解离性质，在一定缓冲溶液条件下与离子交换纤维素吸附和解吸的能力不同于溶液中的杂蛋白，进而除去杂蛋白。实验中选用 DE – 32 离子交换纤维素。

二、器材与试剂

1. 器材

色谱柱（2.5cm × 25cm）、部分收集器、梯度洗脱仪、紫外分光光度计、试管、透析袋。

2. 试剂

（1）DE－32。

（2）2.5 mmol/L K_2HPO_4－KH_2PO_4（pH 7.6）缓冲溶液。

（3）200 mmol/L K_2HPO_4－KH_2PO_4（pH 7.6）缓冲溶液。

三、操作方法

将 SOD 粗液加到用 2.5 mmol/L K_2HPO_4－KH_2PO_4 缓冲溶液平衡过的 DE－32 色谱柱（2.5cm×25cm）上，然后用 pH 7.6 的 2.5～200 mmol/L K_2HPO_4－KH_2PO_4 缓冲溶液进行梯度洗脱，流速 1.5mL/min，收集具有 SOD 活性部分的洗脱液，透析浓缩后冷冻干燥即得纯化 SOD（淡蓝绿色产品）。

四、结果计算

计算色谱分离前后酶液的比活、纯化倍数及活力与蛋白的回收率。

Ⅳ 金属螯合色谱分离纯化超氧化物歧化酶

一、实验原理

金属螯合色谱是基于被分离物质和介质与金属形成络合物稳定性的差异而进行分离，主要分为三个阶段：第一阶段是螯合介质与二价金属离子作用生成金属螯合介质；第二阶段是在一定条件下金属螯合介质与被分离蛋白质分子形成金属螯合复合物；第三阶段是从金属螯合介质上将被分离物质解吸下来。

金属螯合色谱是利用固定相偶联的配基——亚氨基二乙酸（IDA）与金属离子发生螯合作用，该金属离子又与蛋白分子中的某些含有巯基或咪唑基的氨基酸结合。本实验采用亚氨基二乙酸（IDA）以二钠盐形式与环氧化的琼脂糖 6B 结合，然后在偏碱性的条件下与二价金属铜离子发生可逆性螯合，二价金属铜离子又与含有咪唑基的超氧化物歧化酶发生可逆性的螯合吸附。金属离子在螯合介质与被分离分子之间起着桥梁作用，金属离子的一端与螯合介质连接，另一端与被分离组分结合。这两种结合方式都是可逆的，在一定条件下洗脱被分离组分。

二、器材与试剂

1. 器材
色谱柱、紫外分光光度计、部分收集器、沸水浴、金属网筛。

2. 试剂
（1）琼脂糖。

（2）亚氨基二乙酸（IDA）。

（3）环氧氯丙烷。

（4）三羟甲基氨基甲烷（Tris）。

（5）氢氧化钠。

（6）氯化钠。

（7）硼氢化钠。

（8）pH 10.0 的 2mol/L Na$_2$CO$_3$ – NaHCO$_3$ 缓冲溶液。

（9）pH 7.2 的 20mmol/L 磷酸缓冲溶液。

三、实验操作

1. IDA – 琼脂糖 6B 的制备

称取琼脂糖 2g，加入蒸馏水 30mL，沸水浴充分溶解，待冷却结块后，过 20 ～ 30 目筛，称重，每克湿重加入 1mol/L NaOH（含 0.2% NaBH$_4$）1mL，然后在 30℃水浴中搅拌下加入 1/10 倍上述氢氧化钠体积的环氧氯丙烷。水浴温度缓慢升至 60℃，保温继续反应 2h，趁热过滤并用预热的蒸馏水洗涤至近中性。

取 10g 上述凝胶加入 50mL 含 2g IDA 的 pH 10.0 的 2mol/L Na$_2$CO$_3$ – NaHCO$_3$ 缓冲溶液，于 60 ～ 65℃水浴中搅拌 24h，其间分次加入 20mL 含 3g IDA 的碳酸盐缓冲溶液。反应产物用水 2L、10% 乙酸 0.5L、水 2L 依次洗涤。

2. 柱制备

按常规将 IDA – 琼脂糖 6B 装柱（1.5cm×20cm），用 10mmol/L CuSO$_4$ 流过色谱柱，螯合铜离子，制备成亲和色谱柱。

3. SOD 亲和色谱

亲和色谱柱用 20mmol/L 磷酸缓冲溶液（pH 7.2，含 0.5mol/L NaCl）平衡，含 SOD 的粗制品上柱后，依次用 20mmol/L 磷酸缓冲溶液（pH 7.2，含 0.5mol/L NaCl）、20mmol/L 磷酸缓冲溶液（pH 6.0，含 0.8mol/L NaCl）、20mmol/L 磷酸缓冲溶液〔pH 7.8，含 0.5mol/L（NH$_4$）$_2$SO$_4$〕洗脱。收集 SOD 活性峰，测定酶活性和蛋白质浓度。

四、结果计算

计算金属螯合色谱分离前后样品和收集峰的酶比活、纯化倍数、酶活性回收率和蛋白质回收率。

实验三十七　菜花（花椰菜）中核酸的分离和鉴定

一、实验目的

（1）初步掌握从菜花中分离核酸的方法。

（2）学习和掌握 RNA、DNA 的定性鉴定方法。

二、实验原理

核酸分为脱氧核糖核酸（DNA）和核糖核酸（RNA）两大类。它们在细胞内常常与蛋白质结合成复合物形式。

　　DNA 在浓盐溶液中有很大的溶解度，而 RNA 的溶解度很小，据此可用浓盐溶液先将 DNA 提取出来，然后用热的高氯酸溶液（70℃）将 RNA 抽提出来。

　　本实验以菜花为材料，先用冰冷的稀三氯乙酸或高氯酸在低温下抽提菜花匀浆中的酸溶性小分子物质，再用有机溶剂去掉磷脂等脂溶性物质，然后用浓盐溶液抽提出DNA，最后用热的高氯酸稀溶液抽提出 RNA。

　　核酸鉴定根据核酸和脱氧核酸所具有的特殊颜色反应进行。

　　核酸的鉴定采用苔黑酚法。RNA 和盐酸共热分解后有核糖生成，而核糖在浓酸中脱水生成糠醛，糠醛与苔黑酚作用产生绿色复合物质。

　　脱氧核酸的鉴定采用二苯胺法。含有脱氧核糖的 DNA 酸解后生成脱氧核糖，脱氧核糖在酸性条件下脱水生成 ω -羟基 - 6 - 酮基戊醛，它能与二苯胺反应生成蓝色复合物质。

三、材料、器材与试剂

1. 材料
新鲜菜花。

2. 器材
离心机、恒温水浴锅、布氏漏斗装置、移液管、剪刀、量筒、电炉、烧杯。

3. 试剂
（1）95% 乙醇。

（2）丙酮。

（3）5% 高氯酸溶液。

（4）0.5mol/L 高氯酸溶液。

（5）10% 氯化钠溶液。

（6）标准 RNA 溶液（5mg/100mL）。

（7）标准 DNA 溶液（15mg/100mL）。

（8）二苯胺试剂：将 1g 二苯胺溶于 100mL 冰醋酸中，再加入 2.75mL 浓硫酸（置冰箱中可保存 6 个月。使用前，在室温下摇匀）。

（9）氯化铁浓盐酸溶液：将 10% 氯化铁溶液（用 $FeCl_3 \cdot 6H_2O$ 配制）2mL 加入到400mL 浓盐酸中。

（10）苔黑酚乙醇溶液：溶解苔黑酚（3，5 - 二羟甲苯）于 100mL 95% 乙醇中。

四、实验操作

1. 核酸的分离提取
（1）菜花的研磨与除杂。

　　称取菜花的花冠 20g 于研钵中，加入 20mL 95% 乙醇，研磨成匀浆，用布氏漏斗抽滤，弃去滤液，保留滤渣。在滤渣中加入 20mL 丙酮，搅拌均匀，抽滤，弃去滤液。可处理两次，最后将丙酮抽干。然后将滤渣悬浮于预冷的 20mL 5% 高氯酸溶液中（冰盐浴），充分搅拌，抽滤后弃去滤液。将滤渣再分别用95%乙醇和丙酮按前法处理，最后得干燥滤渣。

（2）DNA 的提取。

将干燥的滤渣重新悬浮在40mL 10%氯化钠溶液中。沸水浴中保温15min。取出冷却，抽滤，滤液为提取物Ⅰ。

（3）将（2）中滤渣重新悬浮在20mL 0.5mol/L 高氯酸溶液中，在70℃恒温水浴中保温20min，抽滤，滤液为提取物Ⅱ。

2. RNA、DNA 的定性鉴定

（1）二苯胺反应。

取5支试管，编号，按下表进行操作。

管号 试剂	1	2	3	4	5
蒸馏水/mL	1	—	—	—	—
标准 DNA 溶液/mL	—	1	—	—	—
标准 RNA 溶液/mL	—	—	1	—	—
提取物Ⅰ/mL	—	—	—	1	—
提取物Ⅱ/mL	—	—	—	—	1
二苯胺试剂/mL	2	2	2	2	2
沸水浴中10min 后的现象					

（2）苔黑酚反应。

取5支试管，编号，按下表进行操作。

管号 试剂	1	2	3	4	5
蒸馏水/mL	1	—	—	—	—
标准 DNA 溶液/mL	—	1	—	—	—
标准 RNA 溶液/mL	—	—	1	—	—
提取物Ⅰ/mL	—	—	—	1	—
提取物Ⅱ/mL	—	—	—	—	1
氯化铁浓盐酸溶液/mL	2	2	2	2	2
苔黑酚乙醇溶液/mL	0.2	0.2	0.2	0.2	0.2
沸水浴中20min 后的现象					

五、结果计算

根据现象分析提取物Ⅰ和提取物Ⅱ主要含有什么物质？

六、注意事项

核酸分离时，要除去小分子物质和脂类物质，以免影响鉴定。

七、思考题

上述两种鉴定方法能对核酸进行定量测定吗？

实验三十八　血糖的测定

Ⅰ　磷钼酸比色法

一、实验目的

（1）掌握磷钼酸比色法测定血糖的原理及方法。
（2）学会制备无蛋白血滤液。

二、实验原理

血糖的测定方法有磷钼酸比色法（Folin—Wu 法）、蒽酮比色法、葡萄糖氧化酶－过氧化物酶法（GOD－POD 法）等。磷钼酸比色法虽然是比较复杂且比较传统的方法，但对学生的操作练习还是很适合的，本实验即采用此法。

葡萄糖的醛基具有还原性，与碱性酮试剂混合加热后，被氧化成羧基，而碱性铜试剂中的二价铜则被还原成橙红色的氧化亚铜沉淀，氧化亚铜又可使磷钼酸还原，生成钼蓝，使溶液呈蓝色。其蓝色的深度与葡萄糖浓度成正比，因此可用比色法于 620nm 下测定血糖的浓度。

蛋白质对测定有干扰，必须先除去血液中的蛋白质制成无蛋白血滤液再进行测定。本实验采用钨酸法制备无蛋白血滤液。

三、器材与试剂

1. 器材
奥式吸量管（1mL）、刻度吸量管（10mL、1mL）、小漏斗、锥形瓶（50mL）、容量瓶（25mL）、试管及试管架、分光光度计、电炉。

2. 试剂
（1）草酸钾粉末。
（2）0.66mol/L 的 H_2SO_4 溶液。

（3）0.25%的苯甲酸溶液。

（4）10%的钨酸钠溶液：此溶液应为中性或弱碱性，否则蛋白质沉淀不完全。其校正方法是取此溶液10mL，加入0.1mol/L的H_2SO_4溶液0.4mL，再加入1滴浓度1%的酚酞，溶液应呈粉红色。过酸或过碱可用0.1mol/L的H_2SO_4溶液及0.1mol/L的NaOH溶液调节。

（5）葡萄糖标准液。

①储存液：称取1g在80℃下烘干至恒重的葡萄糖，溶于水，稀释到100mL，其浓度为10mg/mL。

②应用液：取1mL储存液于100mL容量瓶中，用0.25%的苯甲酸稀释到刻度线，最后浓度为0.1mg/mL。

（6）碱性铜试剂：在400mL水中加入40g无水碳酸钠，在300mL水中加入7.5g酒石酸溶液倾入碳酸钠溶液中，混合移入到1000mL容量瓶中，再将硫酸铜溶液倾入，并加蒸馏水至刻度线。此试剂可在室温下长期保存，如有沉淀产生，需过滤后方可使用。

（7）磷钼酸试剂：在烧杯内加入钼酸70g，钼酸钠10g，10%的NaOH溶液400mL及蒸馏水400mL，混合后煮沸20～40min，以去除钼酸中可能存在的氨。冷却后加入250mL 85%的浓磷酸，混合均匀，稀释至1000mL。

四、实验操作

1. 用钨酸法制备1:10的无蛋白血滤液

用奥式吸量管吸取1mL混匀的抗凝血（2g草酸钾/1L血液），擦去管外血液，将管插到50mL锥形瓶瓶底，缓慢地放出血液，勿使血液黏附于刻度吸量管管壁。

加入7mL蒸馏水，充分混匀，使之完全溶血后，加入0.66mol/L的H_2SO_4溶液1mL，随加随摇，再加入1mL 10%的钨酸钠溶液，同样随加随摇。加完后充分摇匀，放置5～10min，待其沉淀。当溶液由鲜红色变为暗棕色后，即用优质不含氮的干滤纸过滤或离心，除去沉淀。如滤液不清，需重新过滤，过滤时，应在漏斗上盖一表面皿，减少其与空气的接触。

如此制得的无蛋白血滤液每毫升相当于0.1mL全血。

2. 测定血糖

取4支25mL容量瓶编号（样品用两支），在容量瓶中按下表所列数据加入试剂并进行操作。

试剂/mL	空白	标准	样品
无蛋白血滤液	—	—	1.0
蒸馏水	2.0	1.0	1.0
葡萄糖应用液	—	1.0	—
碱性酮试剂	2.0	2.0	2.0

（续上表）

混合，置沸水中进行沸水浴 8 min，于流动的冷水中冷却 3 min（勿摇动）			
磷钼酸试剂	2.0	2.0	2.0
混匀，放置 2 min，使二氧化碳气体逸出			
以 1∶4 磷钼酸稀释液加至容量瓶刻度	25	25	25

在分光光度计上，以 620 ～ 640 nm 波长，用 0.5 cm 或 1.0 cm 光径比色皿迅速比色。每份样品读数 3 次。

五、结果计算

$$100\text{mL 样品中血糖含量} = \frac{A（样品）}{A（标准）} \times \frac{\rho（标准）}{V（样品）} \times 100$$

式中　V（样品）——应由所取血滤液体积折算为所取全血的体积（×0.1）；

　　　ρ（标准）—— 0.1mg/mL。

六、思考题

（1）制备无蛋白血滤液时，过滤滤纸能否用水湿润？为什么？

（2）置沸水中进行沸水浴 8 min 的目的是什么？加热时间是否要准确？冷却后观察有何现象并解释之。

Ⅱ　蒽酮比色法

一、实验目的

掌握蒽酮比色法测定血糖的原理及方法。

二、实验原理

蒽酮比色法是测定血糖含量的一个灵敏、快速而简便的方法。其原理是根据糖在浓硫酸作用下脱水生成糠醛或其衍生物，其产物再与蒽酮反应生成蓝绿色复合物，于 620nm 处有最大吸收峰。若溶液含糖量在 150μg/mL 以内，其产物与蒽酮反应生成的溶液颜色深浅与糖含量成正比。当存在含有较多色氨酸的蛋白质时，反应不稳定，溶液呈红色。为了消除蛋白质干扰，必须先去除血液中的蛋白，制成无蛋白血滤液再进行血糖含量的测定。本实验采用钨酸法制备无蛋白血滤液。

三、器材与试剂

1. 器材

奥式吸量管（1mL）、锥形瓶（50mL）、小漏斗、刻度吸量管（10mL、1mL）、试管及试管架、分光光度计、电炉、滴管、水浴锅。

2. 试剂

（1）草酸钾粉末。

（2）0.66mol/L 的 H_2SO_4 溶液。

（3）10% 的钨酸钠溶液：配制方法同实验 I 磷铜酸比色法。

（4）蒽酮试剂：准确称取 100 mg 蒽酮溶于 100mL 98% 的 H_2SO_4 溶液中，用前配制。

（5）100μg/mL 的葡萄糖标准溶液：准确称取 100 mg 葡萄糖，用蒸馏水溶解，定容至 1000mL。

四、实验操作

1. 用钨酸法制备 1:10 的无蛋白血滤液

同实验 I 磷铜酸比色法。

2. 葡萄糖标准曲线的制作

分别取 100μg/mL 葡萄糖标准溶液 0 mL（空白管），0.1 mL，0.2 mL，0.3mL，0.4 mL，0.5 mL，0.6 mL，0.8 mL 加入 8 支试管中并编号。用水补足到 1.0 mL，再各加入 10 mL 蒽酮试剂，迅速浸于冰水中冷却，待几支试管均加完后，同时置于沸水中进行沸水浴。为防止水分蒸发，应在试管口处加盖玻璃球。准确反应 7min，立即取出置于冰浴中迅速冷却至室温，在暗处放置 10min。以空白管为对照，测量各管 620nm 处的 A_{620}。以糖含量为横坐标，吸光值为纵坐标作标准曲线。

3. 血糖含量的测定

取 3 支试管编号，各加入无蛋白血滤液 1.0mL。向 3 支试管中加入 10mL 蒽酮试剂。迅速浸于冰水中冷却，待 3 支试管均加完后，同时置于沸水中进行沸水浴。为防止水分蒸发，应在试管口处加盖玻璃球。准确反应 7min，立即取出置于冰浴中迅速冷却至室温，在暗处放置 10min。测得吸光度值，计算平均值，与标准曲线对照，得到血糖含量。

五、结果计算

$$血糖含量（μg/mL）= \frac{c}{0.1}$$

式中　c——从标准曲线上查得的糖浓度，μg/mL；

　　　0.1——1mL 无蛋白血滤液相当于 0.1mL 全血。

六、思考题

（1）加蒽酮试剂时为什么盛有样品的试管必须浸于冷水中冷却？

（2）所用分光光度计的原理是什么？

Ⅲ　葡萄糖氧化酶－过氧化物酶法（GOD－POD法）

一、实验目的

学习并掌握酶法测定血糖的方法及原理。

二、实验原理

葡萄糖氧化酶（GOD）利用空气和水催化葡萄糖分子中的醛基氧化，生成葡萄糖酸并释放过氧化氢。过氧化物酶（POD）在有氧受体时，将过氧化氢分解为水和氧。后者将还原性氧受体4－氨基安替比林和苯酚氧化，缩合生成红色醌类化合物，其颜色的深浅（即醌的生成量）与葡萄糖量成正比。据此，将测定样品与经过同样处理的葡萄糖标准液进行比色，即可计算出血糖的含量。

$$C_6H_{12}O_6+O_2+H_2O \xrightarrow{\text{GOD}} C_6H_{12}O_7+H_2O$$

葡萄糖　　　　　　　　　　　葡萄糖酸

2H₂O₂ + 4-氨基安替比林 + 苯酚 →(POD) 红色醌类化合物 + 4H₂O

三、器材与试剂

1. 器材

刻度吸量管（5mL，1mL）、移液枪（5μL ～ 100μL）、试管及试管架、分光光度计、恒温水浴锅。

2. 试剂

（1）0.1 mol /L 磷酸盐缓冲液（pH 为 7.0）：溶解无水磷酸氢二钠（Na_2HPO_4）8.67g 及无水磷酸二氢钾（KH_2PO_4）5.3g 于 800mL 蒸馏水中，用少量 1mol /L 氢氧化钠或盐酸调 pH 至 7.0，以蒸馏水定容至 1000mL。

（2）酶试剂：葡萄糖氧化酶（GOD）1200 u，过氧化物酶（POD）1200 u，4－氨基安替比林 10mg，叠氮钠 100mg，加上述磷酸盐缓冲液至 80mL 左右，调 pH 至 7.0，再加磷酸盐缓冲液至 100mL。置冰箱可保存 3 个月。（酶试剂现已有市售。）

（3）酚试剂：苯酚 100mg 溶于 100mL 蒸馏水中（苯酚在空气中易氧化成红色，可先配成 500g /L 的溶液，置棕色瓶中储存，使用前稀释）。

（4）酶酚混合试剂：上述酶试剂和酚试剂等量混合，放冰箱保存（可保存 1 个月）。

（5）葡萄糖标准储存液：将葡萄糖放在温度为 80℃ 的烤箱中干燥至恒重，冷却后称取 2g，用 0.25% 的苯甲酸溶液溶解并定容至 100mL。

（6）葡萄糖标准应用液（1mg/mL）：取储存液 5mL，用 0.25% 苯甲酸溶液定容至 100mL。

（7）0.25% 苯甲酸溶液：900mL 蒸馏水中加入苯甲酸 2.5g，加热助溶，冷却后定容至 1000mL。

（8）蛋白沉淀剂：溶解磷酸氢二钠（Na_2HPO_4）10g，钨酸钠（Na_2WO_4）10g，氯化钠 9g 于 800mL 蒸馏水中，加 1mol/L 盐酸 125mL，最后用蒸馏水稀释至 1000mL。

四、实验操作

1. 血清直接测定

取小试管 3 支，分别标号，按下表操作。

试　剂	空白管	标准管	测定管
血清	—	—	20μL
葡萄糖标准应用液	—	20μL	—
0.1mol/L 磷酸盐缓冲液	20μL	—	—
酶酚混合试剂	3 mL	3 mL	3 mL

振摇混匀，37℃ 水浴 15 min，冷却后用光径为 0.5 cm 或 1.0 cm 的比色皿在 505 nm 处迅速比色，空白管调零点，每份样品读数 3 次，分别记录各管的吸光度。

2. 全血测定

取蛋白沉淀剂 1.9 mL，加入全血 0.1 mL，混匀，室温放置 7 min，离心取上清液。同样处理葡萄糖标准应用液后，取小试管 3 支，分别注明"空白"、"标准"、"测定"，按下表操作。

试　剂	空白管	标准管	测定管
去蛋白上清液/mL	—	—	0.5
处理葡萄糖标准应用液/mL	—	0.5	—
蛋白沉淀剂/mL	0.5	—	—
酶酚混合试剂/mL	3.0	3.0	3.0

振摇混匀，37℃ 水浴 15 min，冷却后用光径为 0.5 cm 或 1.0 cm 的比色皿在 505 nm 处迅速比色，空白管调零点，每份样品读数 3 次，分别记录各管的吸光度。

五、结果计算

$$血糖含量（mg/dL）= \frac{A（样品）}{A（标准）} \times \frac{\rho（标准）}{V（样品）} \times 100$$

式中 V（样品）——全血的体积，mL；

    A——吸光度；

    ρ（标准）——1 mg/mL。

参考值：空腹血糖为 70 ～ 110 mg/dL。

六、注意事项

（1）本法对葡萄糖特异性较高，能干扰测定结果的物质很少。

（2）由于温度对本实验影响较大，水浴时应严格控制温度，防止酶活性丧失。

现在已有以固定葡萄糖氧化酶（GOD）制成的酶电极，也称生物传感器，它可用来测定液体中的葡萄糖含量，方法快速，灵敏度高。由于是以 H_2O_2 引发的电信号为检测依据，因此不受颜色影响，血液样品可直接测定。

七、思考题

请查阅资料了解葡萄糖酶电极的结构原理与应用现状，比较酶电极法（仪器）与本实验的优缺点。

实验三十九 HPLC 法检测水果中有机酸浓度

一、实验目的

（1）了解色谱法的分离原理、色谱图及常用术语，了解色谱法定性及定量的分析方法。

（2）掌握 Agilent 1100 高效液相色谱仪操作方法。

（3）掌握 HPLC 法检测水果中有机酸浓度的原理及方法。

二、实验原理

果蔬及其制品、各种酒类、乳及乳制品中的主要有机酸可用高效液相色谱进行测定。样品经过处理、离心及超滤，用 C-18 反相柱和 pH 2.65 的纯蒸馏水作流动相，在紫外 214nm 处定量测定。本法可同时测定柠檬酸、苹果酸、酒石酸、琥珀酸、乳酸、乙酸及延胡索酸等七种有机酸。

三、器材、试剂与原料

1. 器材

高效液相色谱仪（Agilent 1100）、分析天平、组织捣碎机、研钵、三角瓶、恒温水浴锅、离心机、0.45μm 滤膜、溶剂过滤器、样品过滤器。

2. 试剂

（1）磷酸（A. R.）。

（2）流动相的制备：用磷酸调节新配制的重蒸水 pH 至 2.65，置超声波振动仪上排气后用 0.45μm 膜过滤，待用。

（3）有机酸标准母液配制：分别称取苹果酸 10mg、柠檬酸 10mg、酒石酸 5mg、琥珀酸 20mg、延胡索酸 10mg，吸取乳酸 10μL，冰乙酸 10μL，置 100mL 棕色容量瓶中，以 pH 2.65 重蒸水溶解并定容，使有机酸的浓度分别为 100，100，50，200，100，100 和 100mg/kg。

（4）7 种有机酸标准混合液：各吸取有机酸贮备液，稀释 10 倍混合，0.45μm 微孔滤膜过滤，即可做工作液。

3. 原料

果蔬、橘汁、酒等。

四、实验操作

1. 样品制备

称取水果 200g 左右，洗净、切碎，用组织捣碎机制成匀浆。称样品 10g，置三角瓶中，加入 pH 2.65 重蒸水 60 ～ 70mL，沸水浴中加热 60min 以浸提有机酸，冷却，用 pH 2.65 重蒸水移入 100mL 容量瓶中，定容，过滤，再用 0.45μm 微孔滤膜过滤，待上机检测。

2. 色谱条件准备

（1）色谱柱为 u – Bondapak C – 18（130mm×3.9mm，Waters）。

（2）流动相为 pH 2.65 重蒸水（用磷酸配制）。

（3）流速为 0.4mL/min。

（4）检测器为 UV214nm。

（5）柱温为 18 ～ 20℃。

（6）进样量为 20μL。

3. 标准曲线的制作

取有机酸标准混合液以 1，2，4，8，10，16，20 倍稀释成 7 个浓度，并取各浓度 20μL 分别进样分离，以各种有机酸的浓度对峰高（或峰面积）分别制成标准曲线。在标准曲线的线性范围内进行样品中各种有机酸浓度的测定。

4. 样品测定

取样品处理液 20μL 进样色谱分析，以标准色谱图进行对照，根据保留时间确定样品中的各种有机酸，如下图所示。

五、结果及数据处理

根据有机酸标准品的保留时间定性，根据标准品中各有机酸的峰高或峰面积确定样品中有机酸浓度。可用两种方法：

（1）按以下公式计算样品中各种有机酸的浓度（c）。

$$c = N \times (H/H_m) \times F \times 50 \times (V/W) \cdot (1000/1000)$$

式中　c——各种有机酸的浓度，以 mg/kg（L）表示；

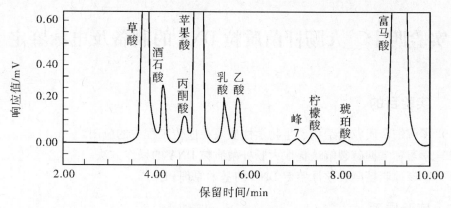

有机酸混合标样色谱图

N——20μL 有机酸浓度，μg/20μL；

H——样品中某种有机酸的峰高，mm；

H_m——标准溶液中某种有机酸的峰高，mm；

F——稀释倍数；

V——样品的定容体积，100mL；

W——样品的称取量，g 或 mL。

（2）分别以系列浓度混合标准工作液峰面积或峰高为纵坐标，浓度为横坐标，建立各种有机酸工作曲线，在线性范围内查出样品中各有机酸浓度。

六、注意事项

（1）本方法的回收率试验表明，除易挥发的乙酸外，其他有机酸的回收率都较理想。

（2）样品检测后浓度应在标准工作曲线线性范围内，否则对样品进行稀释。

七、思考题

（1）水果中有机酸浓度丰富，通过实验比较各种水果中主要的有机酸是什么。

（2）水果中有机酸浓度检测方法有哪些？其依据原理是什么？请通过各组实验数据比较各方法回收率及 RSD 值。

（3）C-18 柱分离各有机酸的主要原理是什么？其使用 pH 范围是多少？

（4）HPLC 检测有机酸流动相、pH、柱温改变对实验有否影响？你在实验中能建立有机酸 HPLC 不同的定量分析色谱条件吗？请分析建立的理由。

（5）色谱分析的基本原理是什么？

（6）何谓流动相、固定相和保留时间？

（7）任何样品都能用液相色谱法分析吗？HPLC 适用哪些样品的定量分析？

实验四十　大肠杆菌质粒 DNA 的制备及电泳鉴定

一、实验目的

（1）了解细菌质粒的结构、生物学性质及在遗传工程中的应用。
（2）学习和掌握碱裂解法提取大肠杆菌质粒 DNA 的操作方法。
（3）掌握琼脂糖凝胶电泳鉴定 DNA 的基本原理和操作。

二、实验原理

质粒是一种染色体外的稳定遗传因子，是具有闭合环状结构的双链 DNA 小分子。质粒本身能在细胞中自主复制，是遗传工程中运载基因的重要载体。本实验是对大肠杆菌中的质粒进行提取和鉴定。

目前分离质粒 DNA 的方法有多种，如碱裂解法、SDS 裂解法、煮沸法、溶菌酶酶解法等。每种方法都涉及三个步骤：细菌的培养和质粒的扩增；细菌的收集和裂解；质粒 DNA 的提取及纯化。本实验中我们介绍碱裂解法，也称碱变性抽提法。此法经济、有效，且收率较高，是一种广泛制备质粒 DNA 的方法。

碱裂解法分离质粒 DNA 是基于染色体 DNA 与质粒 DNA 的变性与复性的差异而达到分离的目的。当细胞在 NaOH 和 SDS 溶液中（pH 12.0 ～ 12.5）裂解时，染色体 DNA 发生变性，其 DNA 双螺旋结构解开，但闭合环状质粒 DNA 链由于相互盘绕、紧密结合而不能完全彼此分开。当 pH 恢复正常时（加入乙酸钾中和液中和 pH 至中性），质粒 DNA 链又会重新迅速准确配位，重新恢复其天然的超螺旋结构，而较大的细菌染色体 DNA 不能复性，而是相互缠绕形成网状结构，经过离心，可与细胞碎片、不稳定的大分子 RNA、蛋白质 –SDS 复合物等一起沉淀下来被除去，从而得到封闭的环状 DNA。

琼脂糖凝胶电泳适于分离鉴定 200 ～ 20 000bp 的核酸片段，是常用于分离、鉴定 DNA、RNA 分子混合物的方法。它是以琼脂糖凝胶作为支持物，利用 DNA 分子在泳动时的电荷效应和分子筛效应，达到分离混合物的目的。

在中性 pH 条件下，DNA 分子处在高于其等电点的 pH 溶液中而带负电荷，在电场中向正极移动。在一定强度的电场中，DNA 分子的迁移速率取决于分子筛效应，即分子本身的大小和构型是主要的影响因素。DNA 分子的迁移速率与其相对分子质量成反比。不同构型的 DNA 分子的迁移速度不同。

电泳后，核酸在凝胶中的位置可通过显色进行观察。琼脂糖凝胶中 DNA 显色的最简便方法是利用溴化乙锭（ethidiumbromide，简称 EB）染色，在 300nm 的紫外灯照射下，EB – DNA 复合物发出橘红色荧光。EB 是一种吖啶类染料，其分子成扁平状，当 DNA 样品在琼脂糖凝胶中电泳时，加入的 EB 能插入到 DNA 分子的碱基之中，形成荧光结合物，使其发射的荧光增强几十倍。荧光的强度正比于 DNA 的含量，如将已知浓度的标准样品作电泳对照，也可估计出待测样品的浓度。

pBR322DNA 的大小为 4.3kb，本实验选用 1.0% 的琼脂糖凝胶进行电泳。

三、材料、器材与试剂

1. 材料

含 pBR322 质粒的大肠杆菌。

2. 器材

恒温培养箱、恒温水浴锅、漩涡混合器、高速离心机、恒温振荡器、超低温冰箱、冰箱、锥形瓶、Eppendorf 管、量筒、移液管、微波炉、一次性手套、摄影设备、水平式电泳槽、量筒、滴管、水平仪、稳压电泳仪、紫外检测器。

3. 试剂

（1）LB（Luria – Bertani）液体培养基：称取胰蛋白胨 10g、酵母提取物 5g、NaCl 10g，加双蒸水 200mL 将上述物质溶解，然后用 5mol/L NaOH 调至 pH 为 7.3（灭菌后 pH 有所降低），最后用去离子水定容至 1000mL，转移至锥形瓶中，1.034×10^5Pa 高压蒸汽灭菌 20min。

（2）10mg/mL 氨苄青霉素（Amp）溶液：在无菌条件下用无菌水配制，−20℃ 贮存备用。

（3）含 Amp 的 LB 固体培养基：称取胰蛋白胨 10g、酵母提取物 5g、NaCl 10g、琼脂 15g。加双蒸水 200mL 将上述物质加热溶解，然后用 5mol/L NaOH 调至 pH 为 7.3，加去离子水定容至 1000mL，混匀，趁热分装，转移至锥形瓶中，以 1.034×10^5Pa 高压蒸汽灭菌 20min。取出培养基，当培养基冷却至 50℃ 左右时，在无菌室超净工作台中打开，加入氨苄青霉素。加入量为每 100mL 培养基加 1mL 浓度为 10mg/mL 氨苄青霉素溶液，使其终浓度为 100μg/mL。然后倒平板，凝固后备用。

（4）TE 缓冲液（pH 8.0）：含有 10mmol/L Tris – HCl（pH 8.0）、1mmol/L EDTA（pH 8.0），1.034×10^5Pa 高压蒸汽灭菌，4℃ 贮存。

（5）溶液 I：葡萄糖 – Tris – HCl – EDTA 溶液（GET）内含 50mmol/L 葡萄糖、25mmol/L Tris – HCl（pH 8.0）、10mmol/L 乙二胺四乙酸（EDTA）（pH 8.0）。1.034×10^5Pa 高压蒸汽灭菌 15min，4℃ 贮存。临用前加溶菌酶至 2mg/mL。

（6）溶液 II：是用 0.2mol/L NaOH 溶液和 1% SDS 溶液，等体积混合配制而成。现配现用。

（7）溶液 III：5mol/L 乙酸钾溶液 60mL（称取 29.4g 乙酸钾溶解后定容至 60mL），冰醋酸 11.5mL 和双蒸水 28.5mL 混合而成。此溶液中，钾浓度为 3mol/L，乙酸根 5mol/L。

（8）10mg/mL RNase A：先取 1mL/L Tris 母液 1mL，加入 50mL 去离子水，用盐酸调节 pH 至 7.5，再加入 3mol/L NaCl 溶液 0.5mL，然后定容至 100mL。称取 RNase A 10mg 溶于 1mL 上述溶液中，于 100℃ 加热煮沸 15min，缓慢冷却至室温，保存于 −20℃。

（9）苯酚：市售液化酚清亮无色，不需要重蒸。

（10）氯仿。

（11）异丙醇。

（12）无水乙醇。

（13）70%乙醇。

（14）1.0%琼脂糖凝胶：称取 1.0g 琼脂糖，放入锥形瓶中，加入 100mL TBE 缓冲液，置沸水浴加热至完全溶化，取出。待琼脂糖凝胶溶液冷却至 60℃ 左右，加入溴化乙锭溶液，使 EB 的最终浓度为 0.5μg/mL（戴手套操作），轻轻摇匀。

（15）TBE 缓冲溶液（pH 8.0）：称取 Tris 54g，硼酸 27.5g，0.5mol/L EDTA 20mL（pH 8.0），双蒸水定容至 1000mL。

（16）加样缓冲溶液：可用溴酚蓝–蔗糖溶液或溴酚蓝–甘油溶液。

0.2%溴酚蓝–50%蔗糖溶液：称取溴酚蓝 200mg，加少量双蒸水溶解，再称取蔗糖 50g，加双蒸水溶解，合并两种溶液，摇匀后加双蒸水定容至 100mL，加 10mol/L NaOH 1～2 滴，调至蓝色。

0.2%溴酚蓝–50%甘油溶液：先用双蒸水配制 0.4%溴酚蓝水溶液，然后与等体积的甘油混合即可。

（17）10mg/mL EB 溶液：称取溴化乙锭（M_r=394.33）约 200mg 于棕色瓶内，加双蒸水 20mL，溶解后，瓶外面用锡纸包好，并贮于 4℃ 冰箱保存备用。EB 是较强的致癌物，要谨慎操作，如有液体溅出外面，可加少量漂白粉，使 EB 分解。

（18）1mg/mL EB 溶液：取 10mg/mL EB 溶液 10mL 于棕色试剂瓶内，外面用锡纸包好，加入 90mL 双蒸水，轻轻摇匀，置 4℃ 冰箱备用。

（19）DNA 相对分子质量标准品。

四、实验操作

1. 大肠杆菌质粒 DNA 的制备

（1）细菌活化。在无菌条件下，用接种环挑取 1 环冷冻保存的含质粒 DNA 的大肠杆菌，划线接种于含有氨苄青霉素（Amp）的 LB 固体培养基试管斜面上，37℃ 培养 24～48h（视菌苔生长情况而定）。

（2）液体培养。将活化后的大肠杆菌用接种环挑取 1 环接种于盛有 2mL LB 液体培养基（含 100μg/mL Amp）的试管中，37℃ 摇荡培养过夜。

（3）离心收集菌体。将菌液收集在 1.5mL 的小离心管中，在 10 000r/min 离心 5min，弃去上清液。

（4）在菌体沉淀中加入 100μL 溶液 I。混匀，室温静置 10min。

（5）加入 200μL 新配制的溶液 II。塞紧管口，颠倒混匀内容物，然后将离心管放入冰浴 10min 左右，见溶液变透明黏稠。

（6）加入 150μL 冰上预冷的溶液 III。塞紧管口，颠倒混匀，冰浴 10min 左右，见溶液出现白色沉淀。乙酸钾能沉淀 SDS 和 SDS–Pr 复合物，冰浴的目的是为了充分沉淀。

（7）在 12 000r/min 离心 5min，将上清液转移至另一干净的离心管中，弃去沉淀物。如得到的上清液仍有浑浊，可混匀后再冷却，然后离心。

（8）在上清液中加入等体积的酚－氯仿（体积比 1∶1），反复振荡，然后 12 000r/min 离心 5min，将上清液转移至另一离心管中。

（9）加入 2 倍体积无水乙醇振荡混匀，于室温放置 2min，沉淀 DNA。12 000r/min 离心 5min，弃去乙醇，将离心管倒置于吸水纸上，吸干液体。

（10）用 1mL 70% 乙醇洗涤沉淀，12 000r/min 离心 5min，弃乙醇上清液，真空抽干。

（11）加 50μL 含 RNase 的 TE 缓冲溶液溶解 DNA 沉淀，RNase 可进一步去除 RNA 杂质，−20℃ 保存。

2. 质粒 DNA 的凝胶电泳

（1）琼脂糖凝胶的制备。

根据被分离 DNA 的大小不同，可以选择不同浓度的琼脂糖凝胶。可参照下表进行选择。

琼脂糖凝胶浓度/%	线性 DNA 的有效分离范围/kb	琼脂糖凝胶浓度/%	线性 DNA 的有效分离范围/kb
0.3	5 ～ 60	1.2	0.4 ～ 6
0.6	1 ～ 20	1.5	0.2 ～ 4
0.7	0.8 ～ 10	2.0	0.1 ～ 3
0.9	0.5 ～ 7		

根据上表，本实验选用 1.0% 琼脂糖凝胶。

（2）凝胶板的制备。

①实验选用水平电泳装置。先用胶布将凝胶板两端边缘封好，然后将有机玻璃板水平放置于实验台上。

②将冷却到 50℃ 左右的琼脂糖凝胶缓缓倒入有机玻璃内槽，使胶液充满整个板面（注意不要有气泡），将塑料梳子垂直架在有机玻璃内槽的一端。

③凝胶完全凝固后，轻轻拔出梳子，可见长方形孔格。

④取下两端的胶布，然后将凝胶板放在电泳槽的中间位置。

注意：DNA 样品孔应朝向负电极一端。

⑤加入 TBE 电泳缓冲溶液至电泳槽中，加液量要使液面没过胶面 1 ～ 1.5mm。

（3）样品配制和加样。

①样品处理：向待测样品液中加入 1/5 体积加样缓冲液。即 1μL 加样缓冲液加 5μL 待测 DNA 样品液或标准 DNA 液。

②加样：用微量加样器将上述样品分别加入胶板的样孔内。注意，加样时枪头不可碰孔壁，防止破坏加样孔周围的凝胶面。每个加样孔不可加样过多，一般加 15 ～ 20μL。记录点样顺序。

（4）电泳。

①接通电泳仪和电泳槽，并开通电源，调节电压至 170 ～ 180V，最高电场强度不超过 5V/cm，开始电泳。

②当溴酚蓝染料移动到距凝胶前沿 1 ～ 2cm 处，停止电泳。如果开始电泳时没有加 EB，可电泳后进行染色。即把胶槽取出，小心滑出胶块，水平放置在一张保鲜膜或其他支持物上，放进 EB 溶液中进行染色，完全浸泡约 30min。

（5）观察和拍照。

把电泳凝胶放在紫外灯（波长 254nm）下进行观察。可以看到 DNA 存在处显示出橘红色荧光条带。紫外光激发 30s 左右，肉眼可观察到清晰的条带。在紫外灯下观察时应戴上防护眼镜，以防紫外线对眼睛的伤害。

记录电泳结果或直接拍照。

五、结果计算

根据观察结果可鉴定出质粒 DNA，并通过比较标准 DNA 的荧光带与待测样品的荧光带，推测出待测样品的分子量。

六、注意事项

（1）要准确配制试剂，正确控制加量。

（2）加入溶液 Ⅱ 5min 后，如溶液不变黏稠（用移液嘴沾吸没有丝状物出现），则应终止实验。

（3）溶液 Ⅰ 中的溶菌酶宜临用前加入。

（4）抽提产物经电泳分离、EB 染色后，在紫外线灯下可观察到三条带，自前往后分别为：超螺旋、线性及开环质粒 DNA。

（5）溴化乙锭为致癌物，操作时必须戴一次性塑料薄膜手套，避免接触皮肤，同时小心污染环境。

（6）琼脂糖凝胶分离大分子 DNA 实验条件的研究结果表明，在低浓度、低电压下，分离效果较好。随着电压的增高，电泳分辨率反而下降，为了获得电泳分离 DNA 片段的最大分辨率，电场强度不宜高于 5V/cm。

（7）EB 见光分解，应在避光条件下 4℃ 保存。

（8）EB 加入可能使 DNA 的泳动速率下降，为取得较真实的电泳结果可以在电泳结束后再用 EB 溶液浸泡染色。

七、思考题

说明 DNA 琼脂糖凝胶电泳的基本原理、操作步骤及作用。

实验四十一　阿斯巴甜的合成与高效液相色谱纯化

阿斯巴甜（aspartame）又称为甜味素，化学结构是一个羧基末端甲酯化的二肽，氨基酸组成为天冬氨酸和苯丙氨酸，其化学结构如下：

$$H_2N-CH-\overset{\overset{\displaystyle O}{\|}}{C}-NH-CH_2-COOCH_2$$

（结构式中含 CH_2、$C=O$、OH 及苯环、CH_2 取代基）

阿斯巴甜的甜度为蔗糖的 $180 \sim 200$ 倍，由于具有热量低的优点，它被作为食品添加剂，广泛地应用到食品工业中。

本实验主要通过液相多肽合成的方法合成阿斯巴甜，并且使用高效液相色谱对其进行纯化，并最终通过冻干得到目标产物。

I 苯丙氨酸甲酯盐的合成

一、实验目的

（1）学习基本的加热反应的实验操作，掌握羧酸酰化以及甲酯化的实验原理。

（2）为下一步反应提供原料。

二、实验原理

由于阿斯巴甜是一个由天冬氨酸和苯丙氨酸甲酯组成的二肽，因此，本实验中我们需要先制备苯丙氨酸的甲酯，一般制备得到的是苯丙氨酸甲酯盐酸盐，盐酸盐一方面在制备的过程中容易结晶得到，另外在保存的过程中也比较稳定。苯丙氨酸甲酯盐酸盐也有市售，酯化反应的方法有很多种，本实验采用的方法的起始原料为苯丙氨酸，主要是通过先将苯丙氨酸的羧基转变为酰氯，然后酰氯与甲醇反应而生成甲酯。化学反应式为：

$$H_2N-CH-\overset{\overset{\displaystyle O}{\|}}{C}H-OH + SOCl_2 \xrightarrow[\text{加热}]{CH_3OH} HCl \cdot H_2N-CH_2-\overset{\overset{\displaystyle O}{\|}}{C}H-OCH_3$$

由于生成的中间产物酰氯的活性很高，因此这个反应在实际操作的过程中一般使用一釜法进行反应，另外，由于苯丙氨酸的氨基会与甲醇分子中的羟基竞争反应，因此，本实验中甲醇的量一般为 10 倍以上过量。另外，如果有水分子的存在会与甲醇竞争，导致酰氯和甲酯的水解，因此，本实验中所使用的溶剂需要经过无水处理。

三、器材与试剂

1. 器材

单口烧瓶、三口烧瓶、橡皮塞、玻璃注射器、冷凝管及乳胶管、恒温油浴锅、布氏漏斗、吸滤瓶、滤纸、真空泵、冰块、旋转蒸发仪、温度计、尾接管、蒸馏头、天平、铁架台及铁夹、磁力搅拌器及磁子。

2. 试剂

（1）苯丙氨酸。

（2）重蒸甲醇：将光亮的镁条剪成镁屑加入到烧瓶中，先加入少量的甲醇，油浴加热条件下反应生成醇镁，待镁屑完全反应完毕后，加入待处理的甲醇继续加热回流1h左右（反应时间视甲醇量的多少和含水量的多少而定），常压蒸馏出甲醇。以上操作最好在通风橱中进行。

（3）重蒸 $SOCl_2$：在通风橱中，直接常压蒸馏收集 75～80℃ 的馏分。

（4）石油醚。

（5）乙醚。

（6）食盐。

（7）镁条。

四、实验操作

（1）称取 1.65g 苯丙氨酸（H-Phe-OH，10mmol）于三口烧瓶中，加入大约 40mL 重蒸无水甲醇，放于磁力搅拌器上磁子搅拌溶解，三口瓶上加上冷凝管。

（2）将三口瓶置于冰盐浴下预冷，使用注射器抽取约 10mL 重蒸 $SOCl_2$ 通过三口瓶上的橡皮塞缓慢滴加，反应 1h。

（3）撤去冰盐浴，使用油浴加热回流反应约 4h。整个反应过程中应保持良好通风，最好在通风橱中进行。

（4）取下烧瓶，取出磁子，在旋转蒸发仪上减压旋转，浓缩溶剂，得到油状物。

（5）在冰浴下立即加入大量冰冷的石油醚即可析出白色固体。

（6）使用乙醚在布氏漏斗上反复洗几遍，抽滤即得到产物。

（7）称重，计算产率。理论产率为 2.16g。

Ⅱ 阿斯巴甜二肽粗产物的合成

一、实验目的

了解液相多肽合成的一般原理，掌握混合酸酐法合成多肽的方法和注意事项。

二、实验原理

多肽合成的方法主要包括固相和液相两种。固相多肽合成是在一个固相的载体上完成缩合和脱保护等过程，最后将合成得到的肽链从载体上切割下来，经过纯化得到目标多肽。固相多肽合成的优点有：①可以使用过量的试剂使得每步反应尽量趋于完全；②每步反应完成后可以通过洗涤方便地除去未反应完全的反应物；③不需要对每个中间体进行分离纯化；④可以很方便地实现自动化。但是，固相多肽合成所使用的固相载体一般价格较高。另外，由于每一步反应中使用的反应物和洗涤试剂一般都是过量的，试剂的消耗量大。因此，尽管液相多肽合成的方法比较费时费力，但是对于特别短的多肽来说，选用合适的液相合成方法比固相的方法更加经济。

液相多肽合成的方法有很多种，最基本的原理都是通过羧基的活化促使它与氨基发生反应。最经典的方法是使用碳二亚胺类缩合试剂如 DCC（N，N′ – 二环己基碳二亚胺）等进行缩合反应，一般是与氨基酸的羧基的活化试剂（如 HOSu、HOBt 等）同时配合使用。DCC 缩合的效率很高，也比较经济，但是 DCC 在接受一分子水之后会转变成为很难除去的 DCU（1，3 – 二环己基脲），给后续产物的纯化带来很多不便。因此，在本实验中采用另外一种缩合的方法——混合酸酐法。它的基本原理是采用氯甲酸烷基酯与氨基酸的羧基反应生成混合酸酐。混合酸酐法除了反应快、产率高以外，另外还有两个优点：后处理简单，所得产物不含 DCC 缩合法生成的难除去的 DCU，因而容易纯化。其反应过程如下：

$$Y-NH-CH(R^1)-C(=O)-OH \; + \; ClC(=O)HO-R^2 \quad \xrightarrow[\;[BH]^+Cl^-\;]{B} \quad \left[Y-NH-CH(R^1)-C(=O)-O-C(=O)-R^2 \right]$$

$$\xrightarrow{H_2N-R^3}$$

$$Y-NH-CH(R^1)-C(=O)-NH-R^3 \; + \; \left[R^2-O-C(=O)-OH \right]$$

$$\downarrow$$

$$R^2-OH + CO_2$$

在上述反应式中，Y 代表氨基保护基，常用的氨基保护基如 Boc（叔丁氧羰基）、Z（苄氧羰基）以及 Fmoc（芴甲氧羰基）等都可以适用于本反应；R^2 最常见的为异丁基；B 表示的是一种叔胺，常见的如三乙胺、三正丁胺和 N – 甲基吗啡啉等都可以适用。该反应中生成的副产物季铵盐在萃取时留在了水相中，而烷基醇在减压蒸发时被除去，二氧化碳直接挥发。因此，该缩合反应的后处理非常简便。

通过缩合反应得到末端氨基和侧链均被保护的中间产物之后，我们需要通过使用脱保护试剂三氟乙酸将氨基端的保护基团 Boc 和侧链羧基上的保护基团 tBu（叔丁基）脱除。在这个脱除的过程中，肽链羧基末端的甲酯基本保持稳定而不被脱除。因此，在液相多肽合成的过程中，很多时候就是通过合理设计使用最少的反应步骤和最少的试剂，选择性地保护和脱保护。本实验使用一种脱保护试剂就能选择性地把两种保护基同时脱去，最终得到目标肽的粗产物。

本实验中所涉及的反应过程如下：

$$\text{Boc} - \text{Asp}（\text{OtBu}）- \text{OH} + \text{H} - \text{Phe} - \text{OME} \xrightarrow[\text{IBCF}]{\text{NMM}} \text{Boc} - \text{Asp}（\text{OtBu}）- \text{Phe} - \text{OMe}$$

$$\xrightarrow{\text{TFA/DCM}} \text{H} - \text{Asp} - \text{Phe} - \text{OMe}$$

三、器材与试剂

1. 器材

单口烧瓶、橡皮塞、注射器、布氏漏斗、吸滤瓶、滤纸、真空泵、旋转蒸发仪、温度计、冷凝管及乳胶管、电热套、天平、铁架台及铁夹、磁力搅拌器及磁子、分液漏斗、薄板层析所用的薄板、毛细管、三角瓶、紫外检测仪。

2. 试剂

（1）Boc – Asp（OtBu）– OH：由于天冬氨酸的侧链还有一个羧基，如果不保护会参与反应，因此，一般需要购买市售的侧链和氨基均保护的天冬氨酸。

（2）苯丙氨酸甲酯盐酸盐：由上个实验制备得到。

（3）无水四氢呋喃（THF）：使用钠或氰化铝回流除水后蒸馏得到，钠或氰化铝遇水会剧烈反应，因此，该试剂的处理由指导老师完成。

（4）重蒸 N, N′ – 二甲基甲酰胺（DMF）：使用氢化钙回流之后减压蒸馏得到，氢化钙遇水剧烈反应，因此该试剂的处理由指导老师完成。

（5）乙酸乙酯（EtOAc）。

（6）氯甲酸异丁酯（IBCF）。

（7）N – 甲基吗啡啉（NMM）。

（8）食盐、饱和食盐水。

（9）冰块。

（10）饱和碳酸氢钠。

（11）5%柠檬酸。

（12）无水硫酸钠。

（13）石油醚（PE）。

（14）三氟乙酸（TFA）。

（15）二氯甲烷（DCM）。

（16）乙醚。

四、实验操作

（1）称取 1.45g（5mmol）Boc – Asp（OtBu）– OH 于单口烧瓶中，加入约 25mL 无水 THF，放入磁子，在磁力搅拌器上搅拌使其溶解。

（2）将烧瓶置于冰盐浴中，塞上橡皮塞，使用温度计检测冰盐浴温度，待温度降低到 –10℃ 左右时，使用注射器滴加 NMM 0.56mL（5mmol），搅拌 1 ~ 2min，然后滴加 IBCF 0.67mL（5mmol）反应约 10min，在混合酸酐形成的过程中注意观察实验现象。

（3）将 1.079g（5mmol）HCl·Phe – OMe 溶解于 10mL 无水 DMF 中，加入 0.56mL 的 NMM 中和，然后滴加到上述的混合酸酐中，薄板层析（TLC）检测至反应完全。

（4）将烧瓶取下，取出磁子，使用旋转蒸发仪减压浓缩溶剂后使用乙酸乙酯将烧瓶中的剩余液体转移至分液漏斗，依次用饱和碳酸氢钠、水、5％柠檬酸和饱和食盐水洗涤。

（5）有机相转移至三角瓶中，使用无水硫酸钠干燥1～2h，在旋转蒸发仪上减压蒸去乙酸乙酯溶剂。

（6）将得到的白色固体经EtOAc/PE体系重结晶即可得到氮端和侧链均被保护的阿斯巴甜二肽产物，称重，计算产率，理论产率为2.25g。

（7）称取上述被保护的阿斯巴甜二肽产物0.91g（2mmol），冰浴搅拌下加入约1mL 50％的TFA/DCM反应1～2h，期间TLC检测，待产物完全消失后，取出磁子，加入大约10倍量乙醚沉淀出白色固体即为阿斯巴甜二肽产物，使用布氏漏斗减压抽滤后，称重。

Ⅲ　高效液相色谱纯化

一、实验目的

（1）熟悉高效液相色谱分离纯化的原理。
（2）熟悉高效液相色谱的组成和工作原理。
（3）掌握高效液相色谱的基本操作步骤和方法。

二、实验原理

色谱法是利用混合物中各组分在不同的两相中溶解度、分配系数、吸附能力等的差异，当两相作相对运动时，使各组分在两相中反复多次受到上述各作用力而达到相互分离的目的。两相中有一相是固定的，叫作固定相（stationary phase），有一相是流动的，叫作流动相（mobile phase），流动相又叫洗脱剂。

高效液相色谱（high performance liquid chromatography，HPLC）是在经典液相色谱法的基础上，于20世纪60年代后期引入了气相色谱理论而迅速发展起来的。它与经典液相色谱法的区别是填料颗粒小而均匀，小颗粒具有高柱效，但会引起高阻力，需用高压输送流动相，故又称高压液相色谱（high pressure liquid chromatography，HPLC）。它具有高压、高效、高灵敏度的特性。高效液相色谱的主要组成部件包括高压输液泵、进样装置、分离柱和检测器等（如下图所示）。

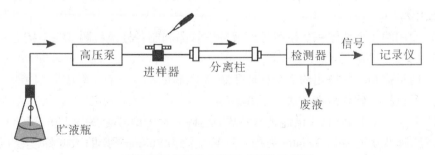

高效液相色谱的主要组成部件示意图

高压输液泵可进行等度和梯度洗脱。进样装置一般为六通阀。检测器包括紫外检测器、二极管阵列检测器和荧光检测器等。而分离柱的种类对其分离的能力和特性起决定性的作用。在高效液相色谱的设备和分离柱确定后，通过改变流动相组成，改变极性，可显著改变组分分离状况；采用二元或多元组合溶剂作为流动相的极性顺序为：水＞甲醇＞异丙醇＞乙腈＞四氢呋喃＞乙酸乙酯＞二氯甲烷＞正己烷。正确选择流动相直接影响组分的分离度。对高效液相色谱流动相溶剂的要求是：溶剂对于待测样品，必须具有合适的极性和良好的选择性；溶剂与检测器匹配，对于紫外吸收检测器，应注意选用检测器波长比溶剂的紫外截止波长要长，对于折光率检测器，要求选择与组分折光率有较大差别的溶剂作为流动相，以达到最高灵敏度；高纯度，由于高效液相色谱灵敏度高，对流动相溶剂的纯度也要求高；化学稳定性好；低黏度（黏度适中），若使用高黏度溶剂，势必增高压力，不利于分离，但黏度过低的溶剂也不宜采用，如戊烷和乙醚等，它们容易在色谱柱或检测器内形成气泡，影响分离。

三、器材与试剂

1. 器材

高效液相色谱及分析柱、制备柱、超声波清洗仪、抽滤装置、注射器、EP管、平头进样针、冷冻干燥机、小烧杯、一次性针头滤器（有机膜）。

2. 试剂

（1）阿斯巴甜二肽粗产物。

（2）乙腈。

（3）超纯水。

四、实验操作

（1）称取阿斯巴甜二肽粗产物 20mg（如有必要，可预先使用凝胶色谱柱进行脱盐处理，然后冻干）溶解于 5mL 含有 30% 乙腈的水（含 0.1% TFA）中，使用孔径小于 0.45μm 的一次性针头滤器过滤。

（2）依次打开高效液相色谱的泵、柱温箱、检测器和主机，打开电脑并开启控制软件。

（3）将甲醇使用抽滤器抽滤后，用超声波清洗仪超声 5min，将液相色谱的进液管路插入该甲醇中。

（4）使用约 2 个柱体积，该甲醇溶液冲洗管路和制备柱或检测基线至接近零点并维持不变。

（5）通过控制软件换用约 2 个柱体积 30% 乙腈的水（含 0.1% TFA）冲洗体系。

（6）通过控制软件编辑方法并下载运行。

流动相 A：含 0.1% TFA 的超纯水；B：乙腈。对于型号为 20×250mm 的 C18 反相色谱柱，流速可设置为 5mL/min 左右，检测波长为 260nm。B 的浓度梯度变化可设置为：0～40min；30%～80%。

（7）在控制软件界面点击"进样"按钮或将六通阀扳至"进样"状态，待出现记录液面并提示进样后，使用进样针抽取过滤后的粗肽溶液，进样。将六通阀扳至"装载"状态，即开始运行所编辑的方法。

（8）收集主峰于小烧杯中，在旋转蒸发仪上浓缩后在冰箱中预冻过夜，第二天放入冷冻干燥机中冻干，即可得到白色粉末。称重，计算产率。

实验四十二　溶菌酶的提取和系列性质测定

溶菌酶（lysozyme，EC3.2.1.17），又称胞壁质酶、N－乙酰胞壁质聚糖水解酶、球蛋白G，是一种碱性糖苷水解酶或黏多糖酶，能作用于细菌细胞壁的黏多糖，具有杀菌等作用，广泛应用于医学临床。在自然界中，溶菌酶存在于植物胞浆及动物（蛋清、血浆、淋巴液和鼻黏膜等处）组织中，其中鸡蛋清中含量比较丰富（约含0.3%），且鸡蛋清取材方便，因此实验室及实际生产中一般以鸡蛋清为原料进行溶菌酶的提取制备。本综合实验以蛋清为原料，先分离纯化溶菌酶，然后对其特性进行分析，全面训练学生在酶学研究方面的综合能力。

Ⅰ　溶菌酶的分离纯化

一、实验目的

（1）了解酶分离纯化的基本研究过程。
（2）掌握溶菌酶提取和性质测定的实验方法。
（3）熟悉有关生化技术的基本原理和操作。

二、实验原理

溶菌酶是一种能水解致病菌中黏多糖的耐热碱性酶，主要通过破坏细胞壁中的N－乙酰胞壁酸和N－乙酰氨基葡萄糖之间的$\beta-1,4$糖苷键，使细胞壁不溶性黏多糖分解成可溶性糖肽，导致细胞壁破裂，内容物逸出而使细菌溶解。蛋清中的溶菌酶是由129个氨基酸残基构成的单一肽链，它富含碱性氨基酸，其等电点高达11左右，有4对二硫键维持酶构型，最适温度为50℃，最适pH为6～7左右，相对分子质量M_r为14.4×10^3，在280nm处的消光系数$A_{1cm}^{1\%}$为13.0。

在研究酶的性质、反应动力学等问题时都需要使用高度纯化的酶制剂以避免干扰。酶的提纯工作往往要求多种分离方法交替应用，才能得到较为满意的效果。常用的提纯方法有盐析、有机溶剂沉淀、选择性变性、离子交换层析、凝胶过滤、亲和层析等。从鸡蛋清中分离溶菌酶可以选用多种不同的方法和步骤。由于溶菌酶具有耐热性，在酸性条件下经受长时间高温处理而不丧失活性，同时蛋清中的主要蛋白为酸性卵清蛋白和碱性溶菌酶，因此本实验采用阳离子交换层析、热变性选择性沉淀和硫酸铵沉淀法去除杂蛋白，再经分子筛层析法进一步纯化即可获得较纯的溶菌酶。

三、材料、器材与试剂

1．材料
新鲜鸡蛋。

2．器材
高速冷冻离心机、核酸/蛋白检测仪、横流泵、部分收集器、透析袋、层析柱（1.6cm×20cm，1.0cm×60cm）、Amberlite CG－50 阳离子交换树脂、Sephacryl S－100 HR。

3．试剂
（1）磷酸氢二钠（Na₂HPO₄）。
（2）磷酸二氢钠（NaH₂PO₄）。
（3）氯化钠（NaCl）。
（4）硫酸铵［（NH₄）₂SO₄］。
（5）氢氧化钠（NaOH）。
（6）甘油。
（7）盐酸（HCl）。
（8）0.1 mol/L 磷酸缓冲溶液，pH 7.0　1000mL/组。
（9）0.5mol/L NaOH：1000mL。
（10）0.5 mol/L HCl：500mL。

四、实验操作

1．Amberlite CG－50 阳离子交换树脂再生
20.0g Amberlite CG－50 阳离子交换树脂用 0.5mol/L NaOH 浸泡 30min，水洗至中性，再用 0.5mol/L HCl 浸泡 30min，水洗至中性即可。

2．样品的准备
市售新鲜鸡蛋 3 个，两端各敲一个小洞，使蛋清流出，加入 2 倍体积的 0.1mol/L pH 7.0 磷酸缓冲液，搅拌均匀，并调 pH 为 7.0，然后用八层纱布过滤，留取上清液，并量出体积，留 0.4mL 上清液加入 0.4mL 甘油混匀（Ⅰ号样品），并在 20℃保存备用。

3．Amberlite CG－50 阳离子交换树脂层析
在烧杯中将再生好的 Amberlite CG－50 阳离子交换树脂用 pH 7.0 0.1mol/L 磷酸缓冲液平衡，并加入上述上清液，搅拌吸附 1h（不要用磁力搅拌器，否则易磨碎层析介质），倒去上清液，树脂用 pH 7.0 0.1mol/L 磷酸缓冲液洗涤三遍，然后将树脂连续装入 1.6cm × 20cm 的层析柱内（不能有气泡产生，不能让层析柱流干），先用含 0.05mol/L NaCl 300mL，pH 7.0 0.1mol/L磷酸缓冲液洗涤杂蛋白，再用含 0.2mol/L NaCl 300mL，pH 7.0 0.1mol/L 缓冲溶液洗脱（控制好 NaCl 的浓度和流速），合并光吸收高峰管，并量出体积，留 0.4mL 上清液加入 0.4mL 甘油混匀（Ⅱ号样品），并在 20℃保存备用。

4．热变性沉淀
将滤液置于沸水浴使其迅速升温至 75℃，用流动水速冷后（控制好温度和时间，

并不断搅拌），8000r/min 离心20min，收集上清液，并量出体积，留0.4mL 上清液加入0.4mL 甘油混匀（Ⅲ号样品），并在20℃保存备用。

5. 硫酸铵沉淀

每100mL 上清液中缓慢加入35g 固体硫酸铵，溶解后静置30min，10000r/min 离心20min，沉淀用1mL 左右含0.1mol/L NaCl，pH 7.0 0.1mol/L 磷酸缓冲液溶解，并量出体积，留0.1mL 上清液加入0.3mL 0.1mol/L 磷酸缓冲液和0.4mL 甘油，混匀（Ⅳ号样品），在20℃保存备用。

6. Sephacryl S-100 HR 分子筛层析

将硫酸铵沉淀样品离心、上样、洗脱，洗脱流速为15mL/h，2mL 接收1管，（详见后面分子筛层析）。合并光吸收及酶活高峰管，透析浓缩4h，分装后在20℃保存（Ⅴ样品）。

Ⅱ 溶菌酶分离纯化参数的测定

一、实验目的

掌握溶菌酶的活力和蛋白质含量测定方法。

二、实验原理

溶菌酶在特定的条件下能非专一性地水解溶壁微球菌，从而降低细菌悬液的浊度，因此以溶壁微球菌底物通过比浊法可测定溶菌酶的酶活。活力单位定义为：在室温，pH 6.2，波长为450nm 时，每分钟引起吸光度下降0.001 为1个活力单位。酶的活力单位 $= \Delta A_{450nm}/t \times 0.001$，比活力 $=$ 酶的活力单位数/mg 蛋白质。

Folin-酚法是最早由 Lowry 确定的蛋白质浓度测定方法，又称 Lowry 法。其测定蛋白质含量包括两步反应：第一步是在碱性条件下，蛋白质与铜作用生成蛋白质-铜络合物；第二步是此络合物将磷钼酸-磷钨酸试剂（Folin 试剂）还原，产生深蓝色的磷钼酸和磷钨酸混合物，颜色深浅与蛋白质含量成正比。此法操作简便，定量范围为5～100μg 蛋白质。

三、材料、器材与试剂

1. 材料

牛血清清蛋白（BSA）。

2. 器材

分光光度计、旋涡混合器。

3. 试剂

（1）磷酸氢二钠（Na_2HPO_4）。

（2）磷酸二氢钠（NaH_2PO_4）。

（3）溶壁微球菌 M. lysodeikticus 干粉。

（4）氯化钠（NaCl）。

(5) 碳酸钠（Na_2CO_3）。

(6) 酒石酸钾钠。

(7) 钨酸钠（Na_2WO_4）。

(8) 氢氧化钠（NaOH）。

(9) 硫酸铜（$CuSO_4$）。

(10) 硫酸锂（Li_2SO_4）。

(11) 磷酸。

(12) 盐酸（HCl）。

(13) 液体溴。

(14) 测活缓冲液 1 500mL：0.1mol/L 磷酸缓冲液，pH 6.2，其中含 30mmol/L NaCl。

(15) 底物溶液 1 500mL：600mg 微球菌干粉溶于 1 500mL 测活缓冲液中。

(16) Folin – 酚试剂

试剂甲：（A）称取 40g Na_2CO_3，8g NaOH 和 1.0g 酒石酸钾钠，溶解后用蒸馏水定容至 2 000mL。（B）称取 0.2g $CuSO_4 \cdot 5H_2O$，溶解后用蒸馏水定容至 20mL。每次使用前将（A）液 50 份与（B）液 1 份混合，即为试剂甲，其有效期为 1d，过期失效。

试剂乙：在 1.5L 容积的磨口回流器中加入 100g 钨酸钠（$Na_2WO_4 \cdot 2H_2O$）和 700mL 蒸馏水，再加 50mL 85% 磷酸和 100mL 浓盐酸充分混匀，接上回流冷凝管，以小火回流 10h。回流结束后，加入 150g 硫酸锂和 50mL 蒸馏水及数滴液体溴，开口继续沸腾 15min，驱除过量的溴，冷却后溶液呈黄色（倘若仍呈绿色，再滴加数滴液体溴，继续沸腾 15min）。然后稀释至 1L，过滤，滤液置于棕色试剂瓶中保存，使用前大约加水 1 倍，使最终浓度相当于 1mol/L。

(17) 标准蛋白质溶液 10mL：牛血清清蛋白 BSA 用 0.15mol/L NaCl 配置成 1mg/mL 标准蛋白溶液。

四、实验操作

1. 蛋白含量的测定

(1) 标准曲线的制定。

取 14 支试管，分两组按下表平行操作。

管号	1	2	3	4	5	6	7
标准蛋白质的量/μg	0	10	20	30	40	50	60
1mg/mL 标准蛋白溶液/mL	0	0.01	0.02	0.03	0.04	0.05	0.06
0.15mol/L NaCl/mL	0.10	0.09	0.08	0.07	0.06	0.05	0.04
试剂甲	5mL，混合后在室温下放置 10min						
试剂乙	0.5mL，立即混合均匀（速度要快，否则会使显色程度减弱）						

（续上表）

30min 后，以 1 号试管为对照，于 650nm 波长处测定各试管中的吸光度值								
A_{650}	0							
A_{650}	0							
平均值								

绘制标准曲线：以 A_{650} 为纵坐标，标准蛋白含量为横坐标，在坐标纸上绘制标准曲线，并求出标准曲线的斜率。

（2）测定分离纯化各样品的蛋白质含量。

测定方法同上，取合适体积的各样品，使其测定值在标准曲线的直线范围内（各样品先要仔细寻找和试测出合适的稀释倍数）。根据所测定的 A_{650} 值和标准曲线的斜率计算出各样品的蛋白含量（mg/mL）。

样品	I	II	III	IV	V
稀释倍数					
A_{650}					
A_{650}					
平均值					
蛋白含量/（mg·mL^{-1}）					

2. 酶活力的测定

先将各样品用缓冲溶液进行适当的稀释，按下表测定各样品的溶菌酶活性。

管号		1	2
测活缓冲液/mL		3.0	2.5
底物溶液/mL		2.5	2.5
酶液/mL		0	0.5
在室温，以 2 号管为对照，每隔 30s 测定 1 号管在 450nm 处的吸光度值			
时间	0s	30s	60s	90s	120s	150s	180s
I / A_{450}							
II / A_{450}							
III / A_{450}							
IV / A_{450}							
V / A_{450}							

3. 分离纯化效果分析

根据测得结果，计算出各项数据填入下表，并分析纯化过程的可行性与纯化效果。

样品	体积 /mL	蛋白/ (mg·mL^{-1})	总蛋白 /mg	活力/ (U·mL^{-1})	总活力 /U	比活力/ (U·mg^{-1})	提纯 倍数	回收率	
								蛋白	活力
I							1	100%	100%
II									
III									
IV									
V									

Ⅲ SDS – PAGE 鉴定纯化产物的纯度和测定溶菌酶的相对分子质量

一、实验目的

通过本实验学习和掌握 SDS – PAGE 技术鉴定纯度和测定亚基相对分子质量的基本原理及其实验操作流程。

二、实验原理

早在 1913 年，Michaelis 和 Menten 首先提出酶促反应速率和底物浓度的关系式，即米氏方程式。后来 Briggs 和 Haldane 提出稳态理论，将米氏方程式修正为

$$v = \frac{v_{max} [S]}{[S] + K_m}$$

式中 v——反应初速率；

v_{max}——最大反应速率；

$[S]$——底物浓度；

K_m——米氏常数（Michaelis – Menton constant），其单位为物质的量浓度。

K_m 值是酶的一个特征性常数，其物理意义是反应速率为最大值的一半时的底物浓度。一般来说，K_m 可以近似地表示酶与底物的亲和力。测定 K_m 值是酶学研究中的一个重要方法。

Lineweaver – Burk 作图法是用实验方法测定 K_m 值的最常用的比较方便的方法，具体做法是将米氏方程式两边取倒数，变换得以下公式：

$$\frac{1}{v} = \frac{K_m}{v_{max}} \times \frac{1}{[S]} + \frac{1}{v_{max}}$$

变换时选择不同的底物浓度 $[S]$，测定相对应的 v，求出两者的倒数，以 $\frac{1}{v}$ 对 $\frac{1}{[S]}$ 作图则得到一条直线。将直线外推与横轴相交，其横轴截距为 $-\frac{1}{[S]} = \frac{1}{K_m}$，由此求出 K_m 值。

本实验以碱性磷酸酶为例，采用 Lineweaver – Burk 双倒数作图法测定 K_m 值。碱性磷酸酶（AKP）是在碱性条件下水解多种磷酸酯酶并具有转磷酸基作用的一组酶。它可用于磷酸酯，释放无机磷酸。AKP 除以有机磷酸酯为底物外，还可以用焦磷酸酯、偏磷酸酯为底物，实验中采用对硝基酚磷酸（pNPP）为底物。在碱性条件下，pNPP 经 AKP 水解所产生的对硝基酚为黄色化合物（对硝基酚在酸性条件下无色），在 410nm 处有吸收峰，所以可以利用分光光度计测定反应体系 A_{410} 的变化，利用对硝基酚标准曲线推算出对硝基酚在单位时间内浓度的变化，求出每一种底物浓度对应的反应初速率。

三、器材与试剂

1. 器材

双稳电泳仪、脱色摇床、玻璃板、垂直板电泳槽。

2. 试剂

（1）丙烯酰胺（Acr）。

（2）亚甲基双丙烯酰胺（Bis）。

（3）四甲基乙二胺（TEMED）。

（4）三羟甲基氨基甲烷（Tris）。

（5）过硫酸铵。

（6）十二烷基磺酸钠（SDS）。

（7）碳酸钠（Na_2CO_3）。

（8）硫代硫酸钠（$Na_2S_2O_3$）。

（9）硝酸银（$AgNO_3$）。

（10）甘氨酸。

（11）冰乙酸（CH_3COOH）。

（12）溴酚蓝。

（13）$2-\beta-$巯基乙醇。

（14）95% 乙醇（CH_3CH_2OH）。

（15）甲醇。

（16）标准蛋白（SDS – 低相对分子质量蛋白标准）。

（17）30% 胶贮液 200mL：丙烯酰胺 58.4g 和亚甲基双丙烯酰胺 1.6g 加双蒸馏水溶解定容至 200mL，棕色瓶存于 4℃。

（18）分离胶缓冲液 100mL：1.5mol/L Tris – HCL pH 8.8。

（19）浓缩胶缓冲液 50mL：0.5mol/L Tris – HCL pH 6.8。

（20）100g/L 过硫酸铵：10mL。

（21）SDS 电泳缓冲液 600mL/组：25mmol/L Tris，0.192mol/L Gly，1g/L SDS。

（22）100g/L SDS：20mL。

（23）固定液 1000mL：25mL 甲醇 + 6mL 乙醇 + 19mL 高纯水 + 30μL 甲醛（用时加入）。

（24）染色液 500mL：100mg $AgNO_3$ 溶于 50mL 高纯水。

（25）显影液 500mL：15g Na_2CO_3 溶于 500mL 高纯水，同时加入 100μL 10mg/mL $Na_2S_2O_3$ 和 500μL 甲醛。

（26）终止液 100mL：10%（体积分数）冰醋酸。

（27）2×上样缓冲液

0.5mol/L Tris – HCL pH 6.8	2mL
甘油	2mL
100g/L SDS	4mL
1g/L 溴酚蓝	0.5mL
2 – β – 巯基乙醇	1.0mL
双蒸水	0.5mL

四、实验操作

1. 制胶

洗净玻璃板待其干后架好胶板，按下表配置 15% 的分离胶，混合后立即加入到电泳槽内的两玻璃板之间，到上口约 3cm 止，再加一薄层双蒸水，静置 40min 左右，聚合后将水吸去。配制 4% 的浓缩胶混合后立即加到分离胶上，加入样梳，静置 30min，聚合后装好电泳缓冲液后小心拔出样梳。

胶浓度	分离胶缓冲液/mL	浓缩胶缓冲液/mL	Acr/Bis（30%）/mL	100g/L SDS/μL	ddH₂O/mL	TEMED/μL	100g/L AP/μL
15%	2.5	0	5	100	2.35	5	50
4%	0	2.5	1.3	100	6.1	10	50

2. 样品制备

将各样品与 2×上样缓冲液 1:1 混匀，并在 100℃ 水浴中保温 3～5min，待用。

3. 上样

将上述处理的各分级分样品和 SDS – 低相对分子质量蛋白标准样品分别加到样品孔中。

4. 电泳

接通电源先恒压 80V 电泳，待各样品进入分离胶后恒压 120V 继续电泳，直到溴酚蓝走到前沿为止。

5. 固定

电泳完毕，撬开玻璃板将凝胶取出，在分离胶和浓缩胶的交界处和溴酚蓝前沿处做好标记，并将凝胶浸泡于固定液中固定 30min（一定要振摇）。

6. 染色前预处理

将凝胶置于 50% 的乙醇中浸泡 40min，倒去乙醇，重复一次（一定要振摇），将凝胶置于 0.4g/L 的硫代硫酸钠中浸泡 10min，高纯水洗三次，每次 20s（一定要振摇）。

7. 染色

将凝胶置于染色液中浸泡 20min，高纯水洗三次，每次 20s（一定要振摇，洗净）。

8. 显色和终止

将凝胶置于显影液中显影至条带清晰时倒出显影液，加入 10%（体积分数）HAc 终止 10min，然后用高纯水漂洗三次（一定要振摇），最后用 10%（体积分数）HAc 保存脱色凝胶。

9. 纯化产物的纯度分析与溶菌酶相对分子质量的测定

根据电泳结果谱图，评价样品的纯度与纯化过程的可行性（随着蛋白质分离纯化的不断进行，蛋白质的纯度逐渐提高，电泳结果显示各级分样品中的杂带越来越少，见下图）。列出电泳后 SDS – 低相对分子质量蛋白标准中的各种蛋白的迁移率和相对分子质量，从相对迁移率（样品迁移距离/染料迁移距离）对 $\lg M_r$ 作图，利用酶样品的相对迁移率，求溶菌酶的亚基相对分子质量。

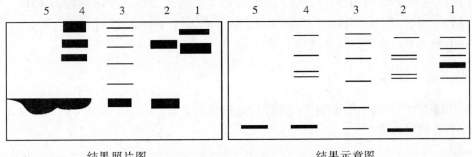

结果照片图　　　　　　　结果示意图

1—蛋清样品；2—离子交换层析洗脱样品；3—SDS – 低相对分子质量蛋白质标准；4—硫铵沉淀溶解样品；5—分子筛层析洗脱样品（溶菌酶）

SDS – PAGE 鉴定纯化产物溶菌酶的纯度结果图

Ⅳ　溶菌酶的酶学特性研究

一、实验目的

通过本实验学习和掌握酶学特征研究的实验方法与技术。

二、实验原理

同实验Ⅲ。

三、器材与试剂

1. 器材

分光分度计、旋涡混合仪。

2. 试剂

（1）磷酸氢二钠（Na₂HPO₄）。

（2）磷酸二氢钠（NaH₂PO₄）。

（3）菌种 *M. lysodeikticus* 干粉。

（4）氯化钠（NaCl）。

（5）脲。

（6）甘氨酸。

（7）柠檬酸。

（8）氢氧化钠（NaOH）。

（9）测活缓冲液Ⅰ500mL：0.1mol/L磷酸缓冲液pH 6.2，其中含30mmol/L NaCl。

（10）测活缓冲液Ⅱ400mL：0.1mol/L磷酸缓冲液pH 6.2，其中含30mmol/L NaCl 和8mmol/L脲。

（11）测活缓冲液Ⅲ500mL：0.1mol/L磷酸氢二钠和柠檬酸缓冲液 pH 4.0、5.0、6.0、7.0和8.0。

（12）底物浓度Ⅰ：1000mg *M. lysodeikticus* 干粉溶于200mL测活缓冲液Ⅰ中。

（13）底物浓度Ⅱ：100mg *M. lysodeikticus* 干粉溶于100mL不同pH（pH 4.0、5.0、6.0、7.0和8.0）的测活缓冲液中。

四、实验操作

1. 底物浓度对酶活的影响（K_m值和v_{max}的测定）

按下表测定底物。

管号	1	2	3	4	5	6
测活缓冲液Ⅰ/mL	3	4	4.5	4.75	4.87	4.94
底物溶液Ⅰ/mL	2	1	0.5	0.25	0.13	0.06
酶/mL	0.5	0.5	0.5	0.5	0.5	0.5
在室温，对照管以测活缓冲液代替酶液，测定3min时样品管450nm处的吸光度值的下降值						
A_{450}						
A_{450}						

以 $\dfrac{1}{[S]}$ 对 $\dfrac{1}{v}$ 作图，求出 K_m 和 v_{max}。

2. 脲对溶菌酶酶促反应的抑制作用

按下表测定脲对溶菌酶酶促反应的影响。

管号	1	2	3	4	5	6
测活缓冲液Ⅰ/mL	0	1.0	1.5	1.75	1.87	1.94
测活缓冲液Ⅱ/mL	3	3	3	3	3	3
底物溶液Ⅰ/mL	2	1	0.5	0.25	0.13	0.06
酶/mL	0.5	0.5	0.5	0.5	0.5	0.5
在室温，对照管以测活缓冲液代替酶液，测定3min时样品管450nm处的吸光度值的下降值						
A_{450}						
A_{450}						

以 $\dfrac{1}{[\mathrm{S}]}$ 对 $\dfrac{1}{v}$ 作图，与底物影响之双倒数图对照比较，推出抑制类型。

3. pH 对酶活的影响及最适 pH 的测定

按下表测定 pH 对酶活的影响。

管号	1	2	3	4	5
pH	4.0	5.0	6.0	7.0	8.0
测活缓冲液Ⅲ/mL	4	4	4	4	4
酶/mL	0.5	0.5	0.5	0.5	0.5
底物溶液Ⅱ/mL	1	1	1	1	1
A_{450}					
A_{450}					

在室温先将缓冲液和酶液保温 10min 后，再加入底物溶液，测定 2min 时样品管 450nm 波长处的光吸收值的下降值，对照管以测活缓冲液代替酶液。列出不同 pH 下酶活力的实验测定数据，并以此画图，找出最适 pH。

4. 温度对酶活的影响及最适温度的测定

按下表测定在室温至 90℃ 之间温度对酶活的影响，找出酶在此条件下的最适温度。

管号	1	2	3	4	5	6	7	8
温度/℃	室温	30	40	50	60	70	80	90
测活缓冲液Ⅰ/mL	4.5	4.5	4.5	4.5	4.5	4.5	4.5	4.5
酶液/mL	0.5	0.5	0.5	0.5	0.5	0.5	0.5	0.5
底物浓度Ⅰ/mL	0.5	0.5	0.5	0.5	0.5	0.5	0.5	0.5
A_{450}								
A_{450}								

先将缓冲液和酶液在相应的温度下保温 10min 后，再加入底物溶液，继续在相应的温度下保温，测定 2min 时样品管 450nm 处的吸光度值的下降值，对照管以测活缓冲液代替酶液。画出最适温度曲线，找出最适温度。

Ⅴ　分子筛层析测酶相对分子质量

一、实验目的

掌握分子筛层析的基本原理及其操作要点。

二、实验原理

丙烯葡聚糖（sephacryl）是由丙烯葡聚糖和 N，N′ – 亚甲基双丙烯酰胺交联形成的具有三维空间的网状结构物（球型凝胶）。控制丙烯葡聚糖和交联剂 N，N′ – 亚甲基双丙烯酰胺的配比及反应条件就可决定其交联度的大小（交联度大，"网眼"就小），从而得到各种规格的交联丙烯葡聚糖凝胶。

把凝胶装入层析柱中，在加入样品以后，由于交联丙烯葡聚糖的三维空间网状结构特征，小分子能够进入凝胶，比较大的分子则被排阻在交联网状物之外，因此各组分在层析床中移动的速度因分子的大小而不同。相对分子质量大的物质只是沿着凝胶颗粒间的孔隙随溶剂流动，其流程短，移动速度快，先流出层析柱。相对分子质量小的物质可以透入凝胶颗粒，流程长，移动速度慢，比相对分子质量大的物质迟流出层析柱。经过分部收集流出液，相对分子质量不同的物质便互相分离。

交联丙烯葡聚糖分子含有大量的羟基，极性很强。凝胶柱的总体积（总床体积）V_t 是胶体积 V_g、凝胶颗粒内部的水的体积 V_i 及凝胶颗粒外的水的体积 V_o 之和，即

$$V_t = V_o + V_i + V_g$$

V_t 也可以由柱的直径及高度经计算求得；V_o 也称外水体积，常常用洗脱一个已知完全被排阻的物质（如蓝葡聚糖 2000）的方法来测定，此时其洗脱体积就等于 V_o；V_i 称为内部体积或内体积，可以洗脱一个小于凝胶工作范围下限的小分子化合物如重铬酸钾来测定，其洗脱体积即为 V_i。

某一种物质的洗脱体积 V_e 为

$$V_e = V_o + K_d V_i$$

K_d 为溶质在流动相和固定相之间的分配比例（分配系数），每一个溶质都相应有一个特定的 K_d 值，它与层析的几何形状无关。

溶质的洗脱特征的有关参数 V_e/V_o，V_e/V_t，$K_d K_{av}$ 都与溶质相对分子质量成对数关系，因此洗脱几个已知相对分子质量的球蛋白，可用 V_e/V_o 对 $\lg M_r$ 作图，然后在同样条件下洗脱未知样品，由其 V_e/V_o 在图上即可找出相对应的 $\lg M_r$，从而进一步算出相对分子质量（见图 2）。

对于不同规格的凝胶都有其一定的工作范围。一般来说，在工作范围之内所得曲线是线性的，超出工作范围曲线就不成线性。

三、器材与试剂

1. 器材

紫外与可见光分光光度计或核酸/蛋白监测仪、部分收集器、恒流泵、1.0cm × 60cm 层析柱。

2. 试剂

（1）Sephacryl – 100HR。

（2）磷酸氢二钠（Na_2HPO_4）。

（3）磷酸二氢钠（NaH_2PO_4）。

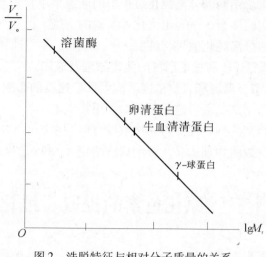

图2　洗脱特征与相对分子质量的关系

（4）氯化钠（NaCl）。

（5）蓝葡聚糖。

（6）卵清蛋白。

（7）牛血清清蛋白。

（8）溶菌酶。

（9）0.1mol/L 磷酸缓冲液，pH 7.0，含 0.2mol/L NaCl。

（10）标准蛋白溶液：用含 0.2mol/L NaCl，pH 7.0 0.1mol/L 磷酸缓冲液配制标准蛋白溶液（浓度为 4mg/mL），蓝葡聚糖配成 2mg/mL。

（11）标准蛋白：蓝葡聚糖、卵清蛋白、牛血清清蛋白、溶菌酶。

四、实验操作

1. 装柱

将凝胶悬浮液一次连续倾入柱中，自然沉降，介质高 55cm 左右（注意不要有气泡，不能分层），在胶面加一薄层网用含 0.2mol/L NaCl，pH 7.0 0.1mol/L 磷酸缓冲液平衡。

2. 上样

将标准蛋白混合液配好 10000r/min 离心 5min 后，上样 0.5mL。

3. 洗脱

用含 0.2mol/L NaCl，pH 7.0 0.1mol/L 磷酸缓冲液洗脱，流速 15mL/h，核酸/蛋白监测仪测定洗脱峰或比色法（蓝葡聚糖 A_{610}，标准蛋白 A_{230}）测定洗脱峰。自动部分收集器收集，2mL/管，确定洗脱体积 V_e。

列出外水体积 V_o 及各种标准蛋白的洗脱体积 V_e，并以 V_e/V_o 对 $\lg M_r$ 作图，列出酶样品的洗脱体积，从图上计算得出溶菌酶的相对分子质量。

五、思考题

（1）蛋白质分离纯化可分为哪几个阶段？

（2）通过本实验，总结酶的分离纯化过程中的注意事项。

（3）根据自身的实验体会，试写出优化本实验的措施。

（4）如何评价酶的分离纯化效果与纯度。

（5）试说明酶的最适 pH 和最适温度的测定原理及应用。

（6）试说明反应 pH、温度和底物浓度对酶促反应速度的影响。

（7）试说明可逆抑制剂与不可逆抑制剂的作用特点。

（8）三种可逆抑制剂的抑制程度与底物浓度有何关系。

（9）试说明米氏常数的物理意义，双倒数法测定 K_m 和 v_{max} 应注意什么？

实验四十三　原花色素的提取、纯化与测定

原花色素（也称原花青素）（proanthocyanidins）是一类从植物中分离得到的在热酸性条件下能产生花色素的多酚化合物。它既存在于多种水果的皮、核和果肉中，如葡萄、苹果、山楂等，也存在于如黑荆树、马尾松、思茅松、落叶松等的皮和叶中。

原花色素属于生物类黄酮，它们是由不同数量的儿茶素或表儿茶素聚合而成的，最简单的原花色素是儿茶素的二聚体，此外还有三聚体、四聚体等。依据聚合度的大小，通常将二至四聚体称为低聚体，而五聚体以上的称为高聚体。从植物中提取原花色素的方法一般有两种，分别是用水抽提或用乙醇抽提。其抽提物为低聚物，称之为低聚原花色素（oligomericproanthocyanidin，简称 OPC）。

原花色素具有很强的抗氧化作用，能清除人体内过剩的自由基，提高人体的免疫力，可作为新型的抗氧化剂用于医药、保健、食品等领域。

一、实验目的

了解并掌握从山楂中制备原花色素的方法。

二、实验原理

原花色素是植物体内广泛存在的多酚类化合物，利用低聚原花色素溶于水的特点，用热水煮沸抽提原花色素，再用树脂吸附、洗脱得到原花色素。

三、材料、器材与试剂

1. 材料
新鲜山楂（或山楂片），市售。
2. 器材
烧杯、高速组织粉碎机、玻璃层析柱 1cm×10cm、旋转蒸发仪、冷冻干燥机、大孔吸附树脂 D-101。
3. 试剂
（1）60% 乙醇。

（2）59% 乙醇。

四、实验操作

（1）称取山楂 20.0g，加入 40.0mL 蒸馏水，匀浆，沸水浴 40～60min。再加入 20.0mL 蒸馏水，用细绸布过滤，滤液备用。

（2）取 5.0g 新的大孔吸附树脂 D-101，先用 95% 乙醇浸泡 2～4h，水洗乙醇后，装层析柱（1cm×10cm），再用蒸馏水洗两倍体积。滤液上样，上完样后，先用蒸馏水洗两倍体积，然后换 60% 乙醇洗脱，待有红色液体流出后开始收集，直到收集到无红色为止。

（3）将洗脱液放入旋转蒸发仪中蒸发，剩余无乙醇部分冷冻。

（4）将冷冻好的样品放入冷冻干燥机上干燥。

（5）干燥后样品称重，测含量。见原花色素测定方法。

Ⅰ 原花色素的测定

一、实验目的

掌握盐酸-正丁醇比色法测定原花色素的原理和方法。

二、实验原理

原花色素（Ⅰ）的 4～8 连接键很不稳定，易在酸作用下打开。反应过程（以二聚体原花色素为例）为：在质子进攻下单元 C_8（D）生成碳离子（Ⅱ），4～8 键裂开，下部单元形成（-）-表儿茶素（Ⅲ），上部单元成为碳正离子（Ⅳ），Ⅳ失去一个质子成为黄-3-稀-醇（Ⅴ），在有氧条件下 Ⅴ 失去 C_2 上的氢，被氧化成花色素（Ⅵ），反应还生成相应的醚（Ⅶ）。若采用正丁醇溶剂可防止醚的形成，原花青素的酸解反应如下。

三、器材与试剂

1. 器材

具塞试管 1.5cm×15cm（×8）、吸管、722 型（或 7220 型）分光光度计、水浴锅、电炉、电子分析天平。

2. 试剂

（1）原花色素标准品：精确称取 10.0mg 原花色素标准品用甲醇溶解，于 10.0mL 容量瓶定容至刻度。

（2）HCl-正丁醇：取 5.0mL 浓 HCl 加入 95.0mL 正丁醇中混匀即可。

（3）2% 硫酸铁铵：称取 2.0g 硫酸铁铵溶于 100.0mL 2.0mol/L HCl 中即可。

（4）2.0mol/L HCl：取 1 份浓 HCl 放入 5 份蒸馏水中即可。

（5）试样溶液：一定量蒸馏的原花色素样品，用甲醇溶解定容至 10.0mL，浓度控制在 1.0～3.0mg/mL。

VI R=H
VII R=Me, Et, Pr

Me: Metlyl, 甲基；Et: Ethyl, 乙基；Pr: Propyl, 丙基

四、实验操作

1. 制作标准曲线

取干净试管 7 支，按下表进行操作。以吸光度为纵坐标，各标准溶液浓度为横坐标作图得标准曲线。

管号 试剂	0	1	2	3	4	5	6
1.0mg/mL 标准液/mL	0	0.05	0.10	0.15	0.20	0.25	0.30
甲醇/mL	0.5	0.45	0.40	0.35	0.30	0.25	0.20
2% 硫酸铁铵/mL	0.10	0.10	0.10	0.10	0.10	0.10	0.10
HCl－正丁醇/mL	3.40	3.40	3.40	3.40	3.40	3.40	3.40
沸水浴 30min 取出，冷水冷却 15min 后测定							
原花色素浓度 mg/mL	0	0.1	0.2	0.3	0.4	0.5	0.6
A_{546}							

2. 样品含量测定

吸取样液 0.10mL 置于试管中，补加 0.4mL 甲醇，再加入 0.1mL 0.2% 硫酸铁铵溶液，最后加入 3.4mL HCl－正丁醇溶液，沸水浴中煮沸 30min，其他条件与作标准曲线

相同，从测得的吸光度值由标准曲线查算出样品液的原花色素含量，并进一步计算原花色素样品的百分含量。

五、结果计算

$$\omega = \frac{cV}{m} \times 100\%$$

式中　ω——原花色素的质量分数，%；

c——从标准曲线上查出的原花色素质量浓度，mg/mL；

V——样品稀释后的体积，mL；

m——样品的质量，mg。

Ⅱ　原花色素的测定

一、实验目的

掌握用香草醛–HCl比色法测定原花色素的方法。

二、实验原理

原花色素在酸性条件下，其A环的化学活性较高，在其上的间苯二酚或间苯三酚结构可与香草醛缩合反应，产物在浓酸作用下形成有色的碳正离子：

三、器材与试剂

1. 器材

722型（或7220型）分光光度计、试管1.5cm×15cm（×7）、吸管、电子分析天平。

2. 试剂

（1）4%香草醛（也叫香兰素）：称取4.0g香草醛溶于100mL甲醇中。

（2）浓HCl。

（3）儿茶素标准品1.0mg/mL贮备液：准确称取10.0mg标准品，用甲醇溶解，并定容于10.0mL容量瓶中。此储备液可放于冰箱中冷冻储藏。

（4）儿茶素标准品应用液：将上述溶液准确稀释至0.4mg/mL。

（5）原花色素样品液：取一定量待测样品配制成 $0.1 \sim 0.3 \text{mg}/\text{mL}$。

四、实验操作

1. 制作标准曲线

取干净试管 6 支，按下表进行操作。以吸光度为纵坐标，各标准液浓度为横坐标作图得标准曲线。

管号 试剂	0	1	2	3	4	5
0.4mg/mL 儿茶素标准液/mL	0.00	0.10	0.20	0.30	0.40	0.50
甲醇/mL	0.50	0.40	0.30	0.20	0.10	0.00
4% 香草醛/mL	3.0	3.0	3.0	3.0	3.0	3.0
浓 HCl/mL	1.5	1.5	1.5	1.5	1.5	1.5
室温放置 15min 后测定						
相当于原花色素含量 mg/mL	0.00	0.08	0.16	0.24	0.32	0.40
A_{500}						

2. 样品含量的测定

吸取样液 0.5mL 置于试管中，再加入 3.0mL 4% 香草醛溶液，最后加入 1.5mL 浓 HCl 溶液，室温放置 15min，其他条件与作标准曲线相同，从测得的吸光度值由标准曲线查算出样品液的原花色素含量，并进一步计算原花色素样品的百分含量。

五、结果计算

$$\omega = \frac{cV}{m} \times 100\%$$

式中　ω——原花色素的质量分数，%；

　　　c——从标准曲线上查出的原花色素质量浓度，mg/mL；

　　　V——样品稀释后的体积，mL；

　　　m——样品的质量，mg。

附　录

附录一　一些常用化合物的溶解度（20℃）

名称	分子式	溶解度/g	名称	分子式	溶解度/g
硝酸银	$AgNO_3$	218	硝酸钾	KNO_3	31.6
硫酸铝	$Al_2(SO_4)_3 \cdot 18H_2O$	36.4	氢氧化钾	$KOH \cdot H_2O$	11.2
氯化钡	$BaCl_2$	35.7	硫酸锂	Li_2SO_4	24.2
氢氧化钡	$Ba(OH)_2$	3.84	硫酸镁	$MgSO_4 \cdot 7H_2O$	26.2
氯化钙	$CaCl_2$	74.5	草酸铵	$(NH_4)_2C_2O_4$	4.4
乙酸钙	$Ca(C_2H_3O_2) \cdot H_2O$	34.7	氯化铵	NH_4Cl	37.2
氢氧化钙	$Ca(OH)_2$	1.65×10^{-1}	硫酸铵	NH_4SO_4	75.4
硫酸铜	$CuSO_4$	20.7	硼砂	$Na_2B_4O_7 \cdot 10H_2O$	2.7
三氯化铁	$FeCl_3$	91.9	乙酸钠	$NaC_2H_3O_2 \cdot 2H_2O$	46.5
硫酸亚铁	$FeSO_4 \cdot 7H_2O$	26.5	乙酸钠	$NaC_2H_3O_2$	123.5
氯化汞	$HgCl_2$	6.6	氯化钠	$NaCl$	36.0
碘	I_2	2.9×10^{-2}	氢氧化钠	$NaOH$	109.0
溴化钾	KBr	65.8	碳酸钠	$Na_2CO_3 \cdot 10H_2O$	21.5
氯化钾	KCl	34.0	碳酸钠	Na_2CO_3	50.5（30℃）
碘化钾	KI	144	碳酸氢钠	$NaHCO_3$	9.6
重铬酸钾	$K_2Cr_2O_7$	13.1	磷酸氢二钠	$Na_2HPO_4 \cdot 12H_2O$	7.7
碘酸钾	KIO_3	8.13	硫代硫酸钠	$Na_2S_2O_8$	70.0
高锰酸钾	$KMnO_4$	6.4			

附录二　气体干燥剂

干燥剂的名称	适用于干燥的气体
石灰	NH_3，胺类
无水氯化钙	H_2，HCl，CO，CO_2，N_2，O_2，CH_4 等
五氧化二磷	H_2，CO，CO_2，SO_2，N_2，O_2，CH_4，C_2H_4 等
浓硫酸	H_2，CO，CO_2，N_2，Cl，CH_4 等
氢氧化钾	NH_3，胺类

附录三　常用酸、碱溶液的配制

（单位：mL）

溶液	体积分数					
	25%	20%	10%	5%	2%	1%
HAc	248	197	97	48	19	9.5
HCl	635	497	237	116	46	23
HNO_3	313	244	115	56	22	11
H_2SO_4	168	130	61	29	12	6
$NH_3 \cdot H_2O$	不稀释	814	422	215	87	44

1L 溶液里所加入的酸、碱的毫升数。

附录四　常用酸、碱的性质

名称	分子式	相对分子质量	密度/ $(g \cdot cm^{-3})$ 20℃	质量分数/%	配制1L 浓度为 1mol/L 溶液的加入量/g
冰乙酸	CH_3COOH	60.05	1.05	99.5	57.5
乙酸	CH_3COOH	60.05	1.045	36	159.6
甲酸	HCOOH	46.03	1.22	90	41.9

（续上表）

名称	分子式	相对分子质量	密度/ （g·cm^{-3}）20℃	质量分数/%	配制1L浓度为1mol/L 溶液的加入量/g
盐酸	HCl	36.46	1.18	36	85.8
硝酸	HNO$_3$	63.02	1.42	71	62.5
	HNO$_3$	63.02	1.40	67	67.2
	HNO$_3$	63.02	1.37	61	75.4
正磷酸	H$_3$PO$_4$	98.00	1.7	85	67.8
硫酸	H$_2$SO$_4$	98.07	1.84	96	55.5
高氯酸	HClO$_4$	100.5	1.67	70	86.0
	HClO$_4$	100.5	1.54	60	108.8
氨水	NH$_4$OH	17.03	0.91	25	74.9
	NH$_4$OH	17.03	0.88	35	55.3
氢氧化钠	NaOH	56.10	固体		56.1
氢氧化钾	KOH	40.00	固体		40.0

附录五 常用缓冲溶液的配制

1. 甘氨酸–盐酸缓冲液 （0.05mol/L）

xmL 0.2mol/L 甘氨酸 + ymL 0.2mol/L 盐酸，再加水稀释至200mL。

pH	x/mL	y/mL	pH	x/mL	y/mL
2.0	50	44.0	3.0	50	11.4
2.4	50	32.4	3.2	50	8.2
2.6	50	24.2	3.4	50	6.4
2.8	50	16.8	3.6	50	5.0

甘氨酸相对分子质量为75.07；0.2mol/L 甘氨酸溶液的质量浓度为15.04g/L。

2. 邻苯二甲酸–盐酸缓冲液 （0.05mol/L）

xmL 0.2mol/L 邻苯二甲酸氢钾 + ymL 0.2mol/L 盐酸，再加水稀释至20mL。

pH/20℃	x/mL	y/mL	pH/20℃	x/mL	y/mL
2.2	5	4.070	3.2	5	1.470
2.4	5	3.960	3.4	5	0.990
2.6	5	3.295	3.6	5	0.597
2.8	5	2.642	3.8	5	0.263
3.0	5	2.022			

邻苯二甲酸氢钾相对分子质量为 204.23；0.2mol/L 邻苯二甲酸溶液的质量浓度为 40.85g/L。

3. 磷酸氢二钠 – 柠檬酸缓冲液

xmL 0.2mol/L 磷酸氢二钠 + ymL 0.1mol/L 柠檬酸，再加水稀释至 1L。

pH	x/mL	y/mL	pH	x/mL	y/mL
2.2	0.40	19.60	5.2	10.72	9.28
2.4	1.24	18.76	5.4	11.15	8.85
2.6	2.18	17.82	5.6	11.60	8.40
2.8	3.17	16.83	5.8	12.09	7.91
3.0	4.11	15.89	6.0	12.63	7.37
3.2	4.94	15.06	6.2	13.22	6.78
3.4	5.70	14.30	6.4	13.85	6.15
3.6	6.44	13.56	6.6	14.55	5.45
3.8	7.10	12.90	6.8	15.45	4.55
4.0	7.71	12.29	7.0	16.47	3.53
4.2	8.28	11.72	7.2	17.39	2.61
4.4	8.82	11.18	7.4	18.17	1.83
4.6	9.35	10.65	7.6	18.73	1.27
4.8	9.86	10.14	7.8	19.15	0.85
5.0	10.30	9.70	8.0	19.45	0.55

Na_2HPO_4 相对分子质量为 141.98；0.2mol/L 溶液的质量浓度为 28.40g/L。

$Na_2HPO_4 \cdot 2H_2O$ 相对分子质量为 178.05；0.2mol/L 溶液的质量浓度为 35.61g/L。

$C_4H_2O_7 \cdot 12H_2O$ 相对分子质量为 716.14，0.1mol/L 溶液的质量浓度为 71.64g/L。

4. 柠檬酸 – 氢氧化钠 – 盐酸缓冲液

x g 柠檬酸 + y g 97% 的氢氧化钠 + z mL 盐酸，然后加水稀释至 10L。

pH	钠离子浓度/（mol·L^{-1}）	x/g	y/g	z/mL
2.2	0.20	210	84	160
3.1	0.20	210	83	116
3.3	0.20	210	83	106
4.3	0.20	210	83	45
5.3	0.35	245	144	68
5.8	0.45	285	186	105
6.5	0.38	266	156	126

使用时可以每升中加入 1g 酚，若最后 pH 有变化，再用少量 50% 氢氧化钠溶液或浓盐酸调节，冰箱保存。

5. 柠檬酸 – 柠檬酸钠缓冲液 （0.1mol/L）

x mL 0.1mol/L 柠檬酸 + y mL 0.1mol/L 柠檬酸钠，再加水稀释至 1L。

pH	x/mL	y/mL	pH	x/mL	y/mL
3.0	18.6	1.4	5.0	8.2	11.8
3.2	17.2	2.8	5.2	7.3	12.7
3.4	16.0	4.0	5.4	6.4	13.6
3.6	14.9	5.1	5.6	5.5	14.5
3.8	14.0	6.0	5.8	4.7	15.3
4.0	13.1	6.9	6.0	3.8	16.2
4.2	12.3	7.7	6.2	2.8	17.2
4.4	11.4	8.6	6.4	2.0	18.0
4.6	10.3	9.7	6.6	1.4	18.6
4.8	9.2	10.8			

柠檬酸 $C_6H_8O_7 \cdot H_2O$ 相对分子质量为 210.14；0.1mol/L 溶液的质量浓度为 21.01g/L。

柠檬酸钠 $Na_3C_6H_5O_7 \cdot 2H_2O$ 相对分子质量为 294.12；0.1mol/L 溶液的质量浓度为 29.41g/L。

6. 乙酸 – 乙酸钠缓冲液 （0.2mol/L）

x mL 0.2mol/L 乙酸钠 + y mL 0.3mol/L 乙酸，再加水稀释至1L。

pH/18℃	x/mL	y/mL	pH/18℃	x/mL	y/mL
2.6	0.75	9.25	4.8	5.90	4.10
3.8	1.20	8.80	5.0	7.00	3.00
4.0	1.80	8.20	5.2	7.90	2.10
4.2	2.65	7.35	5.4	8.60	1.40
4.4	3.70	6.30	5.6	9.10	0.90
4.6	4.90	5.10	5.8	9.40	0.60

$NaAc \cdot 3H_2O$ 相对分子质量为 136.09；0.2mol/L 溶液的质量浓度为 27.22g/L。

7. 磷酸盐缓冲液

（1）磷酸氢二钠 – 磷酸二氢钠缓冲液 （0.2mol/L）。

xmL 0.2mol/L 磷酸氢二钠 + ymL 0.3mol/L 磷酸二氢钠，再加水稀释至1L。

pH	x/mL	y/mL	pH	x/mL	y/mL
5.8	8.0	92.0	7.0	61.0	39.0
5.9	10.0	90.0	7.1	67.0	33.0
6.0	12.3	87.7	7.2	72.0	28.0
6.1	15.0	85.0	7.3	77.0	23.0
6.2	18.5	81.5	7.4	81.0	19.0
6.3	22.5	77.5	7.5	84.0	16.0
6.4	26.5	73.5	7.6	87.0	13.0
6.5	31.5	68.5	7.7	89.5	10.5
6.6	37.5	62.5	7.8	91.5	8.5
6.7	43.5	56.5	7.9	93.0	7.0
6.8	49.5	51.0	8.0	94.7	5.3
6.9	55.0	45.0			

$Na_2HPO_4 \cdot 2H_2O$ 相对分子质量为 178.05；0.2mol/L 溶液的质量浓度为 35.61g/L。
$Na_2HPO_4 \cdot 12H_2O$ 相对分子质量为 358.22；0.2mol/L 溶液的质量浓度为 71.64g/L。

$NaH_2PO_4 \cdot 2H_2O$ 相对分子质量为 156.03；0.2mol/L 溶液的质量浓度为 31.21g/L。

（2）磷酸氢二钠 – 磷酸二氢钾缓冲液（1/15mol/L）。

xmL 1/15mol/L 磷酸氢二钠 + ymL 1/15mol/L 磷酸二氢钾，再加水稀释至 1L。

pH	x/mL	y/mL	pH	x/mL	y/mL
4.92	0.10	9.90	7.17	7.00	3.00
5.29	0.50	9.50	7.38	8.00	2.00
5.91	1.00	9.00	7.73	9.00	1.00
6.24	2.00	8.00	8.04	9.50	0.50
6.47	3.00	7.00	8.34	9.75	0.25
6.64	4.00	6.00	8.67	9.90	0.10
6.81	5.00	5.00	8.18	10.00	0
6.98	6.00	4.00			

$Na_2HPO_4 \cdot 2H_2O$ 相对分子质量为 178.05；1/15mol/L 溶液的质量浓度为 11.876g/L。

KH_2PO_4 相对分子质量为 136.09；1/15mol/L 溶液的质量浓度为 9.078g/L。

8. 磷酸二氢钾 – 氢氧化钠缓冲液（0.05mol/L）

xmL 0.2mol/L K_2PO_4 + ymL 0.2mol/L NaOH，再加水稀释至 20mL。

pH/20℃	x/mL	y/mL	pH/20℃	x/mL	y/mL
5.8	5	0.372	7.0	5	2.963
6.0	5	0.570	7.2	5	3.500
6.2	5	0.860	7.4	5	3.950
6.4	5	1.260	7.6	5	4.280
6.6	5	1.780	7.8	5	4.520
6.8	5	2.365	8.0	5	4.680

9. 巴比妥钠 – 盐酸缓冲液（18℃）

xmL 0.04mol/L 巴比妥 + ymL 0.2mol/L 盐酸，再加水稀释至 1L。

pH	x/mL	y/mL	pH	x/mL	y/mL
6.8	100	18.4	8.4	100	5.21
7.0	100	17.8	8.6	100	3.82
7.2	100	16.7	8.8	100	2.52
7.4	100	15.3	9.0	100	1.65
7.6	100	13.4	9.2	100	1.13
7.8	100	11.47	9.4	100	0.70
8.0	100	9.39	9.6	100	0.35
8.2	100	7.21		100	

巴比妥钠盐相对分子质量为 206.18；0.04mol/L 溶液的质量浓度为 8.25g/L。

10. Tris – 盐酸缓冲液 （0.05mol/L, 25℃）

50mL 0.1mol/L 三羟甲基氨基甲烷（Tris）溶液与 xmL 0.1mol/L 盐酸混匀后，加水稀释至 100mL。

pH	x/mL	pH	x/mL
7.10	45.7	8.10	26.2
7.20	44.7	8.20	22.9
7.30	43.4	8.30	19.9
7.40	42.0	8.40	17.2
7.50	40.3	8.50	14.7
7.60	38.5	8.60	12.4
7.70	36.6	8.70	10.3
7.80	34.5	8.80	8.5
7.90	32.0	8.90	7.0
8.00	29.2		

三羟甲基氨基甲烷（Tris）的相对分子质量为 121.14；0.1mol/L 溶液的质量浓度为 12.114g/L。Tris 溶液可以从空气中吸收二氧化碳，使用时注意将瓶盖盖严。

11. 硼酸 – 硼砂缓冲液 （0.2mol/L 硼酸根）

xmL 0.05mol/L 硼砂 + ymL 0.2mol/L 硼酸，再加水稀释至 1L。

pH	x/mL	y/mL	pH	x/mL	y/mL
7.4	1.0	9.0	8.2	3.5	6.5
7.6	1.5	8.5	8.4	4.5	5.5
7.8	2.0	8.0	8.7	6.0	4.0
8.0	3.0	7.0	9.0	8.0	2.0

硼砂 $Na_2B_4O_7 \cdot 10H_2O$ 相对分子质量为 381.43；0.05mol/L 溶液（=0.2mol/L 硼酸根）的质量浓度为 19.07g/L。

硼酸 H_3BO_3 相对分子质量为 61.84；0.2mol/L 溶液的质量浓度为 12.37g/L。

硼砂易失去结晶水，必须在带塞的瓶中保存。

12. 甘氨酸–氢氧化钠缓冲液（0.05mol/L）

xmL 0.2mol/L 甘氨酸 + ymL 0.2mol/L 氢氧化钠，再加水稀释至 200mL。

pH	x/mL	y/mL	pH	x/mL	y/mL
8.6	50	4.0	9.6	50	22.4
8.8	50	6.0	9.8	50	27.2
9.0	50	8.8	10.0	50	32.0
9.2	50	12.0	10.4	50	38.6
9.4	50	16.8	10.6	50	45.5

甘氨酸相对分子质量为 75.07；0.2mol/L 溶液的质量浓度为 15.01g/L。

13. 硼砂–氢氧化钠缓冲液（0.05mol/L 硼酸根）

xmL 0.5mol/L 硼砂 + ymL 0.2mol/L 氢氧化钠，再加水稀释至 200mL。

pH	x/mL	y/mL	pH	x/mL	y/mL
9.3	50	6.0	9.8	50	34.0
9.4	50	11.0	10.0	50	43.0
9.6	50	23.0	10.1	50	46.0

硼砂 $Na_2B_4O_7 \cdot 10H_2O$，相对分子质量为 381.43；0.05mol/L 溶液的质量浓度为 19.07g/L。

14. 碳酸钠–碳酸氢钠缓冲液（0.1mol/L）

xmL 0.1mol/L 碳酸钠 + ymL 0.1mol/L 碳酸氢钠，再加水稀释至 20mL。

Ca^{2+}、Mg^{2+}存在时不得使用。

pH		x/mL	y/mL
20℃	37℃		
9.16	8.77	1	9
9.40	9.12	2	8
9.51	9.40	3	7
9.78	9.50	4	6
9.90	9.72	5	5
10.14	9.90	6	4
10.28	10.08	7	3
10.53	10.28	8	2
10.83	10.57	9	1

$Na_2CO_3 \cdot 10H_2O$ 相对分子质量为286.2；0.1mol/L溶液的质量浓度为28.62g/L。
$NaHCO_3$ 相对分子质量为84.0；0.1mol/L溶液的质量浓度为8.40g/L。

附录六 易变质及需要特殊方法保存的试剂

试剂名称举例	注意事项	
氧化钙、氢氧化钠、氢氧化钾、碘化钾、三氯乙酸	易吸湿潮解	需要密封
结晶硫酸钠、硫酸亚铁、汗水磷酸氢二钠、硫代硫酸钠	易失水风化	
氨水、氯仿、醚、碘、百里酚、甲醛、乙醇、丙酮	易挥发	
氢氧化钠、氢氧化钾	易吸收二氧化碳	
硫酸亚铁、醚、醛类、酚、抗坏血酸和一切还原剂	易氧化	
丙酮酸钠、乙醚和一切生物制品（常需要冷藏）	易变质	
硝酸根（变黑）、酚（变淡红）、氯仿（产生光气）、茚三酮（变淡红）	见光变化	需要避光
过氧化氢、氯仿、漂白粉、氢氰酸	见光分解	
乙醚、醛类、亚铁盐和一切还原剂	见光氧化	
苦味酸、硝酸盐类、过氯酸、叠氮化钠、氰化钾（钠）、汞、砷化物、溴	易爆炸、剧毒	特殊方法保管
乙醚、甲醇、乙醇、丙酮、苯、甲苯、二甲苯、汽油	易燃	
强酸、强碱、酚	腐蚀	

附录七　液体干燥剂

干燥剂名称	适用于干燥的液体	不适用于干燥的液体
五氧化二磷	二氧化碳、碳氢化合物、卤代烷烃	碱类、酮等
浓硫酸	饱和碳氢化合物、卤代烷烃	碱类、酮、醇、酚等
无水氯化钙	醚、酯、卤代烷烃	醇、酚、胺、脂肪酸等
氢氧化钾	碱类	醛、酮、酯、酸等
无水碳酸钾	碱类、酮、某些卤化物	脂肪酸、酯等
无水硫酸钠	很多液体均可	
无数硫酸镁	很多液体均可	
无水硫酸钙	很多液体均可	
金属钠	醚、饱和碳氢化合物	醇、酚、胺

附录八　冷却剂

组成的物质成分比（按质量比）	可达低温/℃	组成的物质成分比（按质量比）	可达低温/℃
$w_{NH_4Cl} : w_{水} = 30:100$	~5.1	$w_{NH_4NO_3} : w_{水} = 76:100$	~17.5
$w_{NH_4Cl} : w_{雪或碎冰} = 25:100$	~15.4	$w_{NH_4NO_3} : w_{雪或碎冰} = 59:100$	~18.5
$w_{NH_4NO_3} : w_{水} = 106:100$	~4.0	$w_{(NH_4)_2SO_3} : w_{雪或碎冰} = 62:100$	~19.5
$w_{NH_4NO_3} : w_{水} = 83:100$	~140	$w_{(NH_4)_2SO_3 \cdot 10H_2O} : w_{雪或碎冰} = 9.6:100$	~1.2
$w_{NH_4CNS} : w_{水} = 133:100$	~18.0	$w_{KCNS} : w_{水} = 150:100$	~4.7
$w_{CaCl_2 \cdot 2H_2O}（晶体）: w_{雪或碎冰} = 143:100$	~50.0	$w_{NaAc}（晶体）: w_{水} = 85:100$	~21.3
$w_{CaCl_2 \cdot 2H_2O}（晶体）: w_{水} = 250:100$	~12.4	$w_{NaNO_3} : w_{水} = 75:100$	~5.3
$w_{CaCl_2 \cdot 2H_2O}（晶体）: w_{雪或碎冰} = 204:100$	~19.7	$w_{NaNO_3} : w_{雪或碎冰} = 50:100$	~17.8
$w_{CaCl_2 \cdot 2H_2O}（晶体）: w_{雪或碎冰} = 164:100$	~39.0	$w_{Na_2S_2O_3 \cdot 5H_2O} : w_{水} = 110:100$	~8.0
$w_{CaCl_2 \cdot 2H_2O}（晶体）: w_{雪或碎冰} = 143:100$	~549	$w_{Na_2S_2O_3 \cdot 5H_2O} : w_{雪} = 67.5:100$	~11.02
$w_{CaCl_2 \cdot 2H_2O}（晶体）: w_{雪或碎冰} = 124:100$	~40.3	$w_{Na_2S_2O_3 \cdot 5H_2O} : w_{雪或碎冰} = 51.3:100$	~3.9
$w_{CaCl_2 \cdot 2H_2O}（晶体）: w_{雪或碎冰} = 81:100$	~9.0	$w_{H_2SO_4}（66.1\%）: w_{雪或碎冰} = 91:100$	~37.0
$w_{CaCl_2 \cdot 2H_2O}（晶体）: w_{雪或碎冰} = 40:100$	~4.0	$w_{H_2SO_4}（66.1\%）: w_{雪或碎冰} = 40:100$	~30.0
$w_{KCl} : w_{水} = 30:100$	~11.1	$w_{H_2SO_4}（66.1\%）: w_{雪或碎冰} = 13:100$	~20.0
$w_{KCl} : w_{雪或碎冰} = 30:100$	~11.7	$w_{H_2SO_4}（66.1\%）: w_{雪或碎冰} = 8:100$	~16.0
$w_{KI} : w_{水} = 140:100$	~2.9	$w_{C_2H_5OH} : w_{雪或碎冰} = 105:100$	~30.0
$w_{KNO_3} : w_{雪或碎冰} = 13:100$	~23.7		

参考文献

［1］魏群. 基础生物化学实验［M］. 3 版. 北京：高等教育出版社，2009.

［2］刘志国. 生物化学实验［M］. 武汉：华中科技大学出版社，2007.

［3］丛峰松. 生物化学实验［M］. 上海：上海交通大学出版社，2005.

［4］黄德娟，徐晓晖. 生物化学实验教程［M］. 上海：华东理工大学出版社，2007.

［5］张彩莹，肖连冬. 生物化学实验［M］. 北京：化学工业出版社，2009.

［6］俞建英，蒋宇，王善利. 生物化学实验技术［M］. 北京：化学工业出版社，2005.

［7］李明元，唐洁，车振明. 生物化学实验［M］. 北京：中国轻工业出版社，2008.

［8］祈元明. 生物化学实验原理与技术［M］. 北京：化学工业出版社，2011.

［9］钱国英. 生化实验技术与实施教程［M］. 杭州：浙江大学出版社，2009.

［10］黄建华，袁道强，陈世锋. 生物化学实验［M］. 北京：化学工业出版社，2009.

［11］陈均辉，李俊，张太平，等. 生物化学实验［M］. 北京：科学出版社，2008.

［12］孙培龙，吴石金. 生物化学技术实验指导［M］. 北京：化学工业出版社，2008.

［13］林燕燕，林丽斌. 生物化学实验指导［M］. 北京：北京大学医学出版社，2010.

［14］刘箭，生物化学实验教程［M］. 北京：科学出版社，2010.

［15］张波. 生物化学与分子生物学实验教程［M］. 北京：人民军医出版社，2009.